MINGUO JIANZHU GONGCHENG QIKAN HUIBIAN

# 民國建築工程期刊匯編

《民國建築工程期刊匯編》編寫組 編

28

廣西師範大学出版社

GUANGXI NORMAL UNIVERSITY PRESS

· 桂林 ·

# 第二十八册目録

# 工程學報

# 工程學報

## 廣東國民大學土木工程研究會印行

中華民國二十二年七月一日出版

第一卷 第二期

# 工程學報第一卷第二期目次

## 最前一頁

## 論 文

## 工程設計

## 學藝淺說

## 工程狀況

# 最 前 一 頁

## —編 者—

本刊自第一期問世之後，既得讀者加以種種詢問與討論，同時並獲社會工程界之好評與贊助，是故出版以來，函索或購閱者，日凡數起。

同人因感工程先進與讀者贊助，益加發奮研求，務使本刊日臻完善，以報愛護本刊諸君之濃情，而答社會人士關切之盛意。更於今變更排印，改善封面，對于稿件之採集，尤加意審定，並施行下列之目標：——

    （1）　立論大衆化

    （2）　計算簡易化

    （3）　設計精確化

    （4）　學術通俗化

    （5）　圖表顯明化

至於本期各篇文稿：——如「摩登都市計劃的幾個重要問題」一文，卽為根據立論大衆化而成，它將社會都市現狀的影象，以坦白的句語達出，站在勞苦的市民大衆福利底前途上，作都市計劃的討論，與偏僻的資產化的市政學者底論調全異，以大衆的眼光，寫出我們今後所需的未來都市。　胡君所譯之「公路預算的經濟問題」是歐美道路專家，本其經驗所得為基點而寫成的專論，我們將它轉譯發表的原因，無非欲供國內一般工程學者與實施人士的參考和採納而已。至於工程設計各篇，俱以計算簡易與精確為主，「飄牆計劃」與「受彎力及牽力之複筋矩形建築件之設計」「水池之設計法」等等，在普通鋼筋三合土設計之舊籍中，鮮有述及。現在用簡短的篇幅寫出，相信對於習工程的同學，不無俾益也。

敝會前徇初習工程的讀者之請求，將工程各科用顯淺的理論寫成文章，分期發表以供參閱。故本期「力與聲率」一文，及續前期吳君所述之「平面測量學問答」，黃君之「道路淺說」諸篇皆本此意，用淺明文筆達出，以符本刊學術通俗化之旨。

工程為建設之基，而實施工程勞動者反被工程人士所輕視。此為最大之錯誤；本期工程狀況欄中「廣州市土木人工問題」一文，雖全述廣州之土木工人之苦況與吶喊。然而，由此，可窺見全國土木工人皆如是過度辛酸生活而巳。

關於下期文稿可以預告者：有「都市的自然化與村落的都市化」「康健的都市之計劃」「平面測量學問答」「銅鐵砂石材料」等等，及根據同人所抱之目標而成之著作及譯述。

關於函詢文件，除直接解答囘復外，因限於篇幅關係，此處不再登載，諸希見諒。

六，一〇于土木工程研究會。

# 摩登都市計劃的幾個重要問題

## 莫 朝 豪

### （一） 都市計劃的意義

都市是什麼？

都市計劃的定義

計劃的條件和任務

### （二） 都市的現狀和計劃的趨勢

都市的形成

幾種主要的都市現狀

未來計劃的趨勢

### （三） 大眾的住居問題

住居問題之重要

都市住居的現狀與其所生之影响

摩登住居計劃應抱的目標

解決住居之治源方法

幾個根本的計劃

建設習藝院

多設市民公共住宅

創立大眾的住宅區

# 都 市 計 劃 的 意 義

（A）　都市是什麼？

都市（City）為大衆的社會，牠必須具着一定的區域，政治的組合，確定的民衆等條件。　　然而現代都市因工商業的發達，政治思潮之澎湃，教育之普及，建設之進步，不僅為工商業之集合地，而成為國家社會之重心。

都市之一切現狀與設置皆足以影响于社會，故都市實可稱之為社會進化的發動機。　　但如何能令現代的都市或為美滿的園地，必須有一定的計劃與程序，不論對于都市的創設和舊市的改造，此種建設的計劃，即為都市計劃。

（B）　都市的定義。

關於都市計劃的定義，中西的學者都曾用簡顯的句語去申述牠的意義，現在我們可以作歸納的說明（什麼叫做都市計劃？）（What is the City Planning?）

（都市計劃是含着一切新都市的創設和原有都市內一切建設事業的設計或改造而言。

此種計劃，必須為着全市民衆的幸福和國家民族的利益而生，對於勞苦的大衆，更應有澈底的救護。

都市計劃之目的，是實施種種設計，使都市的一切事業如交通，住居，文化，公益，工務，財政等等建設工作日漸地進步，俾市民得度着美滿的生活，而務達都市成為「人間的樂園」。

（C）　計劃的條件和任務。

然而都市計劃非與空談可比，必須明瞭現代都市的現狀，過去都市的歷史的痕跡，和未來的趨勢等等，然後有所根據。茲就近代都市計劃最發達的德國而言，他們的大學裏面對于都市計劃一科，却非常重視，——尤其是學習市政工程的。更于每一個市政府之下，必設立了都市計劃的專門機關，聘請各種專門人材担任設計的工作。可知都市的計劃不只是頭痛醫頭足疾醫足的臨時辦法。

都市的計劃必須經長期的設計，不僅對都市加以改善或創造之後便止，必要須視未來的趨勢，而定都市治本的要圖。

現在畧把都市現狀，最普遍的寫在下面：

# 都市的現狀和計劃的趨勢

### (A)　都市的形成

都市的形成底原因很多，如政治的中心，宗教的聖地，教育的總匯區域，產業發達的城鎮。然而都市的成立，如果只基于單純的條件，必不能支持于永久，因爲條件的變遷很易失其存在的根據，都市就不免呈現不景的象徵。

### (B)　幾種主要的都市現狀

自近世產業革命之後，資本的狂潮完全把一切的農村手工業破壞到不堪設想。手工業破產之後，隨着形成的工場制底生產組織。然此種工場，亦需多數的勞動者。因此工場成爲勞工的集合底塲所，間接即爲都市的重要地區。　農村的人民，或附近都市的勞工爲維持生活之計，不得不負苦含辛在機械旁面整天的工作，更因都市建設的進步，文化的普及，都市的發達就日進無已，而發達的結果造成了都市的種種現狀：——

(一)人口集中，與日增進無已。

而都市人口集中及增加之後，都市本來的面積仍然依舊不變，因此不能不增加樓房底體積，以安置多量的市民，更爲寄產階級及投機者的操縱於是：——

(二)摩天的高閣，縱橫間雜的道路滿布于都市之間，此即都市多層建築的象徵。全無曲線的自然的風彩。

(三)住戶的租值飛漲，地價昂貴，市民常陷于都市難居之境。

(四)機械的萬能支配下的都市，目所見的，耳所聞的，全爲機械的影象和音調，衣食各物直接間接也仰給于機械的操作。更因對自然的景物地區，非但不加整理反而破壞殆盡，于是都市的生活可稱之爲機械的描畫。多反自然的狀態。

（五）現代的都市，除了新近創設的之外，多數的城市，每有交通混亂，住居與商店等間雜之弊。其最主要的原因：爲無一定的道路系統和市區的劃分。

（六）市政當局對于私人建築未加嚴厲的限制，高樓接天，因之人煙稠密，空氣惡濁，光線不足，于市民衛生實屬有碍。更衆都市之居民八九爲勞工苦力，此等市民全因收入微薄，所有工資，足供溫飽，已屬幸事，怎能有力再注意其生活的痛苦呢？在美國的工人而言，他們所住的地方，多是寄居于下等旅舍或低劣的住居，而其租值也越過其收入總值之二十，再環顧國內所謂大都市者，如上海，天津，廣州等地，工人的住居底惡劣，有甚于百倍，其餘仰队人行路及碼頭的勞工也是常見的事呀！他們的住居之不衛生，實屬意中之事，市民大部居此惡濁的境地，疾病和死亡率的增加，在都市中爲一種共通的缺陷。如果不加以整理和補救，市民和都市本身必有不堪設想的害處！

（七）其餘如畸形的建設，只對資產階級着想，毫不顧及民衆全部，也是不可諱言的現狀。

（八）都市漸成機械化了，全市缺乏了那平和的綠蔭之區，公共的娛樂塲所底缺少，公園無良好之系統和面積之渺小，怪不得人們都感城市生活的呆板了！

以上爲都市現狀的主要情形，由是我們可知都市的罪惡，正與其地域的大小成一種密切的關係。

人們的視線都感都市太機械化了，沒有一點生氣的自然的景物爲那枯悶勞苦的生活和調劑，卽是如何能使原有的都市得到自然美化的生活，或另創一種新式的理想的都市呢？這是田園市（Garden City）運動的主要背景了。

（C）　未來計劃的趨勢

基上的情形，我們由此可知未來的都市計劃必注意于下列數項問題：——

A.　如何消弭人口的集中？

B.　改良和創設勞苦的大衆住居。

C.　樓宇建築之勵行嚴緊的取締。

　　D．　如何去改善都市的衛生教育事業。

　　E．　都市的分區和舊市的整理。

　　F．　確定交通的系統和未來的設計。

　　G．　改變畸形的建設，一切的計劃都基于多數的市民着想和施行。

　　H．　使都市自然化，生活美濟化，鄉村都市化。

　　I．　務達都市爲一個無等無級，市民同樣地度着合理一致的工作和生活底樂園。

# 市 民 大 衆 的 住 居 問 題

I．　都市中住居問題之重要

　　都市發達之後，人口集中的結果，就產生了一切的都市現象。

　　都市的面積固定而不變但人口向都市集中却源源不絕，爲容納此多數的市民必須加多樓房的體積。

　　樓房的住居在『求過于供』的情勢之下，業主的增高租值，地價飛漲，是必然的現狀，我們多數的勞苦民衆，實無力負擔這巨大的租項，因之，在本國各都市中，無屋居住的市民隨地可見。

　　我們可知住居問題，實爲都市急應解決的事。

　　現在請畧述都市住居的現狀：——

II．　都市住居的現狀與其所生的影响

　　（A）　租值昂貴是都市住居的顯著現象之一，上面經已說明了。

　　（B）　天淵之別的兩種住居

　　都市的精緻底樓房，摩天的高閣非資產階級不能享受。他們的住居可說是不會發生問題的，他們行必汽車，家有花園，草木，生活確無缺憾的。

　　然而佔都市十之八九的勞工階級，他們以收入微薄之故，不能不在狹陋街巷內的破屋居住，面積細小，人口衆多，日光空氣之不足，眞有晴不能蔽日，雨不能禦風之境！他們實行連應享的人生利益也剝奪殆盡了！

（Ｃ）　勞苦的市民大衆所住的屋宇如是惡劣，此等屋宇實不如富家之狗窩，加以渠道不潔，經濟能力不足，屋內的佈置當然是零亂不堪，住室廚房客廳廁所皆合爲一室，這也是很普遍的現狀。他們有什麼能力高談衛生？

（Ｄ）　大多的市民生活如此，他們的舉足輕重實關係于都市的繁榮，任你在都市的建設如何盡善，如果大衆的市民底住居問題的不到解決，則都市的缺憾只有增無止吧！

（Ｅ）　我國各大都市，似有一種共通的弊端，即是市政當局，每于闢路之前，未經詳細的規劃，只有顧慮到工程的設施，多忽視市民生計問題。故道路的開闢只求量的增加，未察其是否需要？橫衝直貫東西交錯，滿布了如蛛網似的道路。雖然欲達交通的便利必然地要闢路築橋，然而，開路的利益能否抵償其損失？又闢路之後，居民的安置問題也當如何處置，此實最切要的問題。如果以馬路長度逐年增加爲市政成績個人升官發財的功勞，而使市民蒙巨大之損害時，無寧少此一舉爲好！

（Ｆ）　我們再看本國的都市，市郊內外的公地，多有一種破舊棟宇或泥屋蓋搭在那裡。然而搭蓋屋宇在這些地方，就會給政府取締和禁止，──盜佔公地的罪名立刻可以加在你的身上。結果政府乘機可以將此地投變了，所謂以底價高者取得，公地化爲私有，使投機者或大地主得以亂作亂爲。改建新宅利市百倍。

然而我們的貧苦市民，便無家可歸了，公共的地方的面積也日漸地減少啊！

（Ｇ）　近年我們的都市，有所謂新式住宅區的劃分之實施。在市郊外另闢了新區域和道路，然而政府以微薄的代價，（如五十元一畝）得到良好的新地，自應出資或補助人民建立些大衆勞苦住屋，以調劑其生活，解決其經濟之困逼，此正是唯一良機。

但是事實却正正相反，政府將地投變了給有資者，以每井（即一百平方呎）二三百元的價值獲取了大筆欵項，結果他們以建築費高昂之故，租值自然很高，照廣州情形計，每月非四五十元不可，其餘如交通等費，尤未加入在內呀！

我們的市民怎能有力去住這些住居呢？

如其是有這些所謂新住式宅，相信于都市的民衆是沒有利益的，反而損害了許多有用的土地。

III. 摩登住居計劃應抱的目標：——

我們把都市住居的現狀說過了，現在管見以爲把大衆住居的問題分作幾方面去籌劃。

我們應如何努力達到：——

『大衆有屋住』和『有屋大衆住』呢？

現在大衆住居問題爲：——

（甲）　失業的市民，留連街頭應怎樣安居？——

（乙）　勞苦市民的住居應如何建設？

（丙）　有家室的勞苦市民的住居，應如何建設和改善？

IV. 解決住居問題之治標方法

我們解決住居問題旣抱已前所說的目標和步驟，現在略述其實施計劃如次：——

對於都市住居的現狀，我們應先做治標的方法，卽是：

（A）　在住宅區內應限制住戶改建商店，如有違犯，應由政府加以處罰，或沒收其土地爲公共住宅之用。

（B）　住居的租值昂貴，政府應加以調查和取締，比方住居的進伙底批頭和以低廉的建築費濫提高租值者，應予禁止及減低。關於這個問題，有許多人以爲不甚公允，然而這也無非是未察都市未來的趨勢而說。因爲政府是全民的政府，不應對任何階級有所歧視，損害是少數人的，而獲益却是大衆呀！租值的估價應由工務局在該住戶或商店建築時估定，再由工務局送財政局審查其地價之多少，合計一算便知其成本多少，利益費由政府規定若干，交公安局執行，土地局存記。如有違反卽予處罰。（或者再送民衆機關復議，可說是沒有什麼缺陷吧！）廣州市公安局禁止租居所懸用批頭之擧，實是施行全民政治之初步，是値得注意的。

（C）　爲求市民的衞生起見，對全市的渠道，應定期大淸理或日常勤于淸導。

（D）　在新住居未普遍之時，在市內應多建公共合適的厠所。廣設浴室，收囘低廉的費用。

（E）　增加闢路後住戶的遷移費，俾其有暫住都市可能而找尋機會。

（F）　對于住居改建應增加其通天面積，使光線空氣得充分輸入戶內。

（G）　限制公地投變改築私人建築物。以保全公共土地面積。

（H）　限制住戶之高度。

Ｖ.　幾個基本的計劃

## 建 設 習 藝 院

（甲）　失業的市民，流漣十字街頭應如何使其安居？

一面施行治標的方法，同時應做治本大計劃。

我們爲避免失業的市民流漣于街頭巷尾，最妥善的辦法爲設立多所貧民習藝院。

習藝院的土地和建築費的籌劃：（一）爲私人的熱心捐助，（二）爲政府于公益費內支撥。

內面應設：習藝場。

（A）　夜學教室。

（B）　娛樂場，閱書室，運動等等。

（C）　宿舍。

關於院內行政應設一院長或合議的委員會。處理該院的事務，內面應分作：

（A）　總務處

（B）　管理處

（C）　教務處

（I）　技術處

分掌院內財政，習藝，教管等等事宜。

其常年經費向市內戶主抽收，這些業主應在有若干元產業才要繳納，以不向貧苦戶主的住客徵集爲上策。

如有經費不足，政府應准予補助經費或向外捐欵。

習藝院如果辦理完善，可以使失業的市民得到職位，同時院內的出產品又可以得到獲利，充作院中經費。這樣辦去，流連街道的市民總可以少見了！

# 建築多量的公共住室

（乙）　勞苦的市民底住居應如何建設？

這些勞苦市民是指在都市中無家室者而言。其住居問題，亦應加以解決，他們月裏雖然有工作可做，然而一到罷工之後，無一定之住居，必然遊蕩街頭。若居旅舍，租值昂貴，已屬難以担負，加以旅舍的環境惡劣，實不宜于住宿。夜裏無事閒行，個人的錢財少不免要消費若干。於個人生計也會發生影响，因此，我們就要設法安置這些市民。

安置的方法，就是設立多量的公共住室或旅舍。現在簡略地將公共住室或旅舍的計劃寫在下面。

A.　土地的選定。

關於土地的選定最好能夠在市內公有的地方用來改建或新築。譬如，市內的某某縣公會，公所等等，在前清用來供給在縣裏來市中會考的人做駐宿，或爲鄉中的集會所，但是現在這會所有什麼用處？只是住了一些鄉中留市的人，而且因爲公共的住所，凡是某縣的人民，你，我，他皆能住。結果鄉中的人來省也不免因居公所而鄰，鬧得不堪。如果將這些地方收歸公有，改建大衆住宅爲救濟一般無家的市民，豈不是息事寧人之舉嗎？如果公共的地方不敷建築住室時，得由市政府收用某一個適宜的區域。所有的建築物應自行拆卸，地價由政府依照土地收用條例補償。如果收用中的住戶，有破爛不堪，而租予人民居住，貪圖小利，不加修理者，政府得將其土地沒收充公。因爲他們以低廉的成本，獲得過量的租值，不但影响平民生計，而不建全的住居，實危害大衆市民的生命○如果經過相當的年月，他們也賺了許多不應得的錢財了○我們爲大衆的利益計，這少數人的投機者應予以相當的懲罰○

B. 建築的規劃

土地既經選定，第一步就是建築，經費又爲最應重視的事務○我們以爲建築大衆公共住室或旅舍，除了私人熱心捐助之外，實以公欵撥爲建築費較爲可靠○　有屋住居的人，對於住的問題已得到解決之後，對於那些無家可歸寄居異地的大衆應予以物質的援助○

所以籌欵的辦法，可以在建築房屋○和土地登記時，向業戶一次過抽繳地價和建築費之百分幾爲建築公共住室之用○比方抽收千份之五，如當建築費一萬元時，所繳的公共住宅附加費只五十元而已！能夠建築一萬元的業戶，其資產總超過此數之若干倍，此人只多担負微少的欵項，而大衆却能得安居之福，這是調節社會不均衡的罪惡的一個可行辦法○

政府決心是爲全市民衆謀利益的，就將這些欵項爲大衆的幸福用法！

建築費籌得之後，我們就開始建築公共住室○它的形式以壯嚴横秀爲美，設備總以適合衞生爲主○　樓高總以四層以下爲妙，若超四層應加昇降機爲上落之用○

內面的間格有分散式和混合式的布置（1）所謂分散式，就是每層的樓住分作若干個房舍，住二人或四人，（2）混合式是每層間若干大住室，容許十八至二十八○前式似便於管理，但却又損害樓房面積太多，後者可容多數住客，然却難於管理和易陷於不衞生的狀態○·我們只要體察形，如該地勞苦市民數量之多寡，和面積的大小而定便可。

其餘如每層設備浴室和厠所○並於住室內設管理處儲物室，厨房，公共餐室，閱報及圖書室，會客廳，室內小規模的運動工具等等，以爲市民大衆於工餘之暇得一正當消遣的場所○

C. 住宿與租值

凡是有工做而無地住宿的市民得由該服務地點，寫証明書到公共住室駐册，經許可後卽准其在內居住。　凡在室內居住的人應有遵守室內法規之義務和享受室內之權利。另由管理處遣派特務警士及伕役為之保護與服務。

關於租值的抽收，每月應以不超過其住客收入總數百分之十為額。比方，現在廣州的工人做雜項工作的，每月工金多為十五元，則其繳納之租應在一元五角以下。　因為他那微薄的收入，又須供給個人及家中的消費，這是最苦不過的，如果房租高過原住地方，那末何需乎多此勞民傷財之舉？　這是最應注意的。

室內設有公共餐室，用膳與否，聽其自便，如此無家可歸的市民可以得到一個歸宿地啊！

## 創立大衆的住宅區

設立了習藝院和公共住宅之後，失業的，無家所歸的市民都得到了安定的生活了。　那末，就要顧慮有家室而感住居困難的市民大衆。現在的住居之不潔侷促欠缺安全等等現狀，上面已經說過了。因此，除了在市內將那些不合式的住宅改善之外，不能不作一個基本計劃，就是：

創立大衆的住宅區，以安置住居困廸的大衆。

A.　工廠設立工人住所。

我們為維持工人的生活底安定，應限制工廠在報建時，由工務機關審查其營業種類，資本數量，工人數目，建築地址等等而規定其增設若干工人住所為工人的家屬棲息。　每月由廠收囘若干租值，但不得超過工人收入百分之十五至二十。　這個辦法，工廠方面不過多費些建築費與地價，而其獲益，也可以前償這些欵項。工人既得安定的住所，無後顧遠思之憂，日間更免走路的麻煩，保全不少的體力。以一個精神舒適身體壯健與體疲神乏的工友去做同一的工作，必然地為前者操勝。普通的人以為人和機械一樣，愈時間多，做工作愈多。然而，事實上適得其反，因為人的精力總是有限，機械經過若干時候也會損壞的，何況我們的人類？工廠的工作效率增高，其生產營業必隨之而發達，這是不待詳言的了。

B. 創設大衆的住宅區。

最好選定鄰郊的山崗或公地，來建築大衆的住宅區。但是大衆的住宅是什麼呢？我們可以說由政府建立了適合一般困苦的市民所住居的合理建築物，就稱之爲大衆住宅。

住宅區的範圍，因市中勞苦大衆散布的情形而定，如果某一個區域因勞苦大衆多數居住于那裏，又因于郊外交通的不便；對生計發生影响時。在審查不防碍都市未來發達的趨勢的情形之下，可以根據三民主義之民生主義中收用土地辦法充作公用。

土地選定了，對於該地的交通就應以建築住宅的同一重視地建築如增關基幹路線設立市營長途電車或汽車，以輸送該地的居民。

從本國的住宅情形而言，比方廣州一地，那些具有厨房，浴室，廁所，工人室，食堂，會客廳，圖書室，幾間睡房，和小花園的住宅實非市民所敢仰視的。這些住宅的主人非官則富，就如有客廳，浴室廁所厨房睡房的住宅，每層最低的住宅的租值非五十元以上不可。

但是我們的住宅是爲大衆的，因此除了安置了應有的設備如睡房厨房浴室廁所廳之外。其他如花園等等應作爲公共的場所。

大衆住宅區內的住客，應有規定，凡在收入百元以下的有家室的人才可以居住。

那裏可以分作幾類住宅，住客應將生活狀况報告管理處核准分配房屋，不能擅自選擇。

最苦的市民是每月收入在廿五元以下的，我們對於此等市民，應用可容六人至八人的住室給他們居住，那裏有兩個房子，可容八人的住宿，以兩間一座爲好，即有公共厨房，客廳，浴室，廁所。

另外設立了一廳兩房，和一廳三房的住居，前者可容八人後者可容十人至十二人，自有浴室厨房廁所等等。

租值是論住客的收入而定的，比方你收入五十元，每月的房租應納五元至十元，但總以不過百分之二十為限。

房屋的居住不能因住客多繳租值便給些上等的，比方收入一百元的住客，家中有八個人，那末，不限定要給那一廳三房的住室做住所。而要他們居住那一廳兩房的。

房屋的住居，必須經過管理處詳細的調查審核照准才得搬入，如有偽報生活狀況必須受驅逐或相當的懲罰。

那裏的屋宇應取相當的分散，最好不可十座以上相連接。前後都應有空氣光線的輸入。

屋宇的高度不可多過四層，形式以壯嚴儉樸為美。並應於道路兩旁廣植路樹，另於中心地點設立：——

通俗圖書館。

運動場。

兒童游樂所。

小的雜貨商店。

勞工夜學。

大衆市民學校（中小學兩級和幼稚園）

公園和大衆化的娛樂場所。（如露天影畫等）

公共集會所。（用來集會，結婚禮堂，演講等等之用，

醫院兼藥店（中西藥的）

管理處（特警，員役等等）

其他公益事業如自來水的公共水喉，免收電費等等。

以上為調劑勞苦大衆的生活的幾個急切問題。

我們把大衆的居住問題討論過了。甚願有志於市政改革的先進加以指導，大衆的市民以精力完成之！

建設的事業是必會成功的，只要察看施行者有無決心而已！

　　且看廣州市近年的建設，實足爲國內各市之模範。數千尺的堤岸築了，內港將完成了，橫貫南北的鐵橋工畢而通車了，…………數千百萬的金錢化在建設用去，實在最好的政績。

　　所以，我們可以相信，政府如果是爲市民大衆的住居問題與建築繁華都市的港岸也是同樣的重要呀！

　　現在我們應努力爲大衆的市民勉力而建設。

　　　　（本章完全篇待續）　　　　廿二年四月三日午於珠江之畔。

# 公路預算的經濟問題

## 以分析法斷定改良之當否

### 美國工程會會員

Iowa 工程學院院長

Thomas R. Agg 著

### 胡鼎勳譯

譯自 "Civil Engineering" for Dec. 1932

雖則公路之改良，其主要目的在於杜免意外危險，然其建築計劃，必須適合經濟原理。　公路改良對於經濟上是否合算，當以每年費用爲標準。　比方在某種情形，其改良對於養路年費固屬經濟矣，然而最優計劃，必更使每年運輸費用之減輕。　此種費用可分二項，即公路費及車輛費是也。　於改良之後，事實上間或有加重路費者，惟車輛工作費之減輕足以抵消而有餘也。　以言製造，管理之努力可使商品出產耗費減至極低限度。　例如機器之改良，生產方法之變換，必須從生產費用上澈底研究其效率，然後施行。　同理，必先估計在改良公路之前及改良公路之後之運輸費用而比較之，然後明白斷定此改良所需經費之當否。

在此必須之理論的根據之推論中，其出發點乃此簡單之叙述：

$$公路運輸費 = 公路費 + 車輛費。$$

此方程式可展開如下：

$$\begin{Bmatrix} 在某一公路上每車 \\ 每哩公路運輸費 \end{Bmatrix} = \begin{Bmatrix} 每車每哩運 \\ 輸之公路費 \end{Bmatrix} + \begin{Bmatrix} 每車每哩行 \\ 程之工作費 \end{Bmatrix} \quad\cdots\cdots\cdots [1]$$

公路費必須包括建築，養路，及管理等費，茲列之如下：

$$每年公路費 = \frac{投資}{利息} + \frac{彌補磨}{蝕年費} + \frac{每年管}{理費} + \frac{每隔\ n'\ 年修補一次}{平均每年年費} +$$

$$\frac{每隔\ n''\ 年修補一次}{平均每年年費} \quad\text{………………………………} \quad [2]$$

方程式 2 可以任何單位表之，今以每運輸單位每哩每年公路費計算，取其利便也．

其關係可再列如下式：

$$C = Ir + \frac{(I-S)r}{(1+r)^n - 1} + M + A + \frac{E'r}{(1+4)^{n'} - 1} +$$

$$\frac{E''r}{(1+r)^{n''} - 1} \quad\text{……………………………………………} \quad [3]$$

C＝某段路面年費．

I＝路面初築時費用，包括工程及雜費．

Y＝利率，以小數表之．

S＝改換路式時，舊路面之價值．

M＝每年養路常費．

A＝每年管理費

E'＝每隔 n' 年修補一次之費

E"＝每隔 n" 年修補一次之費（與 E 所指者性質不同）

在普通情形 A 項可以省去，在特種情形如級約城之荷蘭隧道及征通過稅之橋等等始計及之。

畧加思索，當知方程式 3 不止徒備欲長期保持一種路面在標準狀況之下每年養路費之估計方法，且可計算某一項已築安工程之費用．（指年費言） 倘有一類似之方程式，須包含公路各種其他附件如水渠，禦牆，升高建築，隧道，泥土工程，護欄，與及警告符號，方向符號等年費，但有等附件倘使保護得法，可望支持極久，而無虞崩壞。　其餘如護欄之類，如有零星損壞，隨時補換，甚或積數年間，由少許而漸至全部更換者有之，但安爲看護，姑視作其有永久性可也。

　　C 亦可化爲每哩每運輸單位之年費 Ca, 如公路係屬私人企業，須奏投資者每年獲得 r 百分率紅利之效，則此 Ca 類似該私有路所征之路租。

　　車輛工作費可以同一方法得之。　囘檢方程式 3 可推得下列之方程式：

$$Cv = Ivr + \frac{(Iv - Sv)r}{(1+r)'' - 1} + Ov + Mv \quad\cdots\cdots [4]$$

式　中

Cv ＝ 車輛每年耗費

Iv ＝ 車價

Sv ＝ 利率與上同

Ov ＝ 車輛工作年費，包括車輛稅——大部爲養路及改良公路之用

Mv ＝ 車輛每年修理費。

　　Cv 旣算得，則車輛自身每哩行程費用自易求得。　一車之運輸費等於每哩每運輸單位之路費加每哩行程車輛費，減去每哩行程對於路金之捐助費，蓋路捐己於路費項下算入運輸費中矣。

### 路 式 與 車 輛 工 作 費 之 關 係

　　Iowa 省工程實驗處調查組 1928 年發表一車輛工作相對值之估計，幷表列其結果如下：(根據一幻想之『平均』汽車估得)

　　第一表　行駛於各種路面之工作相對值。

　　　　三種路面行駛之工作近似相對值（以每哩若干分計）

| 費用細目 | 上等 | 中等 | 下等 |
|---|---|---|---|
| 電油 | 1.09 | 1.31 | 1.61 |
| 油 | 0.22 | 0.22 | 0.22 |
| 輪箍及汽管 | 0.29 | 0.64 | 0.84 |
| 修理 | 1.43 | 1 72 | 2.11 |

| | | |
|---|---|---|
| 虧損⋯⋯⋯⋯⋯⋯ 1.26 | 1.39 | 1.57 |
| 執照⋯⋯⋯⋯⋯⋯ 0.14 | 0.14 | 0.14 |
| 每月4元之車房租⋯⋯⋯ 0.44 | 0.44 | 0.44 |
| 6%之利率⋯⋯⋯⋯ 0.36 | 0.36 | 0.36 |
| 保險⋯⋯⋯⋯⋯⋯ 0.21 | 0.21 | 0.21 |
| 總費⋯⋯⋯⋯⋯⋯ 5.44 | 6.43 | 7.50 |
| 相對值⋯⋯⋯⋯⋯ 1.00 | 1.18 | 1.38 |

　　余最近曾考查 Iowa 省工程實驗處積存資料，得下列結論：　由次等路面改較好之路面，可使摩托車使用者省八分一之車輛在次等路面行走之工作費．

　　以 1931 年之車輛工作費計之，則每哩行程可省0.8分．　至於其他車輛，尤其是貨車，非細考其運輸之實際上的構成不可（即笨重者及輕便者各若干）．然所得之資據，過於繁瑣，改變路面，對於貨車究可減省若干工作費殊難定一極準確之數．

　　然若根據貨車之平均工作費，每車每哩當作 22 分，作經濟研究的比較，則由中等改上等路面後每車每哩行程可省5分之工作費，信無大差誤，貨車載重在一噸以下者當以摩托車計。

　　變更路線，縮短目的地之距離，亦能減輕工作費，第須知縮短距離與固定之費用無關係．　研究第一表，若虧損之三分一以備車輛將來式樣陳舊時改用新式之費用，而三分之二為機械之退化，則在上等路面每哩當為 2¼ 分．　而每中等路面則為3分也．　至於貨車，則縮短距離，亦可省行程之時間，相信上等路面每縮短一哩可省8分之運費，中等路面可省 13 分。

### 斜　坡　減　低　之　繁　難

　　在公路經濟上，較估計有可能性之省費問題尚困難者，當推斜坡之減低矣．　此問題至繁難，蓋公路之大小不同，載重不一與及車輛工作性質時而貨車多時而客車多，故難定一唯一經濟之斜坡．　工程界祇有觀察地勢之情形而定其斜坡耳．下列步驟，對於此問題，庶乎近理：

　　1　由測量推定現有斜坡之共高度及共長度

2. 決定改善斜坡之適當共高度及共長度

3. 假定 4% 之斜坡為車輛安全落坡之斜坡，及計出預定計劃中之高度超過同一長度 4% 之斜坡之高度若干

4. 估計每年使用使路－運輸噸數。　應用一變化係數可化運輸額為噸數。　對於多數計劃，將運平分為上落二等分，當不至有大差誤矣。

設電油每加崙重 5.9 磅，每磅試驗得 19,000 B. t. u.（英國熱量單位），每一 B. t. u. 等於 777 呎磅，而摩托車之平均熱的效率為 15%，則其各種相互間之關係可以示出矣，為計算計可作一方程式，式中

　　H ＝ 傾斜頂部原有之高度。——以呎計。

　　H₁＝ 傾斜頂部改善後之高度。

　　H₂＝ 與改善後斜坡同一長度之4% 斜坡之頂部高度（測量得之）。

　　M ＝ 原有斜坡之低聯動機（low-gear 通常稱曰『一波』）因數。

　　C ＝ 每加崙電油價值（以元計）。

　　R ＝ 減少坡度後每年所省之費。

　　T ＝ 每年行經此路之運輸噸數。

則方程式應如下：

$$R = \frac{\left[\frac{1}{4}T(MH - H_1) + \frac{1}{4}T(H_1 - H_2)\right]C}{19,000 \times 777 \times 0.15 \times 5.9}$$

$$= 0.00075 \left[(MH - H_1) + (H_1 - H_2)\right] \cdots\cdots\cdots\cdots [5]$$

設將路延長以減絃坡度，則由 5 式算得之得數應減去額外延長部份之費。

下語為關於因數 M 之解釋。　如原有之斜坡，車輛能以低聯動機登坡，則除因減輕運輸費，如減少上坡時間及車輛之工作費等而更改外，該坡實無可更改之經濟的理由。　因此，因數 M 乃代表上原有斜坡所需之聯動機（一波或二波）之費，與上坡而需用高聯動機（High-gear 即三坡），以高聯動機速度及工作效率之費之比。

此公路經濟中之分析的榜樣，殆亦今日有司者正在猶豫而未決者歟。　經費之審定，當逐漸變為嚴密之經濟上的証明。　希望此篇對於此重要問題之解答有所貢獻也。

# 軌道工具及修養之研究

## 連錫培編

## 鋼　　軌（Rails）

鋼軌，按其重量而稱之，如六十磅鋼軌，其長度每碼重六十磅，其面積約有六方寸。路面之鋼軌，每截長三十三尺。鋼軌愈長，則接口減少，路面較爲平滑。但軌長搬運艱難，且有寒熱縮漲之影響。

鋼軌之式樣，與行車關繫頗爲重要，按斷面積算，大約軌頂佔全軌四成二，腰部佔二成一，軌底佔三成七。轉角處有圓灣，軌腰約厚半寸，軌底寬度，應與軌身高度同。軌身高則拒力大，而修養工儉，及拖車省力。至應購重若干之軌條，應從經驗決之。尋常運輸應用七十至八十磅之軌條。運輸多之路，應九十至一百磅之軌條。

鋼軌之壽命，本難規定，不能以時期計。在六十至八十磅之鋼軌，祇能佔其可運儎，從一萬萬至二萬萬噸。一百磅之鋼軌，可估計能運五萬萬噸，然亦視乎其儎重之均配如何。至磨損鋼軌者，多半在機車。有時估計鋼軌之壽命，係按列車之數。普通幹綫鋼軌，應可耐用卅年，軌頂可受損磨約一半。但在正路上祇許磨損至二分，該軌便成移至叉路，或廠中，不能再用於正路，或將磨損過之鋼軌，重行燒過，再轆回原日形式，不過比從前重量畧減。

鋼軌定製時之規則應規定炭，矽，錳原素之高低限額。應註明重量斷面式短鋼軌之特許數，啣口螺絲眼之大小，及位盤之距離，又製軌材料之應至如何試驗程度爲合格，普通多數規定需要之程度，而不規定製造之法，但製軌時，宜由購主派有經驗可靠之員在廠考驗。

# 鋼軌配件 (Rail Fastenings)

　　鋼軌接頭，甚難得有完善式樣。所謂完善者，因欲令其狀態於行車時，與軌之中部無異。車行軌上，前行之輪，鼓盪如波濤者，半緣路枕下墜，半緣鋼軌在枕木距離之部位，及在未墊實之枕木上，受車輪之重儘而灣下。故鋼軌全身部位，宜墊穩。正接頭之部位，更宜墊至堅實。

　　鋼軌接頭有兩種式，卽墊底與懸空二式。墊底者接頭，下有枕承托，該枕謂之接頭枕名 Joint Tie 。懸空者，接頭下無枕木提頭，兩枕木之間，近接頭之枕木，謂之肩枕名 Shoulder tie 。鋼軌提頭，有兩邊鋼軌相對者，有互相交錯者，至以何者為穩健，頗難決定。大約路面隨時培養妥善者，以接頭互錯較為合宜。若道渣鋪墊時廣缺乏，或培養不週之路面，則以接頭相對為穩。雖在接頭枕上，或肩枕上舂擊力更大，仍使機車車輛搖擺較少。

　　接頭每易鬆軟，若鬆則前行之車輪，經此而跳躍。在接頭跳時，則與前頭鋼軌舂擊，試看各處路面，多皆不免在軌上有舂擊之痕跡。再如接頭鬆軟，車行搖曳，魚尾鋼板螺絲，易致鬆離，而鋼板亦不能與鋼軌換貼。故魚尾鋼板螺絲，宜隨時察驗旋緊。

　　魚尾板 (Fish Plate) 製時按其寬厚式樣，輾成長條角鋼，再依所需要之長度，鍛成若干長度。至長短之度，按軌之重量而異。八十五磅之鋼軌，所用者長約廿六寸。鋼板上頂鋼軌頭，助鋼軌接頭之承力。下蓋鋼軌底邊，每對重五十四磅。墊底之接頭魚尾鋼板，較重於懸空接頭者，蓋墊底之接頭枕若鬆軟，其缺承托之長度，較長於懸空接頭之長度也。魚尾板有短而容四釘者，（每軌端容二釘）亦有長而容六釘者（每軌端三釘），視軌條聯接式而異。魚尾板上之孔，多鑽為長圓形，以適合於栓釘中圓形之一部，以免栓釘鬆動。

　　魚尾螺絲。係縮緊鋼軌與魚尾鋼板之用，螺絲頭下一小部位，係長圓式，令其上緊鋼軌時，不能旋轉。徑大六七分，除螺絲頭外，長三寸半至五寸。使其上緊螺絲母時，勿露出多小。用於八十五磅鋼軌者，長四寸一分，連螺絲頭共長四寸七分，每個重一磅。長圓之部位長一寸。道釘（Hook—Headed Spike）。其頭如鈎，用於枕木之上，俾兩軌間，合於標準之軌距。每枕木用道釘四。打釘時用錘，其底應與頭平，故釘直落而不禍。然當軌條為車輛軋過時，足令道釘鬆動失其抵抗力而鬆脫，即重行錘擊亦不能持久。道釘於枕木時，有木質太堅硬，報為釘錘所裂，祇有用鑽，先將釘位處鑽眼，然後釘之。鑽眼比釘寬度少一二分。狗頭釘（Dog Spike）其頭有寬邊，以便起釘時，為鐵撬根之叉所架合。此種釘頗經濟利便及安全。道釘之釘法，與其緊力，頗有關係，道釘之釘法，宜錯列，每便約釘在 1/3 處，則釘下時，木質不易裂，而軌枕普通可易地位一次。道釘與螺絲宜十分注意，若用一磅以下之小椎擊之，有尾聲者，則不緊矣。

螺絲釘者釘頭有方頭，與螺絲把之眼相合。其值雖昂，而減少養路時之重錘鬆釘工夫。先將釘位鑽孔，其孔大與螺絲釘心相若，其把持力，比尋常道釘較大，約在二倍至五倍，惟其值甚昂，各路甚少用之。軌撐（Rial. Brace），乃用於彎路及岔路，助鋼軌所受輪過重橫力。因弧綫之外軌，軌頭之一部，受極強之橫壓力，有向外傾倒之勢，致令軌底之外端，壓入枕木，而使枕木破裂，且使內邊之道釘為所拔起。故多用軌撐以補救之，在三度至六度之彎路，每軌約用四個。在六度至十度之彎路，每軌約用六個。若在十度以外之彎度，每隔一枕用一個。祇在外軌用之，但亦有用在內軌者。則與外軌之軌頭同在一枕上設置，係為抵拒重力貨車之橫力，且助釘頭接受外軌推逼之橫力。墊板（Tie Plate）車過路面時，每致鋼軌搖曳，軌底邊搖擺日多，不無割入枕木，而割痕與日俱深，枕木因而不適於用。若在鋼軌與枕木之間，設置墊板，則免除軌邊之割損，即為增進枕木之壽命。（此墊板皆以鐵鋼所製）不獨此也，若墊板內留有釘孔，使軌施兩釘，從墊板通過而入木，則兩釘距離之部位，同為墊板所管束，即軌外之釘，有被逼開之勢，亦為軌內之釘所連繫，而不易移動，則軌距離愈為鞏固。拉桿（Tie Bar）用於變道上，預防軌條之狹以致車輪出軌。拉桿之間，用（turn. buckle）相緊者，係預防其伸縮者也。

# 路　枕 (Ties or Sleepers)

　　路枕有木枕與鋼枕兩種，其現在試用者，有混凝土枕與鋼筋混凝土枕。木枕宜用硬木，能把持路枕妥當者，宜耐用，及其紋順者。和本土有之，則宜就地取材，若就地無森林，則購入路枕，按財力之所及，採選良材。

　　木枕普通長度七尺至九尺，以長八呎寬八吋厚六吋者，最通用。木枕承鋼軌之部位，至要平整，伐木時以樹木停止吸漿時爲最宜，木應晾至乾透，乃可施用。但不能少過六個月，又不必多過十二個月，論樹身部位之木質，以樹心爲甚。因樹邊木質爲漿木即吸，地漿之木，不能耐用。木枕堆存晾乾時，宜每枕令其疏通空氣。不宜貼地，當以他物墊離之。

　　木枕致壞之原因有三種（一）朽腐（二）爲軌邊割傷（三）釘位先壞。軟木在釘位朽腐頗速時，須重釘。重釘頻頻，至於不能再釘，而成棄材。若用妥適之墊板，可免軌邊割傷之患。木枕之壽命，視其木質伐木時期，晾乾程度，與夫川在地之天氣地土等，如何而異。乾燥地土，所用之木，其壽命長於潮濕地土所用者，新伐木與久晾木比較，則久晾木壽命較長。

　　路面枕木爲重要之用料，約佔養路數七份之一，更換枕木與更換鋼枕之用値比較，枕木值約倍於鋼枕。故凡有法能令枕木耐用或減少更換頻繁者，莫不爲負管理之責者所注意。近代有製木法多種，能增長木之耐用，期其法不外將木漿取出，而復灌以去腐殺菌藥劑。或不取漿而單獨灌以去腐藥。其餘則有合宜之鋼枕，枕板，木套釘，及螺絲道釘等，以免損壞枕木。除木枕外尚有鋼枕，此種枕能用三十年至五十年，至鋼枕之破壞仍視運輸量而定。且多有生誘之弊，在卑濕之地帶及山洞之內尤甚。鋼枕之破壞，大抵始於枕上道釘孔旁之裂解，孔邊一裂，即爲破壞之兆。其餘尚有混凝土枕，或鋼筋混凝土枕，或因於經費問題，及耐用年期，尚未有顯著之功效，故鮮用之。木料貼土，時濕時乾，則外面朽腐迅速，故石渣稀薄之路面，枕木較易朽腐。故鋪路以疏水之石渣爲宜，枕木釘眼處續存雨水，朽腐亦較速。於軌下承托之處。木離地面受天氣

所侵，如橋梁枕木等，因木漿發酵，故先從內裡朽腐○故枕木不能杜絕潮濕○濕爲致瘀之原，故橋枕多用腐藥料製煉○

## 道　　渣 Ballast（枕底墊料）

路基之上，枕木之下，應有墊料•其墊料多數爲石渣•故多稱墊料爲石渣，其實不獨碎石可用，煤屑沙河石與夫凡能疏水及堅硬之物皆在可用之列，蓋因路基坭軟，藉此熱料以均勻壓量○良好道渣宜具之性質如下：

（1）宜堅硬而能受壓力；（2）宜能滲水，以免水分侵入路基使之鬆動，且不使水量浸於路面以促枕木之朽腐（3）宜具彈力，令車隊經過時之震動可以和緩（4）不宜太粗及太細○太粗則空隙多而耐力小，太細則易變爲塵土，隨車飛揚○故道渣須選擇無坭塵攙雜，枕木四圍皆墊至穩固，同時能使雨水流通，使枕木處無水留存○碎石道渣應碎至能過圍穿過二寸半徑之圍但小不過六分○此種道渣堅硬有耐力，富於滲水性有保持軌枕之功，且修養之工夫甚省，故各鐵道多用之○若用河石道渣，應用粗者，不使有坭土幼沙大石攙雜，若不潔淨應用水洗之○沿海岸之地積沙每富，故傍岸之路爲輕濟起見或用沙作道渣○富於排水性質，然沙易於飛揚，沙粒滿佈於軌面使軌條與車輪均易損壞，此易沙之害處○至用煤屑作道渣祇作車塢之用若在外路則易飛揚空中，其害處與沙相同○

道渣墊在枕底者至少厚六寸，但不必過十二寸○碎石墊料厚度可比沙與煤屑者較薄○如疏水速之墊料如碎石等，可墊至與路枕平，比枕木每端約長出一尺，然後坡下至基面○如疏水不暢之墊料，祇須與枕木中間平，而坡至枕端處與枕底平，然後再坡至基面○

## 轍叉和岔心（Switches and Frog）

轍岔者，乃灣路使車由此轍而轉他轍之路，即由正綫入側綫，其種類可分爲二種，茲分述之如下：

（1）短笨式○　在短笨形轉轍器本軌兩條均鋸斷其一端，可以活動由 II 至

r 一段之軌條不釘著於軌枕，但於兩軌間用聚桿以維繫之。由 r 至 H 俗名較

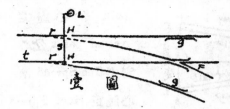

變　圖

剪口，從 t 處其彎 H 為擺嘴，其搖擺之部位如圖之虛線。分送叉之外軌與本綫軌交加處 F，謂之岔心。駛車入岔路先將岔嘴擺至虛線之部位。t 部位名岔跟，H 部位名岔尖，　為護輪軌，車行過岔心時，將車輪突邊護持不至誤入鄰軌，　處實線與虛線相距度謂之擺距約在五吋，其能活動之軌長約三十吪。其軌頭常有鐵板（h a l chair）在兩邊以便開合正當其鐵鐵乃釘于枕木上固定者也。此種聯接之最大弊處為列車在正軌上依轉轍之反向而行駛時，苟忘將轉轍器撥正，必致有出軌之虞，即不然，路軌中斷，其一端活動，列車急行至為危險，且截斷中間之際，常時寬廣，易磨洲車輪且鐵軌漲大時轍岔不能移動故此種式少用之。

（2）分裂式。　分裂式為最通用之路岔。正軌一條及分道叉軌一，條連續

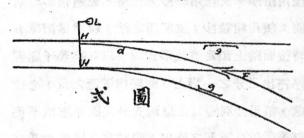

式　圖

不斷，其他正軌一條則截斷，而於截斷之一端 A 點起接以一段尖軌 B 距離直軌約五吋，即所謂擺距，分道叉之軌條以一尖軌 C. D. 換貼之，將車輪改由他轍而行該尖軌，謂之岔嘴，係直線，長約十五吪。AB 與 CD 均不釘於軌枕而以數條拉桿聯結之，其端能活動，以便車輪出入於分道。

岔心之種類　岔心者，以多數之鋼軌聯結而成，下則用鋼板以鉚釘（Rivets）相聯，不能移動，岔心之種類有二：（1）緊固式（Stiff frog）（2）彈簧式（Spring frog）。

（1）緊固式者乃鋼板上用鉚釘聯結岔心者也。用釘釘固，不能移動，故名緊固式。岔心各部位名稱如下：

Toe of Frog 岔心距，Heel of frog 岔心跟，Throat of frog 岔心跟喉 Wirg Rail 軌翼 Flange-Wag 輪邊路 Main Point Rail 大尖軌 Short Point Rail 短

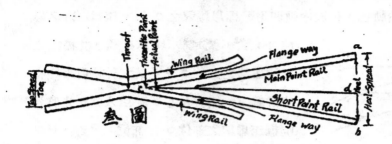

叁圖

实軌，Theoretical poin 岔心虛尖 Actual point 岔心實尖 Toe Spread 岔心趾距 Heel Spread 岔心踵距。

（2）彈簧式即兩輪糟之一受彈簧之力而閉合，俟車經過使之啓放，俟車輪過後即自行閉合者。此種式能減少車輛經行之震動，且少受機車磨損。開速率及載重之路宜用之。

## 養　路　員　工　須　知

道牀　為洩水瓦好起見，幹綫用粗沙，支綫用細沙，俟路基經過相當時期壓緊後，再鋪石渣。但其下層兩側，須用粗粒沙，其所用之沙，須選擇潔淨不含坭土，而品質良好者。且應隨時按照路上預定道渣形式圖，以考察若干處道渣欠缺，須為增補，勿使枕木之厚露出三分之一以上。曲綫內道渣之量，必較豐厚。在轉轍器轍叉鋼軌接頭等處，須用特別優瓦之道渣充分搗固。道渣不得散亂於枕木上面，致防礙檢查道釘等事項。道狀之修理，須注意全區間強度之均等，不得偏重局部。修理道狀時，在普通情形，不得連挖動七十呎以上，於氣候酷熱時，尤宜注意。惟有時當軌道之提高，或降低，須調整附近鋼軌之坡度時，則道牀之挖動，得延長至百五十呎以內。但鋼軌之提高或落下時，須兩端平均，不得令有傾坡。

枕木　凡枕木之破斷或蝕過甚者，或枕木上之道釘孔，有因鬆動而致道釘不能將軌條嵌緊者，即須更換。若用鎚輕擊枕木，而察其聲，其聲浮者，則內部已腐爛，亦須更換。新鋪設或更換之枕木，須用羅馬數字表其鋪表之年，用小羅馬數字於其右肩，表鋪設之月，以驗每枕使用之年限。更換枕木，除特別情形外，同時不得更換鄰接二根以上，由軌道取出之舊枕木，必將犬釘拔出，當日檢查之，以區別其能否再用於別處。若因更換鋼軌，而須移動其接頭地位，或因增加及減少枕木，而須均勻枕木間隔時，須先處理鋼軌接頭附近之枕木，然後依次而及其他。

拔換道釘時，須十分注意，勿使枕木毀損。其犬釘之孔，須用浸過熱臭油之硬木栓填補之，更換道釘打入舊孔亦然。處理枕木，不得使用撬棍或尖鎬。不得已時，可在其兩側面，及末端施行之。其與鋼軌接觸部分，尤宜特別注意，不得損傷。在橋梁上，鋼軌接頭處，及使用軌撐處，須用品質堅良富於耐久性之枕木。鋪設長度一致之枕木時，務使枕木中心與軌路中心相合，如枕木長度不一，須於路線左側取齊。如鋼軌陷入枕木其深度達鋼軌底部之厚度時，可將該部分枕木削平之，惟枕木厚度，不得減少至四吋半以下。若用墊板，則須用狗頭釘釘於枕木使其固定軌道，外側用釘一根，或二根，內側用一根以使與鋼軌相聯堅固。

鋼軌及軌件　　凡鋼軌頭部磨蝕過甚，兩端有損傷或有破裂，即須抽換。有下列狀態之一者，不得使用於幹線，及車次頻繁之支線上。

（甲）損蝕或其他原因至斷面面積減少至百份之二十者。

（乙）頭部上面之磨損達四份之一者，及有毀損之象兆，及其他情形認爲與列車運轉有危險者。

（丙）在連結接鈑處之鋼軌頭之內，側面其磨蝕達該側面之下端者。凡鋼軌有下列狀態之一者，不得使用於任何線路。

（甲）損蝕或其他原因，至斷面面積減小至百份之二十五者。

（乙）頭部上面之磨損，達三份之一者，或彎曲特甚者。

（丙）既損壞或毀損之象兆甚明顯者。

鋼軌磨損之程度不甚明顯，及劇烈者，可調換其內外邊使用之。

鋼軌之接頭不得配置於橋桁之中央，正式橋座背壁（Back wall）之附近，及道叉上。其連接處魚尾鈑所用之螺釘，其螺帽一度綿緊之後，須稍爲逆轉，以免消失螺圈之彈性。不用螺圈時，螺帽亦不應過度綿緊，以免有喫入魚尾鈑之弊。魚尾鈑及螺釘，須時時檢查其有無異狀，若釘孔損蝕過甚而致接縫鬆動，則應立卽更換。

　　兩鋼軌內外側之道釘，須前後交錯，並須互成對稱。鋼軌接頭處之道釘，除特殊情形外，須釘於接鈑之缺口內，惟在無道床之橋樑上，須避出缺口。道釘必須垂直打入，不得傾斜施力，以便充分保持鋼軌之正常位置。最後一錘，用力須輕，以防道釘頭部之損壞。道釘打入時，必須使用軌距器，該器之放置在直線上，須與軌道成直角，並須與鋼軌密接。在曲線上，須與曲線之切線成直角。並須按照規定留適當之擴度，其左右之犬釘，須同時打入，軌距器須俟犬釘打入後，方可取出。

　　轍丫及岔心　　轍丫及岔心須須常檢查其配件是否完全，如有損壞，當卽修理，其缺損過甚者，則用完好者更換之。丫尖須時時連接正線，以便導輪過側線或由側線而至正線。若有缺損或屈曲以致不相密接者須磨削之，使具接面平滑，以減少車輛之衝擊。岔心之部分，內宜清潔，閘座內部，及螺絲釘多用滑油。如拉捍與車鋼軌不成直角，致妨碍開閉器之動作時，須移動一側之鋼軌以調整之。護輪軌亦當使柄內潔淨，不致行車時有障疑。又護輪軌之頂，不能高於正線，其距離安置，必須與標準圖相對。

# 飄墻式禦墻各部之相當比例

## The Proportioning of Cantilever Retaining Walls.

原著者　　E. J. FLIGHT

譯述者　　吳　民　康

以公式或圖表算定鋼筋混凝土飄墻之橫斷面 (Cross‐section) 以減少其初步計算之手續，此種方法，雖有微小改變，然於原定計劃可說是適合無碍。至如對於穩固方面具有充分安全之縱斷面 (Profile)，欲臆測其大小，要亦非難事，然所得結果恐未必定能適合於經濟之條件耳。

飄墻之設計，應以下列之條件爲依歸：（1）抵禦迴旋力 (overturning)，（2）抵禦底部滑動力 (sliding)，（3）計算底部與地面之壓力使在安全限制之內。

作者私意，以爲最後之條件應以熟加致慮爲佳。蓋在趾部之土耐力 (bearing pressure) 常爲最大。趾部 (toe) 又稱前基塊，爲墻之最易受損部份，下當再加論及。在某種情形之下，加增少量之土壓力則發生大量之土耐力。故設計時能注意此點，則首列兩條件自臻安全矣。

下所論列（只限於塊面與扶壁式禦墻）其禦土 (retained earth) 所施之壓力可以等量流體壓力代之。（參閱前期拙譯之『鋼筋混凝土禦墻之簡易設計法』）。關於極乾之鬆土之可靠方法，其計算甚覺簡便，茲列其符號如下：

H ＝ 墻之高度

B ＝ 基塊濶度

K ＝ 一分數

w ＝ 禦土之單位重量

$w_e =$ 等量流體之單位重量

$f = \dfrac{w_e}{w}$

$r =$ 土壓力之因數

$p =$ 最大之許可單位土耐力

$\varepsilon =$ 壓向墻上之合力之偏心距 (eccentricity)

凡設計　墻應以土壓力之常態爲準則，但宜顧及其有可能性之增加，以免防礙墻之隱固。增加之土壓力示以因數 $r$，此因數約在 1.5 與 2.0 之間。設計一墻應用之因數，須在乎設計者就當地之情形而判定之。

如第一圖，墻之每一單位闊度之總壓力 (P) 乃由墻之聯合重量(W) 及 MC 重線內所含之土重以抵抗之。除非爲深基礎 (foundation) 之襯墻外，墻之前部泥土之向上抵抗力常可忽略。此時如因墻之重量不能決定，則 W 可作爲稜柱體之土重，該稜柱體之面積爲 CMND，其厚度爲一單位，而其作用乃在於稜柱體之重心。

此種近似值所生之誤差，甚爲微小，然經多次實驗後，當知其誤差之所在而知所預防也。凡在前基塊（趾部）之壓力始終爲最大之壓力，而在基塊（底部）之分佈壓力則依 E 點之位置以定之。此點卽 P 與 W 之合力與基塊之交點。當 $\varepsilon$ 在距底部中心三分一之內 (inside the centre third of the base) 卽當偏心距 $\varepsilon$ 等於或小過 B/6，壓力分佈圖卽如第二圖所示，而其最大與最小之單位壓力由 $\dfrac{W}{B}\left(1 \pm 6\,\dfrac{\varepsilon}{B}\right)$ 得之。如 E 在距中心三分一之外，則在後基塊（跟部）將爲牽引力，故此式爲不合用。然此實爲不能遇有之事。在此情形中，壓力分佈圖可作如第三圖中之三角形，其中 $AL = 3AE$ 及 $\dfrac{p}{2} \times AL = W$ 或

$$p = \dfrac{2W}{AL} = \dfrac{2W}{3AE} \cdot$$

如當　$\varepsilon \; \overset{<}{=} \; \dfrac{B}{6}$

$$p = \frac{W}{B}\left(1 + 6\frac{\varepsilon}{B}\right) = \frac{w.H.B(1-K)}{B}\left(1 + 6\frac{\varepsilon}{B}\right) = w.H(1-K)$$

$$\left(1 + 6\frac{\varepsilon}{B}\right) \cdots\cdots\cdots\cdots\cdots\cdots\cdots\cdots\cdots\cdots\cdots\cdots\cdots\cdots (Ia)$$

又當 $\varepsilon > \dfrac{B}{6}$

$$p = \frac{2W}{3AE} = w.H(1-K).\frac{4}{3\left(1-2\frac{\varepsilon}{B}\right)} \cdots\cdots\cdots\cdots\cdots (Ib)$$

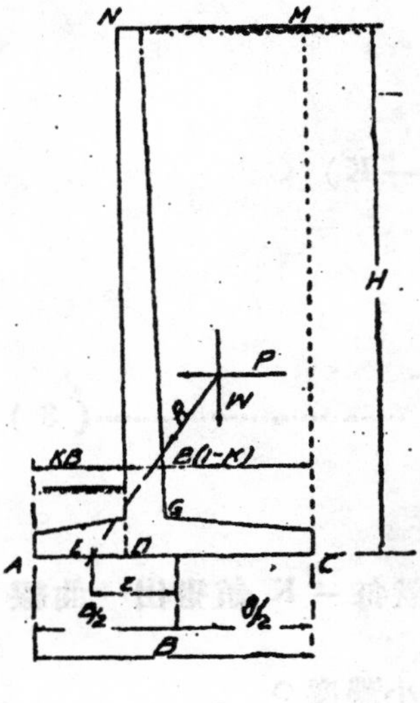

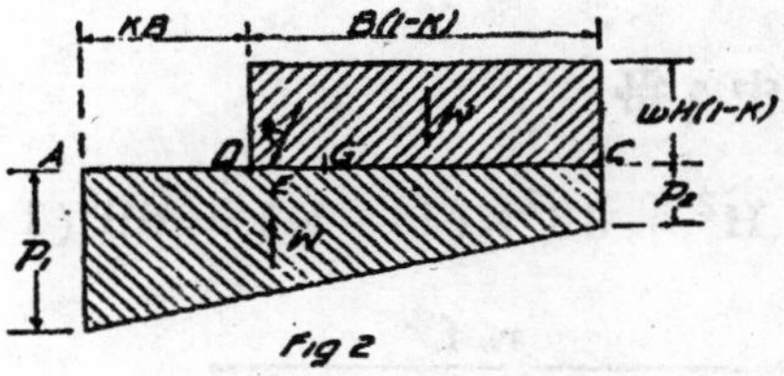

Fig 1　　　　Fig 2 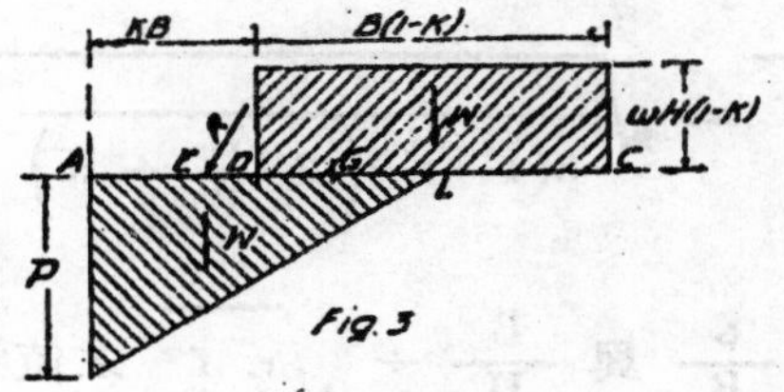　　　　Fig 3　　　　Fig 4

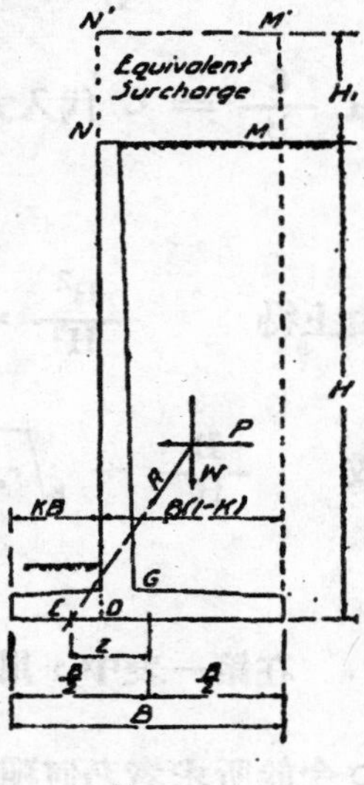

h 與 WH(1－K) 之關係於第一表中之 $\dfrac{\varepsilon}{B}$ 曲線表之。如當某一禦墻之

p, W 與 H 爲已知，則 $\dfrac{\varepsilon}{B}$ 之比例可由此曲線隨 K 之值而定得。此曲線更能

明白表示當 E 點在距中心三分一外時 (outside middle third)，$\varepsilon$ 加增少許，p

必加增甚速。

在第一圖中，當 $w_e = f.w$ 時，墻之最大土壓力爲 $\frac{1}{2}r.w_e.H^2$ 而底部之

彎率 (moment) 爲 $P \times \frac{1}{3}H = \frac{1}{6}r.w_e.H^3 = \frac{1}{6}r.f.w.H^3$。

同時 $W = wHB(1-K)$ 而在 C 點之 W 之彎率為 $\dfrac{wHB^2(1-K)^2}{2}$ ,

故　$CE = \left\{ \dfrac{1}{2} w.H.B^2(1-K)^2 + \dfrac{1}{6} r.f.w.H^3 \right\} \div w.H.B$

$(1-K) = \dfrac{3B^2(1-K)^2 + r.f.H^2}{6B(1-K)}$

又　　　　　　　$\varepsilon = CE - \dfrac{B}{2} = \dfrac{r.f.H^2 - 3B^2.K(1-K)}{6B^2(1-K)}$

故　　　$\dfrac{\varepsilon}{B} = \dfrac{r.f.H^2 - 3B^2K(1-K)}{6B^2(1-K)}$ ......................( 2 )

以 $\dfrac{\varepsilon}{B} = C$ 代入式中, 得

$$r.f.H^2 - 3B^2K(1-K) = 6B^2(1-K).C$$

由上得　　　$\dfrac{B^2}{H^2} = \dfrac{r.f}{(1-k)(6c+3K)}$

或　　$\dfrac{B}{H} \div \sqrt{r.f} = \sqrt{\dfrac{1}{3(1-K)\left(2\dfrac{\varepsilon}{B}+K\right)}}$ ......................( 3 )

在第一表中, 用 $\dfrac{\varepsilon}{B}$ 與 $\dfrac{B}{H} \div \sqrt{r.f}$ 之值就每一K值畫出一曲線 O 今餘所求者乃何種 K 值方能定得某一禦墻底部之最小濶度 O

橫壓合力 R 之偏心距在最大土壓力下必大過 $B/6$ 而在距部下之單位壓力 由下式求得

$$p = \dfrac{2W}{3AE} = \dfrac{4w.H.B^2(1-K)^2}{3B^2(1-K^2) - H^2.r.f}$$

故　$p\left\{ 3B^2(1-K^2) - H^2.r.f \right\} = 4w.H.B^2(1-K)^2$

由上得　　　$B^2 = \dfrac{H^2.f.r}{3(1-K^2) - \dfrac{4wH}{p}(1-K)^2}$ .

當 B 得其最小值時, 適 $3(1-K^2) - \dfrac{4wH}{p}(1-K)^2$ 為最大值；即當

$$K = \cfrac{1}{\cfrac{3p}{4wH} + 1} \quad \dotfill \quad (4)$$

在最大土壓力之下廻旋彎率 (overturning moment) $= 1/6$ r. f. w. $H^3$. 穩固

彎率 (moment of stability) 等於趾部 W 之彎率 $= \dfrac{w. H. B^2}{2}(1-K^2)$, 及

$$\dfrac{穩固彎率}{廻旋彎率} = \dfrac{w. H. B^2}{2}(1-K^2) \div \dfrac{1}{6} r. f. w. H^3 = \dfrac{3B^2(1-K^2)}{r. f. H^2}$$

此式如將（3）代入 B 內則等於

$$\cfrac{1+K}{2\cfrac{\varepsilon}{B}+K} \quad \dotfill \quad (5)$$

$\dfrac{\varepsilon}{B}$ 恆小過 0.5, $\cfrac{1+K}{2\cfrac{\varepsilon}{B}+K}$ 恆大過 1.0 ○

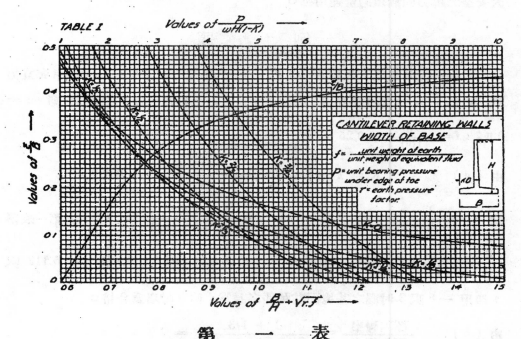

第　一　表

如當 P ＝ W 乘土面與三合土之摩擦係數 (coefficient of friction) 或當

$\dfrac{P}{W} = u$ 時，則墻將有向前滑動之趨勢（前部土質之抵抗力不計）○

今　　　$$\frac{P}{W} = \frac{r.\,w.\,f.\,H^2}{2wHB(1-K)} = \frac{r.\,f.}{2(1-K)} \times \frac{H}{B} \cdot$$

由（3）代入 $\dfrac{H}{B}$，

$$\frac{P}{W} = \sqrt{\frac{3r.\,f.\left(2\dfrac{\varepsilon}{B}-K\right)}{4(1-K)}} \quad\cdots\cdots\cdots\cdots\cdots\cdots\cdots\cdots\cdots(6)$$

如由此推算而知 $\dfrac{P}{W}$ 僅小過 u（摩擦係數）少許或與之相等時，則知牆為安全，因牆前部泥土之抵抗力前章並未計及也。但當 $\dfrac{P}{W}$ 小過 u 甚多時，基塊之下面宜加入一突出部，此部將令抵抗滑動之力量增加，或設計時令 p 值減少而將基塊濶度 B 加寬是亦一善法。此法用以校對滑動抵抗力時，則知最大安全土耐力因無須過量運用也。

## 例　　題

試擬一塊面飄牆，其高 = 12 呎；w = 每立方呎 100 磅；$w_e$ = 每立方呎 25 磅；p = 每平方呎 1½ 噸；r = 1.5；土面與三合土之摩擦係數 u = 0.6；$f = \dfrac{25}{100} = 0.25$。

由（4）　　$K = 1 \div \left(\dfrac{3 \times 1.5 \times 2240}{4 \times 100 \times 12} + 1\right) = 0.328$。

設 $K = \dfrac{1}{3}$，則 $\dfrac{p}{wH(1-K)} = \dfrac{1.5 \times 2240}{100 \times 12 \times 2/3} = 4.2$。由第一表得

$\dfrac{\varepsilon}{B} = 0.34$，及 $\dfrac{H}{B} = 0.7 \times \sqrt{1.5 \times 0.25} = 0.426$，故 B = 5.112 呎，即用一 5 呎 3 吋濶之基塊而其趾部之長為 1 呎 9 吋者為合格。

由（5）　$\dfrac{穩濶彎率}{廻旋彎率} = \dfrac{1 + 1/3}{2 \times 0.34 \times 1/3} = 1.3$。

由（6）　$\dfrac{P}{W} = \sqrt{\dfrac{3 \times 1.5 \times 0.25(0.68 + 0.33)}{4 \times \dfrac{2}{3}}} = \sqrt{0.43} = 0.65$。

此數僅大過 u 少許，揆之上述情理，尚無不合之處。

至如企塊，前基塊與後基塊厚度之算定，必先將 r 值（由 1.5 至 2.0）試驗以求適合于當地情形，然後以常態下土壓力之彎率與剪力求之可也。

在一塊面飄墙中，其企塊（stem）之彎率（無論在墙頂向上任何距離 h 呎間）爲 $\frac{1}{6}$ $w_e \cdot h^3$ 呎一磅。又在每平方时 600 磅之三合土與每平方时 16,000 磅之鋼筋下之應力，由彎率計得之最小有效厚度可由第二表直接讀出。然此讀出數仍須加入鋼筋外包皮之厚度。企塊之厚度常令之一律均等，或爲一定之斜度，故在任何居間點之有效厚度必比其最小之處爲大，而任何點間鋼筋面積之約值由各曲線求之可也。　凡墙之高度如在 15 呎以下者，則其發生之剪力，毋須加以校對，如超過 15 呎則改爲扶壁式（counterfort wall）似覺較爲經濟。　在此式中，其垂直企塊間距於各扶壁間。計算此企塊之厚度，可任擇離壁頂 h 呎下高一呎之條片求其重量，此重量當爲 $w_e \cdot h$ 磅。設 S 呎爲扶壁間之距離，則其最大正彎率與負彎率當爲 $w_e \cdot h \cdot \frac{S^2}{12}$ 呎一磅。如三合土與鋼筋之應力又與上列數目相等時，其最小有效厚度將爲

$$d = \sqrt{\frac{w_e \cdot h \cdot S^2}{1140}}, \quad \text{或} \quad \frac{d}{S} = \sqrt{\frac{w_e \cdot h}{1140}}.$$

$\frac{d}{S}$ 之值可由第三表讀出，尤須注意者 S 之單位爲呎，此表所示之曲線其彎度與第二表之曲線恰相反，故有時近底部之塊面，其厚度或爲較高一點之彎率所支配。設計時近底部之有效厚度可由徑比率 $\frac{d}{S}$ 於墙頂 h ＝ 0 呎之處，及畫一線切於其相當曲線以求得之。

推求其底部彎率與剪力之總公式，雖可求得，然變數孳多，每難運用，又非簡單圖解所能表示，而較爲容易者，則莫若繪畫其應力分佈圖並用簡易計算法以求彎率與剪力是也。

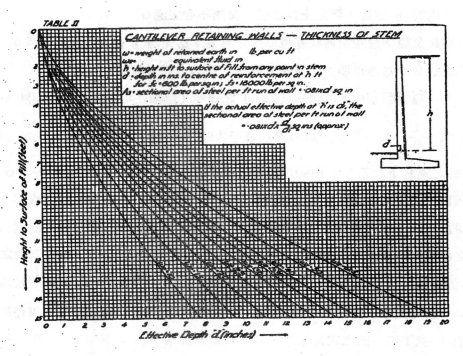

第 二 表

設 $\varepsilon_1$ 為在普通上壓力下之合力之偏心距，則由（2）消去 r，

$$\frac{\varepsilon_1}{B} = \frac{f.\, H^2 - 3B^2.\, K(1-K)}{6B^2(1-K)} \text{，又由（3）代入 B，}$$

$$\frac{\varepsilon_1}{B} = \frac{2\dfrac{\varepsilon}{B} - K(r-1)}{2r} = \frac{\dfrac{\varepsilon}{B}}{r} - \frac{K(r-1)}{2r} \cdots\cdots\cdots\cdots (7)$$

當　　$r = 1.5, \quad \dfrac{\varepsilon_1}{B} = \dfrac{2}{3} \cdot \dfrac{\varepsilon}{B} - \dfrac{1}{6}K \cdots\cdots\cdots\cdots (7a)$

當　　$r = 2.0, \quad \dfrac{\varepsilon_1}{B} = \dfrac{1}{2} \cdot \dfrac{\varepsilon}{B} - \dfrac{1}{4}K \cdots\cdots\cdots\cdots\cdots (7b)$

在趾部下之單位壓力 $p_1$，可由第一表 $\varepsilon/B$ 曲線或下式得之。

當　　$\dfrac{\varepsilon_1}{B} < \dfrac{1}{6}$

$$p_1 = wH(1-K)\left\{1 + 6\dfrac{\varepsilon_1}{B}\right\} \cdots\cdots\cdots\cdots\cdots\cdots (8a)$$

$$p_1 = wH(1-K)\left\{1 + 6\frac{\varepsilon_1}{B}\right\} \cdots\cdots\cdots\cdots (8a)$$

$$p_2 = wH(1-K)\left\{1 - 6\frac{\varepsilon_1}{B}\right\} \cdots\cdots\cdots\cdots (8b)$$

底部重力表，示如第二圖。

當　　　$\dfrac{\varepsilon_1}{B} > \dfrac{1}{6}$

$$p_1 = \frac{4wH(1-K)}{3\left(1-2\dfrac{\varepsilon_1}{B}\right)} \cdots\cdots\cdots\cdots\cdots (9)$$

其重力表亦與第三圖所示相同。

如墻右之塡土上加有一重力，此重力可以等量過載（equivalent surcharge）之重力代之。此時其底部與墻高之比例亦可用第一表求得。在第四圖中，設　$H_1$ 為等量過載之深度，則 $W = w.B(H+H_1)(1-K)$，爾時 $\varepsilon/B$ 必須由比例 $\dfrac{p}{w(H+H_1)(1-K)}$ 以求之。而墻之最大土壓力爲

$$P = \tfrac{1}{2} r.w_e.H(H+2H_1),$$

作用於底部上面 $= \dfrac{H}{3} \cdot \dfrac{H+3H_1}{H+2H_1}.$

令 $H = 1.H$，式中 1 爲一分數，又 $w_e = f.w.$ 在 C 點之 P 之彎率 $= 1/6.r.f.wH^3(1+3l).$

在 C 點之 W 之彎率 $= \tfrac{1}{6}w.HB^2(1+l)(1-K)^2$，如上得

$$\frac{\varepsilon}{B} = \frac{r.f.H^2(1+3l) - 3B^2K(1+l)(1-K)}{6B^2(1+l)(1-K)}$$

由上 $\dfrac{B}{H} = H.\sqrt{r.f.\dfrac{1+3l}{1+l}} \times \sqrt{\dfrac{1}{3(1-K)\left(2\dfrac{\varepsilon}{B}+K\right)}}$ $\cdots\cdots(10)$

13851

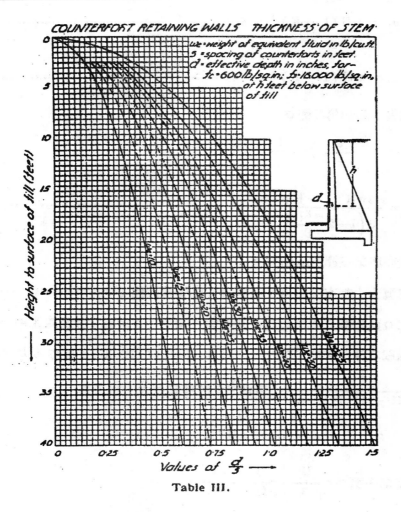

Table III.

## 第 三 表

如是由第一表中各曲線求得之因數乘以 $H \cdot \sqrt{r.f. \dfrac{1+3l}{1+l}}$ 則得基塊之

濶度，若施以前爲一非過載之牆所用之法，則其 K 之最小量可得自下式，

$$K = \cfrac{1}{\cfrac{3p}{4wH(1+l)} + 1} \quad \cdots\cdots\cdots\cdots\cdots\cdots\cdots\cdots\cdots\cdots (11)$$

$$\frac{穩固彎率}{廻旋彎率} = \frac{1}{2} \; w.H.B^2 (1+l)(1-K^2) \div \frac{1}{6} \; r.f.w.H^3 (1+3l)$$

$$= \frac{1 + K}{2\frac{\varepsilon}{B} + K} \quad \dots\dots\dots\dots\dots\dots\dots\dots (12)$$

此式卽爲（5）。

同時 $\dfrac{P}{W} = \dfrac{H}{B} \cdot \dfrac{r.\,f.\,(1 - 2l)}{(1 + l)(1 - K)}$ 以之代入（10）之 $\dfrac{H}{B}$

$$= \sqrt{\frac{3.\,r.\,f.\,\left(2\frac{\varepsilon}{B} + K\right)}{4(1 - K)}} \times \sqrt{\frac{(1 + 2l)^2}{(1 + l)(1 + 3l)}} \quad \dots\dots (13)$$

當 $l = 0.5,\ \sqrt{\dfrac{(1 + 2l)^2}{(1 + l)(1 + 3l)}} = 1.033$，故欲試驗抵抗禦牆之滑動力爲安全與否，以（6）求之，固甚妥也。

在常態土壓力之下，凡牆面飄牆由頂向下 $h$ 呎之任何點上之彎率爲

$$\frac{1}{2}\,w_c\,.\,h\,(h + 2H_1) \times \frac{h}{3} \cdot \frac{h + 3H_1}{h + 2H_1} = \frac{1}{6}\,w_c\,.\,h^3$$

$$\left(1 + 3\,\frac{H_1}{h}\right) \text{ 呎一磅}$$

欲求牆頂下 $h$ 呎任何點之最小有效厚度可將 $\sqrt{\left(1 + 3\,\dfrac{H_1}{h}\right)}$ 乘以由第二表中相當曲線所得之厚度卽得。

如屬扶壁式之牆，則第三表之用俟矣，然各曲線之縱距又非 $h$ 而爲 $h + H_1$，尤須注意者，則爲在各曲線起點下之牆頂爲 $H$ 呎。

在土壓力常態之下

$$\frac{\varepsilon_1}{B} = \frac{f.\,H^2\,(1 + 3l) - 3B^2.\,K\,(1 + l)(1 - K)}{6B^2\,(1 + l)(1 - K)}\ ,$$

由（10）代入 $\dfrac{B}{H}$，則上式變爲 $\dfrac{2\dfrac{\varepsilon}{B} - K\,(r - 1)}{2r}$，此與無過載重量之牆所示者無異。

當 $\dfrac{\varepsilon_1}{B} = \dfrac{1}{6}$，在趾部下之單位壓力爲

$$p_1 = wH(1-K)(1+1)\left\{1 + 6\,\frac{\varepsilon_1}{B}\right\}$$

又　　　　　$$p_2 = wH(1-K)(1+1)\left\{1 - 6\,\frac{\varepsilon_1}{B}\right\}$$

又當　　　　　$$\frac{\varepsilon_1}{B} > \frac{1}{6}$$

$$p_1 = \frac{4wH(1+1)(1-K)}{3\left(1 - 2\,\dfrac{\varepsilon_1}{B}\right)}$$

附　註：　本文蒙羅濟邦教授斧正多起，謹此鳴謝。

# 三合土柱的簡捷計算法

## 莫 朝 豪

## （一）柱 的 意 義 和 其 別 類

**柱是什麼？**    凡是乘載着建築物之重量的垂直物體者，可稱之爲柱。

**柱所乘載之力有兩種：——**

    **（a）** 樑或大樑之重量。（Loads from Beams or Girder）或其他之

載重。

（b）．柱自身之重量。（Dead Load of the Column）

柱的類別：　　可分爲純淨三合土和鋼筋三合土兩種． 鋼筋三合土柱因其形狀和所用的鋼條而別爲幾類：——

（a）　方形或長方形之柱。

（b）　圓柱。

（c）　L 或 T 形之柱。

（d）　各種鋼件之柱。

# （二）　關 於 柱 的 各 部 之 規 定

## I. 柱 的 選 擇

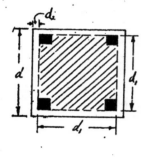

$A_c = d_1 \times d_1 = \square''$

$A_c' = d \times d = \square''$

$A_c < 16'' \times 16''$
用鋼安四根

$A_c < 24'' \times 24''$
用鋼安八根

（a）在柱的剖面，面積爲十六吋之平方以下的，可以採用直立的鋼條四條，和橫面用鋼繫筋（Lateral Ties），相離某一個間格繫緊着直立的鋼條。

（b）剖面面積爲二十四吋之平方以下的，多數採用八條直立鋼條和橫面用繫筋。

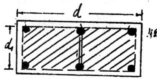

（c）長方形柱，多是因建築的環境而需用，直立的鋼條普通由六條至十條。

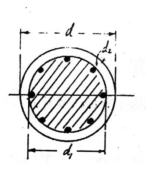

（d）圓形的柱，直立的鋼筋要因柱的情形而定數量不可太少，也不能多過十條，總以適當爲止，橫面的繫筋以用連接的卷筋爲宜。

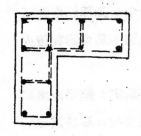

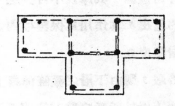

（e）L 或 T 形之柱多
因地勢限制而採用
，普通設計以免用
之爲好。

（f）鋼件三合土柱之設計，多以鋼條爲設計之主要條件，而常定三合土
之應力爲零，只需其爲包藏之外套，
其作用甚微，所以鋼筋三合土柱很少
採用這一種柱。

純淨三合土柱對于較高的柱是不適宜
的，所以在普通的設計中以（a）（b）兩類最爲經濟而易于施工
的。

II. 柱 的 高 度 之 量 度 和 長 短 的 規 定

柱的高度可以以照下列方法量度：——

（a）每層樓柱之上，如兩方均有樑桁連絡者，其高度乃由地面或樓面量
上，至上層較細之樑桁底爲度。

（b）每層樓柱之上，如祇係一方有樑桁連絡者，其高度乃由下層地面或
樓面量至上層樓底計算。

凡柱之長度，大於其橫斷面之學理半徑（或稱爲環動半徑）（Radius
of gyration）四十倍者，謂之長柱。小於此數者謂之短柱。

III. 柱 內 的 鋼 筋 和 三 合 土 面 積

（a）直立鋼條之直徑，不得小於半时，鋼條相距不得大過十二时。

鋼條之面積不得少于三合土面積千份之五，及不得多於百分之二。

（b）柱內橫面繫筋之直徑，不得小于二分（⅛″）相距不得超過八时。

（c）短柱之最細少的一層，不得少于十二时，但非各層連續或非主要者
，可用六时以上小柱。

（ d ）柱內鋼條中心至外面邊線，其厚度不可少過一时半。此種厚度之三合土俗稱之爲柱的包皮，其作用爲保護柱內之鋼筋不易生銹和防火，但間或不用此層厚度。

（ e ）每層柱內鋼條之接駁，應由下層之鋼條伸與上層鋼條，緊緊地接駁繁實，其目的如使上層柱所受之載重儘移至下面支柱。鋼條接駁的長度最好爲鋼條之直徑二十四倍至三十倍。（24 — 28d）

## IV.　柱 的 偏 心 載 重

（ a ）凡柱的載重有偏于一邊者，其柱之計算須顧及其彎性能率(Bending Moment)。但三合士之內應壓力 (Compression Stress of Concerete) 可增至

$$f_c = 0.30 f_c` \quad （如用 1:2:4 三合士）$$

$$f_c = 600 \text{ 井/口”}$$

（ b ）在這種情形之下，鋼條之面積不得多于三合土面積百分之四 (As < 4 % Ac)

## V.　長 柱 計 算 的 規 定

上面經已說過，柱的長度大於其橫斷面之環動半徑四十倍者，稱之爲長柱。

長柱因柱身較長，因此易受彎力，安全的抵應壓力因而減少。因此對於計算軸的載重或抵應壓力宜用下式：——

（ a ）計算長柱的安全載重的公式

$$\frac{P_1}{P} = 1.38 - \frac{h}{120R} \quad\dots\dots\dots\dots\dots\dots\dots\dots ( 1 )$$

此式 $P_1$ 即長柱實際上所能乘載之安全重量。

h 爲柱之高度（以时數計）。

R 卽環動半徑。

P 爲載重。

( b )計算長柱安全抵應壓力的公式

$$Pr = \left(1.6 - \frac{h}{25d}\right) f_c \quad \cdots\cdots\cdots\cdots\cdots\cdots\cdots\cdots\cdots\cdots\cdots ( 2 )$$

$Pr$ ＝ 長柱安全抵應壓力（亦卽柱之總載重）

$h$ ＝ 長柱之高度（以吋計）

$d$ ＝ 柱身橫斷面最少邊之寬度（以吋數計）

$f_c$ ＝ 三合土之定限內應壓力。

## VI. 三 合 土 柱 之 內 應 壓 力

| 土 敏 三 合 土 之 份 量 | 1:2:4 | 1:1½:3 | 1:1:2 |
|---|---|---|---|
| 最 大 單 位 內 應 壓 力 $f_c{}'=$ | 2 000 井/口" | 2,500 井/口" | 3,000 井/口" |
| 短柱三合土內應壓力（h < 40R）<br>$f_c = .2\ c'$　　　　$f_c ==$ | 400 井/口" | 500 井/口" | 600 井/口" |
| 長 柱 三 合 土 內 應 壓 力<br>$f_c = 0.2 f_c{}' \left(1.33 - \dfrac{h}{120R}\right) =$ | 因份量及 h, R 之值而定 | | |

## （三） 柱 之 設 計 符 號

$h$ ＝ 柱的高度

$W_1$ ＝ 柱的載重（磅數）

$W_2$ ＝ 柱的本身重量（磅數）

$P$ ＝ 柱的總載重（磅數）

$Pr$ ＝ 柱的總抵應壓力

$A$ ＝ 柱橫剖面受力面積（方吋數）

$Ac$ ＝ 三合土之受力面積（方吋數）

$Ac'$ ＝ 柱剖面三合土面積（連外面包皮計算在內）（方吋數）

$As$ ＝ 直立鋼條之總面積（$As$ 不能超過 p 之規定）

As'= 繫筋之面積（在柱每尺長內）

$f_c$ ＝ 三合土之內應壓力（每方時若干磅計）

n ＝ 鋼筋與三合土之彈性數比率

$$n = \frac{Es}{Ec}$$

| 三合土份量 | n 之 數 值 |
|---|---|
| 1：2：4 | 15 |
| 1：1½：3 | 12 |
| 1：1：2 | 10 |

R ＝ 環動半徑

（普通計算環動半徑，多用三合土之面積推算，方形柱 R ＝ .289d 圓形
柱 R ＝ .25$d_1$, d ＝ 最少之邊寬度或直徑之時數）

$\frac{h}{R}$ ＝ 環動半徑與柱高之比。

d ＝ 柱橫斷面邊之寬數（以時數計）或如圓柱之直徑

$d_1$ ＝ 柱橫斷面內三合土受力面積最細邊或直徑之寬度（以時計）

$d_2$ ＝ 包皮之厚度（以時計）

# （四）　柱 的 普 通 設 計 方 法

I. 設 計 的 條 件

　　已知柱的載重，求柱身的尺吋及鋼條。

　　卽已知 $W_1$ 求 $A_s$，及 d

II. 普 通 的 計 算 方 法

　　　　我們知道柱身受着外面的載重和本身的重量之後，柱內的三合土及
鋼條必須有同一大小之力量爲之抵抗，使柱然後能安全地支持。卽是柱
內之總抵抗內應壓力必等于三合土面積所含的抵抗應壓力與鋼條的抵抗
應壓力之和。如下式：——

$$Pr = f_c \left[ A + (n-1) As \right] \text{ or } P = f_c \left[ A + (n-1) As \right] \cdots\cdots (3)$$

在柱內一方吋鋼條的抵應壓力等于十五方吋三合土之抵應壓力（如用 1：2：4 份量三合土）

又柱之總抵應壓力 $Pr$ 必須等于或大于柱之總載重 $P$ 始為安全。

$$\left( Pr \geqq P \right)$$

### III. 設 計 之 實 例

現有一方形柱，中心受 56,000 磅之載重，其高度為十英呎，該地工務局規定之 $f_c = 400$ 井/□" $n = 15$ 請計算此柱所用鋼條和柱的呎吋。

設 計 程 序：——

（a）已知 $W_1 = 5,6000$ 井

$$h = 11' — 0" = 120"$$

$$f_c = 400 \text{ 井/□"}$$

$$n = 15$$

（b）$\boxed{A = \dfrac{W_1}{f_c}}$ ＝ 柱身之載身面積 $\cdots\cdots\cdots\cdots\cdots (4)$

$$A = \frac{56,000}{400} = 140 □"$$

（c）設令 $Ac = 11" \times 11" = 121 □"$ （三合土之載重面積）

即　$d_1 = 11"$　　　　　　（柱內邊之寬度）

又令 $d_2 = 1.5"$　 $2 \times 1.5 = .3"$ （柱之包皮寬度）

則　$W_2 = \dfrac{(11+3)^2}{144} \times 150 \times 10 = 2050$ 井（柱自身重量）

（d）$\boxed{P = W_1 + W}$ $\cdots\cdots\cdots\cdots\cdots\cdots\cdots\cdots (5)$

$$P = 56,000 + 2050 = 58,050 \text{ 井（柱之總載重）}$$

柱之內應抵壓力 $f_c Ac = 400 \times 121 = 48,400$ 井

13861

（e）As ＝ 柱內直立鋼條之總面積

$$P = f_c [ A + ( n-1 ) A_s ]$$

or $P = f_c A + ( n-1 ) A_s f_c$

因此 $A_s = \dfrac{P - f_c A}{(n-1) f_c} = \dfrac{58,050 - 48,400}{14 \times 400} = 1.74 \ \square''$

用四條 $\frac{3}{4}'' \ \phi$ 鋼條 As ＝ 1.77 $\square''$

柱之環動半徑 R ＝ .289 × ( 11'' ) = 3.146

$$\frac{h}{R} = \frac{10 \times 12}{3.146} = 38.5 \ < \ 40 \quad \text{此例全合規定各條，}$$

繫筋用 $\frac{1}{4}''$ φ 中至中 8''

# （五） 簡 捷 的 計 算 方 法

　　三合土柱的計算方法，前面經已說過了，現在所寫的，是最簡捷的求柱所應用各部底方法。

　　我們如果知道了柱的載重，就可以計算了。

　　殷柱的載重等於 $W_1$

　　　柱自身重量等於 $W_2$

　　則柱之總載重為 P　（$p = w_1 + w_2$）

　　廣州市工務局民國十九年十一月印行之廣州市修正取締建築章程第九章一百零一條內載：

I,『短柱載重須照下式計算』

　　P ＝ ( $A_c' + n A_s$ ) $f_c$

　　$A_c'$ 乃柱橫截面之三合土面積，連外面包皮計算。

　　$f_c = 0.20 f_c'$ 乃三合土柱之定限應力（如用一：二：四三合土 $f_c =$
　　　　400 井/$\square''$ ）

民國廿一年八月廣州市工務局關於此條規定改如下面：

$$P = (A_c' + \overline{n-1}\,A_s)\,f_c \quad \cdots\cdots\cdots\cdots\cdots\cdots\cdots\cdots\cdots (6)$$

## 支柱簡捷的計算法實例

設有一方柱，高十英呎，中心載重 25,000 井，$f_c = 400$ 井/口" $n = 15$

　　請計算柱的鋼條及柱之面積。

　　普通的計算實在很繁，因爲必要經過許多程序，現在我們只須審定柱所用的各部是否超過了工務局所限定的條件，就可以決定計算的合式或錯誤。

　　上面所寫的公式，我們實在可以完全知道牠所有的條件，如 $A_c'$ 不能少于 $12" \times 12" = 144\,\square"$（$A_c' > 144\,\square"$）

　　　$A_s$ 不能少於三合土面積千分之五及不能多於百分之二。

　　　柱內直立鋼筋直徑不得少於 $\frac{1}{2}"$ 時

　　　繫筋相距不得過於 $12"$，直徑不得少過 $\frac{1}{4}"$。

　　因此我們只要一看柱內所用的鋼條和三合土的面積所有的總抵應壓力與柱的總載重之比少過 $f_c$ 所限定數目就是合式了。

　　現在我把公式寫在下面：——

$$f_c = \frac{P}{A_c' + (n-1)\,A_s} \quad \cdots\cdots\cdots\cdots\cdots\cdots\cdots (7)$$

　　　我現在只把以前的公式一變，一看便了然於心。

上題我們知道：——

| | |
|---|---|
| $W_1 = 25,000$ 井 | 如用 $4 - \frac{1}{2}"\;\phi$　$A_s = 0.785$ |
| $W_2 = 1,500$ 井 | $12" \times 12" = 144\,\square"$，$A_c' = 144\,\square"$ |
| $P = 36,500$ 井 | $n = 15$，$(n-1) = 14$。 |

　　將上列各數代入公式（7）即得

$$f_c = \frac{36,500}{144 + 14(0.785)} = 230\ \text{井}/\square" < 400\ \text{井}/\square" \qquad \text{O. K.}$$

13863

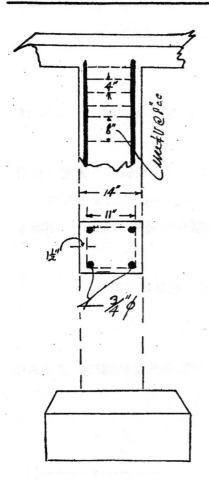

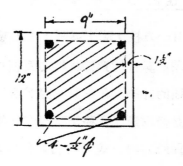

現在我們計算的結果，此柱所用之三合土內應壓力少於所規定的數量，可知上面我們所用的假設條件完全符合。

此第（7）公式可應用於審查或計算一切三合土柱。

—— 完 ——

may 21, 1933 在海珠

13864

# 鋼筋三合土水池之設計

## 莫 朝 豪

## （一） 引 言

貯水池或體積較爲細小之水塘，用三合土來做他的材料，這是容易建築而且經濟的。在普通的住宅中，每層的蓄水池，是不可缺少的建築物，其他如酒店醫院工廠或自來水廠等地方，水池都佔着一個重要的位置。

水池從形狀而分的，有圓形，方形，長方形等區別。設計的方法有幾種，如細小圓形水池各邊可以應用環圍應力（Hoop stress）像豎管（stand pipes）一樣來計算，或當擋牆（Retaining Wall）和樑（Beam）去設計也無不可，只視其安放和建築情勢而定。

## （二） 水 池 設 計 之 符 號

$H$ ＝ 水池之高度

13865

h　＝　水之深度

D　＝　圓形水池之直徑或方形水池邊之長度

$D_1$　＝　矩形長邊之長度

$D_2$　＝　矩形短邊之長度　（以上俱以尺計）

W　＝　每一立方呎之水重

p　＝　單位之水壓力　（因深度多小而定）

P　＝　共受之水壓力

T　＝　直接牽引力　（Direct Tension）　（以上以磅計）

d　＝　池邊或底之厚度　（由鋼筋中心至表面之距離）

t　＝　池邊或底之總厚度　（以上以吋算）

## （三）　圓形水池之設計及實例

設有一圓形之水池，知其高度 H，水之深度 h，及圓形水池之直徑爲 D。試計算其邊及底所須之厚度和鋼筋之面積及排列等。

今述其簡易之設計方法如次：——

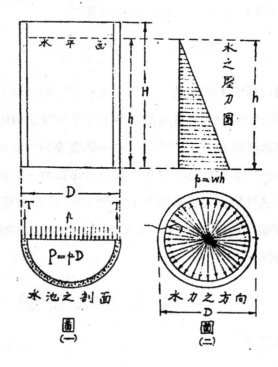

水池之剖面　　　　水力之方向
圖　　　　　　　　　圖
（一）　　　　　　　（二）

(A) 水 之 重 量 及 壓 力

    1. 普通淡水之重量，每立方呎等于六十二磅半。

$$\boxed{W = 62.5 \text{井}}$$

    2. 水池之邊所受之壓力視水之重量及水之深度而定。設在 X 深度之單位壓力為 W × X ，即，在 h 深度之壓力如下：

$$\boxed{p = Wh} \quad \cdots\cdots\cdots\cdots\cdots\cdots\cdots\cdots\cdots (1)$$

    （參看水之壓力圖）

    3. 在圖（一），為水池之橫剖面，水池邊所受之共水壓力，因 p 及直徑而定。在直徑 D 長，水池所受之共水壓力 P 如下式：

$$\boxed{P = pD} \quad \cdots\cdots\cdots\cdots\cdots\cdots\cdots\cdots\cdots (2)$$

(B) 水 壓 力 之 方 向 及 其 抵 抗 力

    1. 于圖（二）池內之流水，其壓力之方向，恆由池心向四面均勻地壓迫，具着使水池爆裂或洩水的趨勢。

    2. 圖（二），所示，P = pD, P, 即為令水池發生爆裂之總共壓力，故必須有一與其方向相反力量相等之抵抗力，水池然後能安定在某一個位置。

    此抵抗力即圖（一）所示之 T.

    因此可知 P = 2T 即

$$\boxed{T = \frac{P}{2}} \quad \cdots\cdots\cdots\cdots\cdots\cdots\cdots\cdots\cdots (3)$$

(C) 池 邊 之 設 計

    池邊之設計可以分作兩部來說，第一點，我們既然知道邊所受之水壓力為 P，必須有一直接之牽引力為之抵抗，普通鋼條在樑或樓宇中所任之牽引為 $f_s = 16,000$ 井/口"。但在較小的水池中只用每一立方吋能任八千磅力量而巴，卽 $f_s = 8,000$ 井/口"

因此水池各邊所須之鋼筋爲：——

$$A_s = \frac{T}{f_s}$$ .................................................... （4）

第二點，士敏在任牽引力能抵抗爆裂之應用力每立方時受六十磅重○卽 $S_w = 60$ 井/口" 故水池受同一的撕裂應力之面積，

$$A_E = A_c + 15 A_s$$

或 $A_E = A_c + A_s + 14 A_s$

卽 $A_E = A + 14 A_s$

$$A = A_E - 14 A_s$$ .................................................... （5）

由上式（5），我們可以把邊所須之厚度求得了○

（D）直排的鋼筋　　$A_s' = 0.5 \% A_c$ ○池底的厚度可以不用詳細的計算，它和邊是沒有多大的差異○

（E）圓形水池設計例

今欲設計一水池，建築材料爲三合土，高十二英呎，其池爲圓形，直徑十二英呎，蓄水之深度爲十英呎請計算其厚度及所須鋼筋○

（1）　現在從上題所述可知：——

　　H $= 12' — 0"$

　　D $= 12'　0"$

　　h $= 10' — 0"$

　　由（1）式在十呎深度之水壓力

　　p $= 62.5 \times 10 = 625$ 井

　　再照（2）（3）兩式可求其共水壓力及直接牽引力

　　P $= 625 \times 12 = 7,500$ 井

　　T $= \frac{7,500}{2} = 3,750$ 井

（2）　$As = \dfrac{3,750}{8,000} = .47 \square''$

在各邊每呎所須之鋼筋如上式

若用 $\frac{1}{2}''$ $\phi = .196$

$S = \dfrac{.196}{.47} \times 12 = 5''$ c. c.

（3）　$S_w = 60$ 井/口$''$

$\therefore$ $A_E = \dfrac{T}{60} = \dfrac{3,750}{60} = 62.5$

由（5）式得

$A = 62.5 - 14 \times .47 = 55.9$

$d = \dfrac{55.9}{12} = 4.65''$　use　$d = 5''$

$$t = 5'' + 1'' = 6''$$

在 6 呎由頂至底

$A_s' = .47 \times \dfrac{6}{12} = .235$

use $\frac{1}{2}''$ $\phi$ @ $6''$ c. c.　（$A_s = .39$）

（4）　池　　底

池底用 $6''$ 厚塊面

鋼筋用 $3/8$ $\phi$ @ $6''$ c. c.

兩方所用鋼筋相同

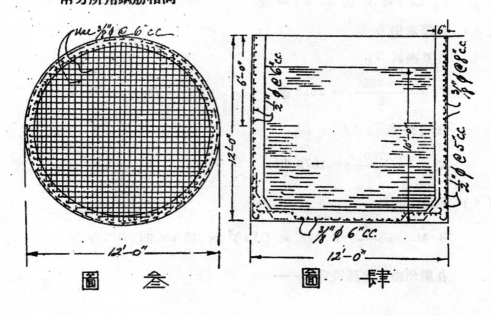

圖　叁　　　　　圖　肆

# （四）　方形水池之設計

方形水池之設計，其水之壓力等和圓形水池一樣計算，不過我們如果當其邊像一條連接的樑受著撓彎力，（Bauding Moment）來計劃，這個方法是簡捷很多的。　現在寫個例子在下面：

長方形水池設計之例

設有七呎高方形之水池，其長邊爲十五呎，短邊爲十呎，貯水之深度爲六呎，請計算其厚度及所須之鋼筋。

設計之程序如次：——

（1）　在六呎深度之水池中：

水之壓力爲 p $\qquad$ $D_1 = 15' — 0"$

$p = 62.5 \times 6 = 375$ 井 $\qquad$ $D_2 = 10' — 0"$

（2）　長邊所受之共水壓力爲 $P_1$

$P_1 = 375 \times 15 = 5,625$ 井

短邊所受之共水壓力爲 $P_2$

$P_2 = 375 \times 10 = 3,750$ 井

（3）　直接牽引力 T

在長邊爲 $T_1$

$T_1 = \dfrac{5,625}{2} = 2812$ 井

在短邊爲 $T_2$

$T_2 = \dfrac{3,750}{2} = 1875$ 井

（4）　長邊之設計

$$B. M. = \frac{1}{12} \times 375 \times (15)^2 \times 12 = 84,500" 井$$

在廣州市工務局規定：——

13870

$$f_s = 16,000 \text{ 井}/\square" \qquad f_c = 550 \text{ 井}/\square" \qquad K = 83$$

$d_1 = $ 長邊之厚度

$$d_1 = \sqrt{\frac{84500}{83 \times 12}} = 9" \qquad t_1 = 9" + 1" = 10"$$

$$A_{s_1} = .0058 \times 12 \times 9 = .626$$

$$\frac{T_1}{2} = \frac{2812}{2} = 1406 \text{ 井}$$

$$A'_{s_1} = \frac{1406}{16\,000} = .088$$

鋼筋之總面積

$$\text{Total } As_1 = 0.6264 + 0.088 = 0.7144$$

use $\frac{1}{2}"$ 中 @ $4"$ c.c. $\qquad (As = .75)$

（5）　短邊之設計

$$\text{B. M.} = \frac{1}{12} \times 375 \times (10)^2 \times 12 = 37.500" \text{ 井}$$

$d_2 = $ 短邊之厚度

$$d_2 = \sqrt{\frac{37500}{83 \times 12}} = 6" \qquad t_2 = 6" + 1" = 7"$$

$$A_s = .0058 \times 12 \times 6 = .42$$

$$\frac{T_2}{2} = \frac{1875}{2} = 937 \text{ 井}$$

$$A'_{s_2} = \frac{937}{16,000} = .06$$

$$\text{Total } As_2 = 0.42 + 0.06 = 0.48$$

use $\frac{1}{2}"$ 中 @ $6"$ c.c. $As = .50$

（6）　底之厚度及鋼筋　　　底之厚度用 $6"$

長方用 $3/8"$ 中 @ $8"$ c.c. $As = .17$

短方用 3/8" $\phi$ @ 6" c.c.　As = .24 。

—（完）—

※　（下刊剖視及平面圖）

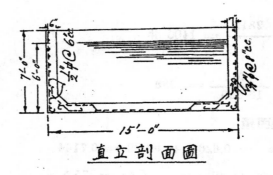

直立剖面圖

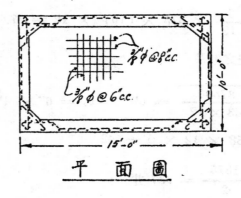

平　面　圖

# 受彎力及牽力複筋矩形建築件的設計

## 胡鼎勳譯

（譯自 :"Conorete and Constructional Engineering" for March, 1933)。

秩室的內墻和其他受彎力及牽力的建築件是屬於反彎率而且須兩邊排列鋼筋的。 若果鋼筋係勻稱的，那麼可以用計算和曲線圖去求牠。 但是製這些曲線圖，三合土盖面須有一定值，在秩室墻的計劃中，因爲牠的橫剖面較小的緣故，盖面尤是一個重要的東西。 因爲這個理由，所以製定四個曲線圖，「盖

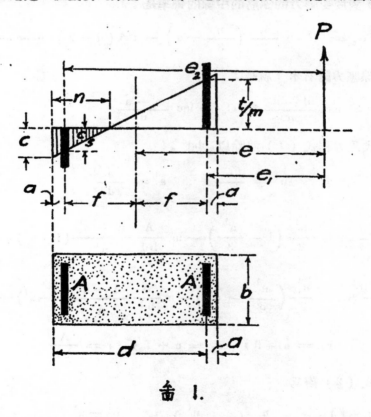

圖 1.

面比」(Cover ratios) 等於 0.20, 0.15, 0.10, 和 0.05。 其餘的可看四個中那

一個最相近的就當那一個來計．

在這個分析中作下列的假定：

（1） 三合土對於牽力的抵抗力等於零

（2） 彎曲後的橫剖面仍為一平面

（3） 彈率比當作一常數 15

設外力 $P$ 作用於距離鋼筋 $e_1$ 和 $e_2$ 的地方．　既然外力 $P$ 對於某一點的彎率必須與諸內力的彎率相等，那麼諸力對於受牽力的鋼筋的中線的彎率是：（看圖一）

$$P e_1 = - cb \frac{n}{2} \left( d - \frac{n}{3} \right) - C_s A ( d - a ) \quad\text{.................. (1a)}$$

同樣，對於受壓力的鋼筋的中線的彎率是：

$$P e_2 = + cb \frac{n}{2} \left( \frac{n}{3} - a \right) - t A ( d - a ) \quad\text{.................. (1b)}$$

由直線應力圖看來，就是：

$$t = mc \frac{d - n}{n} \text{ 和 } C_s = mc \frac{n - a}{n}$$

把這些值代入方程式（1）並除以 $cbd^2$：

$$\text{當} \quad n^1 = \frac{n}{d}, \qquad a^1 = \frac{a}{d}$$

$$\frac{P e_1}{Cbd^2} = - \frac{n^1}{2} \left( 1 - \frac{n^1}{3} \right) - m \frac{A}{bd} \frac{n^1 - a^1}{n^1} ( 1 - a^1 ) \quad\text{........... (2a)}$$

$$\frac{P e_2}{cbd^2} = + \frac{n^1}{2} \left( \frac{n^1}{3} - a^1 \right) - m \frac{A}{bd} \frac{1 - n^1}{n^1} ( 1 - a^1 ) \quad\text{........... (2b)}$$

代入 $\quad e_1 = e - f, \quad e_2 = e + f, \quad r = \frac{A}{bd}$

方程式（2）變為

$$\frac{P ( e - f )}{c b d^2} = - \frac{n^1}{2} \left( 1 - \frac{n^1}{3} \right) - mr \frac{n^1 - a^1}{n^1} ( 1 - a^1 ) \quad\text{........ (3a)}$$

$$\frac{P(e+f)}{cbd^2} = + \frac{n^1}{2}\left(\frac{n^1}{3} - a^1\right) - mr\frac{1-n^1}{n^1}(1-a^2) \cdots\cdots (3b)$$

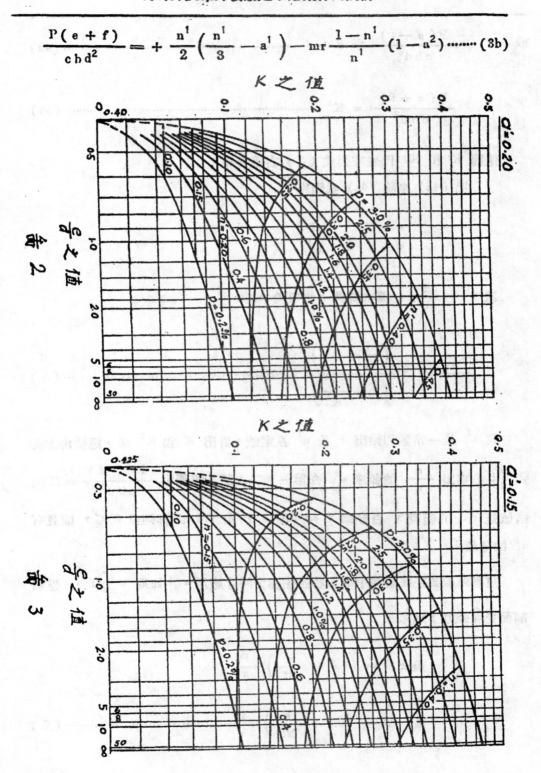

或　　　　$$\frac{P(e-f)}{cbd^2} = K \quad\cdots\cdots\cdots\cdots\cdots\cdots\cdots\cdots\cdots\cdots (4a)$$

$$\frac{P(e+f)}{cbd^2} = K^1 \quad\cdots\cdots\cdots\cdots\cdots\cdots\cdots\cdots\cdots (4b)$$

這裡 K 和 $K^1$ 代表方程式（3）右邊各項。

把（4b）來除（4a）我們得

$$\frac{e-f}{e+f} = \frac{K}{K^1}$$

以 $f^1 = \frac{f}{d}$，再次排列，集項於 e 和 d

$$\frac{e}{d} = f^1 \frac{\left(\dfrac{K}{K^1}+1\right)}{\left(1-\dfrac{K}{K^1}\right)} \quad\cdots\cdots\cdots\cdots\cdots\cdots (5)$$

設 $a^1$ 是一常數和給出 r 及 $n^1$ 各定值，計出 K 和 $K^1$ 後，這樣由方程式（5）求出 $\frac{e}{d}$ 的值來。 在第一，二，三，四圖中 $\frac{P(-f)}{cbd^2} = K$ 的諸值是 e/d 的函數， 百分率 $P = 100\ r$， 由 0.2% 排列至 3%，而且有 $n^1$ 的諸值。

這些曲線要在建築件中因偏心而生壓力時才適用。 如果 $e \leqq f$， 整個剖面受着率力，那末

$$最大\ t = \left(0.5 + \frac{e}{2f}\right)\frac{P}{At}$$

$$或\ At = \left(0.5 + \frac{e}{2f}\right)\frac{P}{t} \quad\cdots\cdots\cdots\cdots\cdots (6)$$

這曲線的應用示在下列的例中

（1）一塊面，$d = 5.25$ 吋， $b = 12$ 吋， $a = 0.75$ 吋， 兩面排放兩條 5/8 徑的鋼筋。 外施力 $P = 2,500$ 磅，彎率 $M = 25,000$ 吋磅， 計算 $c$ 和 $t$。

這裡 
$$e = \frac{25,000}{2,500} = 10 \text{ 吋}$$

$$\frac{e}{d} = \frac{10}{5.25} = 1.91$$

$$p = \frac{0.614 \times 100}{5.25 \times 12} = 0.975\%$$

$$a^1 = \frac{0.75}{5.25} = 0.143$$

在圖 3 由橫坐標 $e/d$ 點上推至 $p$ 百分線的交點讀出 $n^1$，橫過圖的左邊求出 $K$。

得 　　　　$n^1 = 0.295$ 和 $K = 0.195$。

由 　　$K = \frac{P(e-f)}{c\,b\,d^2}$ 　　得 $C = \frac{P(e-f)}{K\,b\,d^2}$

$$= \frac{2,500 \times (10 - 2.25)}{0.195 \times 12 \times 5.25^2} = 302 \text{ 磅每平方吋}。$$

由直線應力關鋼筋率應力

$$t = cm\left(\frac{1}{n^1} - 1\right)$$

$$t = 302 \times 15\left(\frac{1}{0.295} - 1\right) = 10,800 \text{ 磅每平方吋}。$$

這個例詳細地表示這方法。 實用上祇數行字便夠了。

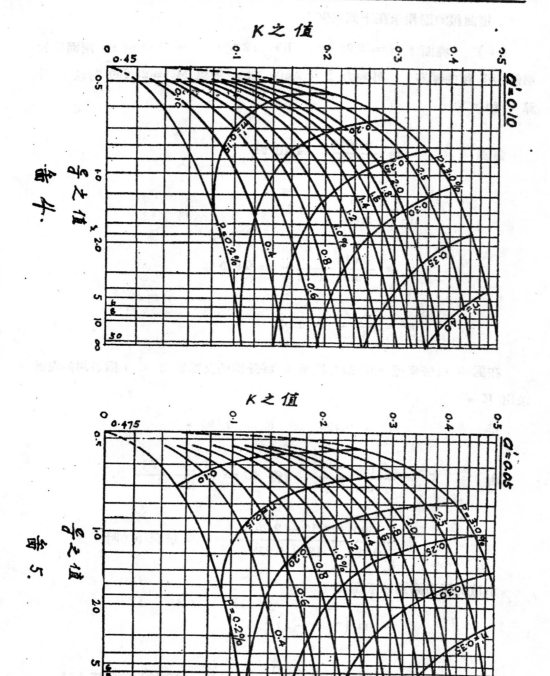

圖 4.

圖 5.

（2）　設計一塊面，12 时濶 10 时深，外拖力 6,000 磅，彎率 90,000 时磅　c ＝ 500 磅每平方时，　a ＝ 1.5 时。

這裡

$$e = \frac{90,000}{6,000} = 15 \text{ 时}$$

$$e - f = 15 - 3.5 = 11.5 \text{ 时}$$

$$\frac{P(e-f)}{cbd^2} = \frac{6,000 \times 11.5}{500 \times 12 \times 8.5^2} = 0.159$$

$$\frac{e}{d} = \frac{15}{8.5} = 1.77 \qquad \frac{a}{d} = 0.177$$

由圖 2 由 K 及 e/d 的交點求得 $n^1 = 0.29$

$$t = 15 \times 500 \left( \frac{1}{0.29} - 1 \right) = 18,400 \text{ 磅每平方时}$$

這個牽應力超過限度，要用 C ＝ 450 磅每平方时再來計過。

$$K = \frac{500}{450} \times 0.159 = 0.177$$

$$n^1 = 0.305$$

$$t = 15 \times 450 \left( \frac{1}{0.305} - 1 \right) = 15,400 \text{ 每平方时。}$$

$$p = 0.95 \%$$

$$At = pA_c = 0.95 \times \frac{12 \times 8.5}{100} = 0.97 \text{ 平方时}$$

看這個例，可知壓應力普通是小過定限許多的。　彎率和拖力 P 相差愈小，中立軸和受壓邊的距離也愈小，三合土的應力也跟住愈小了，因為到了 $n^1 = 0$ 的限量時，這建築件中已不發生壓力了。

（3）　一樑 20 时深和 10 时濶，　a ＝ 2 时，　須受彎率 M ＝ 400,000 时磅，　外拖力 P ＝ 50,000 磅。　如果 t ＝ 16,000 每平方时求所需鋼的面

積多少．

$$e = \frac{400,000}{50,000} = 8 \text{ 吋}$$

$$\therefore \quad \frac{e}{d} = \frac{8}{18} = 0.444$$

$$\frac{a}{d} = \frac{2}{18} = 0.111$$

在圖 4 這個出了曲綫的範圍，用方程式 6 來代替．

$$At = \left(0.5 + \frac{8}{2 \times 8}\right) \frac{50,000}{16,000} = 3.13 \text{ 平方吋．}$$

—— （完） ——

# 力 與 彎 率

## Forces and Moments

吳民康述

一• 力之結合與分解　　二• 力之彎率　　三• 重 心

## 一•　力之結合與分解

**力之結合與分解**　　設有一圓形球體在一平面上，（如圖一），A 之表面，並無阻力，而且完全平坦，因而此球體直至受力的作用然後發生運動的趨勢，否則

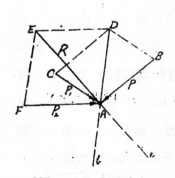

（圖一　力之結合）

便完全靜止。　今設有一力 P 依其矢頭的方向作用於球體，球體隨則依其方向而運動。設有二力 P 與 $P_1$ 同時向球體作用，則球體之運動便不能依任何一力之方向，祗能依此二力之合力之方向或 Ab 之方向以行之。如 P 與 $P_1$ 二力之大小由線之長短表示之，則作成 ABCD 平行四邊形後，其對角線 DA 卽表一單力之方向與大小；此單力卽爲 P 與 $P_1$ 之合力 (Resultant)。又設加入第三力 $P_2$，則球體便依此三力之合力之方向以運動。其合力可由作成 ADEF 平行四邊形求得之；而此四邊形中，合力 DA 與第三力 $P_2$ 爲兩鄰邊，對角線 R 卽爲三力之合力。此合力之方向 (Ae) 卽爲球體運動之方向。同法，任何多量力之合力均可依次求出。

又設一球體懸以兩斜線。其重量由 W 直線之長度表之（如圖二）。問由

A點懸此球體之兩斜線所生之牽力或應力之大小幾何？此問題恰與上例相反。因對角線或合力如 W 線為已知，所求者乃平行四邊形之各邊而已。求之之法，可由 P 與 P₁ 各作一延長線，復由 B 作線與之平行使成一平行四邊形。如是，CA 即為所求 P 線應力之大小，BC 即為 P₁ 線應力之大小。由是可知單力之作用可與多量力之效果相等，而多量力之作用亦可與單力之效果相同。

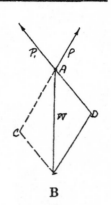

（圖二　力之分解）

**由直線表示之力**　　力之作用，以有矢頭之直線表示之甚為易易。（如圖三），線之長度，即表力之大小（Magnetude）；線之方向，即表力之方向（Direction）；線之起點 A 即表力之作用點（Point of apprication）。大小，方向，作用點既經表出，則力之作用之表示為完全矣。

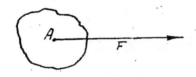

（圖三　由直線表示之力）

**力之平行四邊形**　　設二力同時作用於一點，其大小與方向以兩直線表之，則其合力即為平行四邊形所成之對角線。（如圖四），設 AB 與 AC 線代表二力，同時作用於 A 點，試求二力之合力。今可以表此二力之兩直線為兩邊，作一平行四邊形，然後自其作用點 A 作對角線，此對角線即二力之合力。如此二力作用之方向互成直角，則其合力之大小等於此二力平方之和之方根 $\left(\text{即 } AD = \sqrt{AB^2 + AC}\right)$。

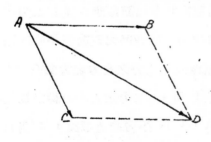

（圖四　力之平行四邊形）

**力之三角形**　　設三力同時作用於一點，其大小與方向以一依次而成之三角形之三邊表之。該三力為平衡（Equilibrium）。（如圖五），設 P，Q，與 R 為作用於 O 點之三力；

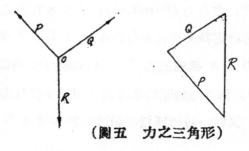

（圖五　力之三角形）

13882

如能與其方向依次平行而作為一三角形，（圖五右方所示），則此三力為平衡，如不能，則此三力為非平衡。

**力之多邊形**　　設多力同時作用於一點，而其大小與方向，可以由依次平行而成之多邊形之邊表之，則各力為平衡。此與上述原理相同。

# 二，力之彎率

**彎率**　在研究建築物之安穩與材料之強弱時，吾人對於作用於建築物全部或局部之力之彎率，常以為討論之中心，而彎率之普通原理 (General Principle of Moment) 對於此種研究尤為必要之條件。所謂力之彎率 (Moment of a force) —— 又名**力矩** —— 乃力施於物體時使其有繞某定點（或軸）而旋轉之趨

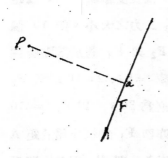

（圖六　力之彎率）

向之謂也。對於某定點或**彎率中心** (Center of moment) 之彎率等於該力之大小乘由定點至施力方向之正交距離。換言之，力之彎率等於力之大小與力臂 (Arm) 之相乘積。（如圖六），設 P 為定點，F 為所施之力，Pa 為正交距離（力臂），則該力對於 P 點之彎率為 $F \times Pa$。例如 F = 500 磅，Pa = 2 吋，則力矩 = 500 磅 × 2 吋 = 1000 吋—磅。

**平行力**　　設某物體在各平行力作用之下而成靜止或平衡狀態者，則在同一方向各力之和等於其相反方向各力之和。（如圖七），設有平行力 $P^1, P^2, P^3$ 及 $P^4$ 向 AB 桿作用，同時在相反方向亦有 $P_1$ $P_2$ 及 $P_3$ 各力，如桿為平衡，則 $P^1, P^2, P^3$ 與 $P^4$ 之和必等於 $P_1, P_2$ 與 $P_3$ 之和。

**反向性平行力**　　設多量平行力作用

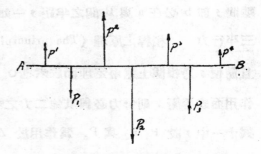

（圖七　不同平行力之代數和）

於一物體，而作用之方向又非完全相同，如物體爲平衡，則同一方向繞某定點而旋轉物體之力矩（力之彎率）之和必等於其相反方向旋轉物體之力矩之和。（如圖八），設 $F_1$、$F_2$ 及 $F_3$ 三力作用於 AB 桿，如桿爲平衡，則 $F_2$ 及 $F_3$ 二

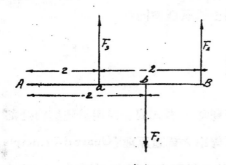

（圖八　不同平行力之彎率之代數和）

力之和等於 $F_1$。同時，若將桿之 A 端爲彎率心，則 $F_1$ 對於該點所生之彎率必等於 $F_2$ 與 $F_3$ 之彎率，蓋 $F_1$ 之彎率乃順時針之方向而旋轉，而 $F_2$ 與 $F_3$ 兩彎率之和乃逆時針之方向而旋轉，此外更無第三方向者令該桿發生旋轉故也。　譬如設 $F_2$ 與 $F_3$

二力之大小各以 5 個力單位代表之，又 Aa 之距離爲 2 個長度單位，AB 之距離爲 4 個長度單位。則 $F_1$ 力之大小必等於 $F_2$ 與 $F_3$ 二力之大小，卽 10 個力單位，而其對於該平面內某點所生之彎率又必等於 $F_2$ 與 $F_3$ 對於該點所生之彎率，而方向相反。　設以 A 爲彎率心，$F_3$ 之彎率 $=5\times2=10$，又 $F_2$ 之彎率 $=5\times4=20$。其和爲 30，故 $F_1$ 之彎率亦必爲 30，　以 $F_1$（$=10$ 個力單位）除其彎率 30 卽得 3 個長度單位之力臂，亦卽 $F_1$ 必須作用於距 A 點 3 個單位之距離然後該桿爲平衡。　如以 b 爲彎率心，則 $F_1$ 因其力臂爲零故其彎率亦爲零。如爲平衡，則 $F_2$ 對於 b 點所生之彎率必與 $F_3$ 同向該點所生之彎率相等，而方向相反，此時 $F_2$ 與 $F_3$ 二等力須作用於距 b 點同一距離間，卽 b 必在 a 與 B 間之半距，一如上述。

三平行力　　槓桿之原理 (The principle of elte hevr)。此種原理甚爲重要而且簡便，乃根據上述兩定理而成者也。　如一物體在同一平面內受三平行力之作用而成平衡，則每力必與其他二力之垂直間距成比例。　譬如在圖九，十，與十一中，設 $P_1$ $P_2$ 與 $P_3$ 爲作用於 AB 桿上之三力，因其爲平衡，故由各力之大小與其作用點間之距離中可得下列之關係：

$$\frac{P_1}{CB} = \frac{P_2}{AB} = \frac{P_3}{AC}$$

或

$$P_1 : P_2 : P_3 :: CB : AB : AC$$

此乃普通槓桿之情形乃所以示求槓桿靜止時所須之重力之方法也。其比例無論各力之位置如何均屬可能，一如九，十，十一，各圖所示。

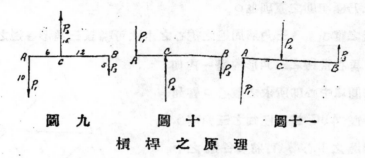

圖九　　　　圖十　　　　圖十一

槓 桿 之 原 理

例如圖十，設 AC 之距離爲 6 吋，CB 之距離爲 12 吋，如一 500 磅之重力作用於 B 點，則在其他一端之重力爲幾何，又在 C 處所需之支持力若干？

代入上示公式，則得其比例如次：

$$P_3 : P_1 :: AC : CB \quad 或 \quad 500 : P_1 :: 6 : 12$$

故 $P_1$ ＝ 1000 磅；　或即 500 磅作用於 B 處則 A 處將爲 1000 磅。其在 C 處所需之支持力以平行力爲平衡之原理（Principle of parallel forces in equilibrium）求之，其所得必與 $P_1$ $P_3$ 二力之和相等，即 1500 磅是也。

# 三 · 重 心

**普通原理**　重力作用之方向線（The lines of Action）恆趨向於地球之中心，然由物體至地球中心之距離既如是其大，則各物體作用之方向線大可擬之爲相平行，而作用於一物體重力之數亦可擬之與此物體各分子之數相等。　物體之重心（Center of gravity）者乃作用於一物體之各平行重力之合力所通之點，亦即假想物體全重所匯集之點也。　如物體支持於其重心之處而旋轉之，無論如何，其各部亦必平衡。　設一與合力之大小相等之力在相反方向作用於物體之重心，該物體必爲平衡，故作用於物體之各平行重力之合力是卽物體之重固甚明顯也。

**直線之重心**　此線字（line）乃作爲一物質之線（material line）解釋，如一極細之金屬幼絲，因其橫截面甚爲微小，故其重心卽在該線（或同大小之桿）之中點。此乃極明顯之原理也。

**三角形周邊之重心**　三角形周邊之重心之求法可聯該三角形各邊之中點成一內三角形，再在畫得之三角形內畫一內切圓，該內切圓之中心卽所求之重心。譬如（十二圖），設 ABC 爲一已知之三角形，如欲求其周邊之重心，可將其各邊之中點 D, E, F 聯成一三角形，再從該三角形之內畫一內切圓，其圓心卽爲所求之重心也。

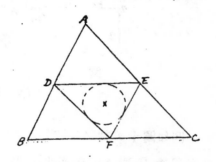

（圖十二　三角形周邊之重心）

**對稱線之重心**　對稱線（Symmetrical lines）之重心，卽爲該對稱線之中心。　如圓形之圓周或橢圓形之圓周，其重心均爲其幾何圖形之中心。又或等邊三角形與整齊多邊形之周界之重心亦爲其內切圓之中心。他如正方形，長方形或平行四邊形之周界之重心乃爲其所畫對角線之交點。

**面之重心**　所謂面（Surface）者意乃一極薄之金屬板或介殼之類。　如該面能以一線平分爲二者，則其重心卽爲該線之中心。如能以二線平分之者，則其重心乃該二線之交點。

**整形之重心**　如爲圓形或橢圓形之重心，乃在其幾何圖形之中心；如爲等邊三角形或整齊多邊形之重心，乃在其內切圓之中心；如爲平行四邊形之重心，乃在其對角線之交點；如爲球面或橢圓體之重心，乃在其幾何體之中心；如爲直立圓柱體之凸面之重心，乃在其中軸之中點。

**不整形之重心**　界以直線之任何圖形，均可分爲若干矩形與三角形然後求一而求其各該形之重心，至如全形之重心之求法，可將各部分之重心擬作一物體然後聯合以求之。該物體之重與其所代表部份之面積成比例。參看 (圖二十一與二十二)。

**三角形之重心**　　求三角形重心之法，可從任何兩角各畫一直線聯其對邊之中點，該兩線相交之點即為所求之重心也。

**四邊形之重心**　　求四邊形重心之法，可先畫其對角線，再從每對角線距交點最遠之一端起，向交點處截取其所餘較短一邊之長之截線得兩點，將此兩點與對角線之交點聯合之便得一三角形，該三角形之重心是即所求四邊形之重心也。　如 (圖十三)，為欲求重心之四邊形。法先聯 AD 與 BC 兩對角線，再由 A 截取 AF ＝ DE，又由 B 截取 BH ＝ CE。 由 E 向 FH 之中點畫一線，又由 F 向 EH 之中點畫一線，此兩線之交點即為所求四邊形之重心也。此法於求拱形之重心時常用之。

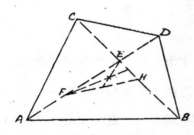

(圖十三　四邊形之重心)

**重心表**　　設 a 為由圖形頂點至底邊中點所聯之線，又 D 為由頂點至重心之距離。 則 (圖十四)：

在一等腰三角形　　　　　　　　$D = 2/3\,a$

在一弓形，頂點為圓心　　　　　$D = \dfrac{弦^3}{12 \times 面積}$

在一扇形，頂點為圓心　　　　　$D = R \times \dfrac{2 \times 弦}{3 \times 弧}$

在一半圓形，頂點為圓心　　　　$D = \dfrac{4R}{3\pi} = 0.4244\,R$

在一四分圓　　　　　　　　　　$D = 3/5\,R$

在一半橢圓，頂點為圓心　　　　$D = 0.4244\,a$

在一拋物線形，頂點為軸與曲線之交點　$D = 8/5\,a$

在一圓錐體或角錐體　　　　　　$D = 3/4\,a$

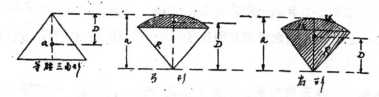

（圖十四　三角形弓形與扇形之重心）

在一截頭圓錐體或角錐體中，設 h ＝ 整個圓錐體或角錐體之高，h₁ ＝ 截體之
高，又設其頂點爲整個圓錐體或角錐體之頂；則

$$D = \frac{3(h^4 - h_1^4)}{4(h^3 - h_1^3)}$$

**兩個重物體之重心**　　設 P 爲在 A 物體之重（圖十五）又 W 爲在 C 物體之

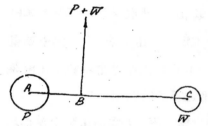

（圖十五　　兩個重物體之重心）

重。其重心乃在 AC 聯線中之某一點 B
之處。此 B 點必在一定之位置，假設
此兩物體聯以一硬鐵絲並在 B 點處支
以一與 P 及 W 二重相等之力，則此兩
物體必爲平衡。此乃引用槓桿之原理以
求之（參看三平行力槓桿之原理一節）今

得其比例如下：

$$P + W : P :: AC : BC$$

或　　　　　　$$BC = \frac{P \times AC}{P + W}$$

如 W ＝ P，則 BC ＝ AB，卽重心在兩物之半中。此種命題極爲重要而且
實用。

**幾個重物體之重心**　　設（如圖十六），
W₁，W₂，W₃，W₄，及 W₅ 爲各物體
之重。如上述將 W₁ 與 W₂ 聯以一直
線求得其重心 A。又聯 A 與 W₃ 而得
其重心 B，此 B 點亦卽 W₁，W₂，W₃，三

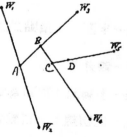

（圖十六　幾個重物體之重心）

重力之電心。如法繼續求之，直至最後所得之重心是即所有物體之重心也。如各物體適同在一直線上：則所聯之線勢必平行而且相重，但其相重之部份亦必計及，其法一如上述。

**用彎率求聯合截面之重心**　　求欲一非齊一橫截面之樑之強弱，必先求得該截面至樑之上面或下面之重心之距離方可。其他各樣之計算，亦必有須求不整形之重心者，故此種命題於實用上甚為重要。　如有圖形欲求其重心之所在而其自身又能分為若干整形之部份者，則求其由此截面之邊至重心之距離之最簡而又最易之法莫有過於以彎率求之者矣。　今假定一T形其厚度均等之截面，剖以一 XX 線，示如（十七圖）。此T截面乃由兩矩形所合成，一為緣部，一為腹部。　每一矩形之重心乃在其各該形之中心，知之固甚易也。　設若將此T截面放成水平

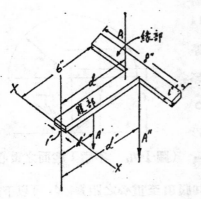

（圖十七　　用彎率求聯合截面之重心）

，一如圖所示者，此 XX 軸又為固定，則其自身之重將必隨即繞此軸而旋轉，直至垂直而後止，其發生旋轉之力矩（Moment of force）乃 A' × d' + A" × d"，A' 代表腹部之重，A" 代表緣部之重。　今欲令此T截面保持其水平之位置，則於其相反之方向必有一力矩向上作用方可，此力矩正與向下旋轉所生之兩力矩相等。　設此向上作用之力矩之力為 A 而其重等於 T 截面全部，則其作用之處必在全形之重心然後所生之彎率方能與向下二力之彎率相等也。　但 A 之彎率為 A × d，故 d 即為由腹端或 XX 軸至全形之重心之距離，又 A × d = A' × d' + A" × d"，故

$$d = \frac{A' \times d' + A" \times d"}{A}$$

因任何厚度均等之同樣物質之重量可與其面積成比例，故 A，A' 及 A" 亦可

以面積表之。　將（1）式演譯成一法則，可得：

聯合形之重心　　聯合形重心與任何軸線之距離等於該聯合形各個簡單部份之

面積乘各該形之重心與軸線之距離之和，再除以全形之面積。　此法則無論任

何聯合形均可適用。

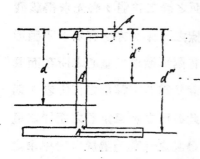

（圖十八　槽，角等之重心）

例 I　設（圖十八）所示之 **T** 截面之大小

為已知。　則 A' 等於 6 方吋，A'' 等於 8 方

吋，A 等於 14

方吋；又 d' 等

於 3 吋，d'' 等

於 6¼ 方吋。

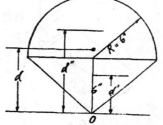

（圖十九　不整 I 截面之重心）

A' 乘 d' 及 A'' 乘 d'' 兩乘積之和為 18 + 52

或 70 方吋 × 時，以全形面積 14 方吋除之得

距離 d 為 5 吋。　在圖二十所示各圖形由其腹頂至重心之距離 d 可以下式

求得：

$$d = \frac{\text{一個或多個腹部之面積} \times d'/2 + \text{綠部之面積} \times d''}{\text{一個或多個腹部之面積} + \text{綠部之面積}} \qquad (2)$$

圖十八所示之截面，其 A'，A'' 及 A''' 乃代表各該矩形之面積，由其頂至重

心之距離 d 可以下式求得

$$d = \frac{A' \times d' + A'' \times d'' + A''' \times d'''}{A' + A'' + A''} \qquad (3)$$

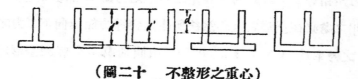

（圖二十　不整形之重心）

例 II　以上式求圖十九之聯合形之頂點 O 與其重心之距離如下：三角形

之面積為 36 方吋，又半圓形之面積為 56.5 方吋。由重心表知等腰三角形由

頂至重心之距離為其高三分二之處，故得 d' 之值為 4 吋。半圓形之底與其重

心之距離爲 0.4244 R 之處，故得 d" 等於 8.54 吋。則

$$d = \frac{36 \times 4 + 56.5 \times 8.54}{36 + 56.5} = 6.77 \text{ 吋}$$

**用圖解加法求不整平面形之重心**　　重心除計算外亦可以圖解法求得之。如圖二十一之（a）爲一分成 A, B, C, D 矩形與三角形之截面，（b）爲力之多邊形（Force — polygon），（c）爲平衡多邊形（Equilibrium — polygon）。其法先將圖（a）各部之面積與其重心求出之，再從重心點各畫一向下垂直線。圖（b）之 a, b, c, d 直線乃將各形之面積用比例尺畫出而以長度表示之。極點（pole）O 乃由 a, b, c, d 直線兩末端各畫一 45° 角之直線交得之點。如圖，由 O 畫出 1, 2, 3, 4, 5 各射線，再將各射線畫其平行線於（c），然後經過 Y 點作一垂直線向上延長與 XX 水平軸交於 G，此點即爲該圖形之重心也。如圖形與 XX 軸不能對稱時，可將圖形例轉成一 90° 角再如前法求出其第二軸，該兩軸相交之點即爲圖形之重心。　　又法，示如二十二圖，設 A, B 兩面積之重心爲 Ca 及 bC 兩點。由 Ca 任意畫 Ca D 線，其長度代表 B 面積。由 Cb 又畫 Cb E 線與 Ca D 平行，其長度代表 A 面積。聯 D 與 E 及 Ca Cb 兩線，其交點 G 即所求 A, B 兩面積之重心也。如爲 A B, C 三面積，亦可如法求得 A, B 之重心後再與第三面積繼續之，如是雖多量面積之重心亦可依次求得。

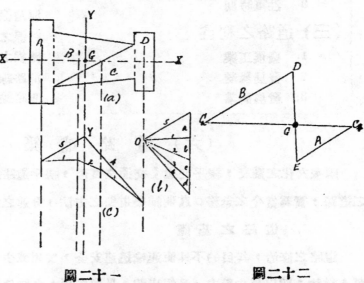

圖二十一　　　　　　　圖二十二
用圖解求重心　　　用圖解求重心（第二法）

13891

# 道　路　淺　說

## （續上期）

黃　德　明

## （六）　道　路　鋪　築

　　國家文化之盛衰，視乎交通；交通之臧否，視乎道路之優劣。故鋪築優良之道路，實爲當今之急務。茲將鋪築道路之方法，分述之如下：

　　1.　道　路　之　基　礎

　　道路之修治，其目的不外使運輸迅速安全，費用減少。故道路鋪築之後，商人貨物，能以最少勞力，最短時間，最廉費用，由彼地運送至此地，爲是，則道路之目的始達，惟欲逐目的，對於避除障害，務宜講求，而實地施工之時，更宜滿足下列之條件。

a. 要耐久堅固，不易磨滅。

b. 築費低廉。

c. 行人立脚穩固，車馬來往安全。

d. 摩擦力少。

e. 行車安靜無嘈雜聲。

f. 不滲透水分。

g. 可用於各種斜坡。

h. 不生塵埃，容易清潔。

然欲求滿足上開條件，尤以路基之強固為先務，因路基須負荷極重壓力，使其有支持路面之重量，故道路鋪築之優劣與基礎極有關係，而基礎做法，種類不少，請簡別言之：

泥土之基礎　泥土基礎是基礎之最劣者，其成分為粘土，或沉壤，或沙及小石等，此種基礎，易為雨水所溶蝕，故非不得已時以不用為佳。

石塊之基礎　所謂石塊基，其第一層，所排之石塊，取其尖端向上，平面向下，逐一用大錘搗擊使堅固，惟於大石塊排列時不可互相堆疊，須逐一鋪砌平整，其次取所餘之石片隨其大小形狀，插入大石塊之空際，層層堆砌，用錘搗固，使之密合無間。其石之大細，普通用三寸至八寸濶，六寸至十五寸長，六寸至八寸厚，為築路之標準也。

砂與碎石之基礎　此等物質，不易保留水分，然凝結力極微，對於重壓及磨滅之抵抗亦極少。苟受他物震動，則有離開沉陷之虞，此種基礎，多用於碎石路及地瀝青路上。其做法，先將地土表面，挖去一層，然後將其一樣厚砂石鋪上，再洒以水，用滾壓機滾實，其厚薄大抵鋪上十二寸滾壓成八寸，滾壓時最好分作兩次，先鋪上六寸，滾壓一層成四寸，後再如法做其第二層。

混凝土之基礎　混凝土做基礎，從來已久；其做法，普通將原有土質挖去一層，鋪上碎石，石子，鑛渣等，然後用滾壓機滾實，再將混凝七層築上，

13893

混凝土；是用水坭（士敏土），碎石及砂調合而成。其配合比率，一般爲 1：3：6；——即士敏土一份，砂三份，碎石六份之意思。——亦有用 1：2：4 者，所用之碎石要堅硬有角大小約在吋內外，最上是將一吋至三吋大細混合而用。混凝土之配合法，先將士敏土和砂調勻再加以更調，未後加上碎石又搗至合用爲度，用鏟運到要鋪之地方，將其鋪上，再用碨子築實，至表面有水份浸出便妥，築好之後，非越廿四小時，絕對不能負重。

地瀝青混凝土之基礎　　地瀝青混土路之基礎，其構造與前者畧同，惟配合前者用士敏土，茲則代以地瀝青或柏油，強度比前者爲弱，而韌性較富，施工後即可從事鋪砌，不似前者須延時日也。

## 2.　道 路 之 材 料

鋪築道路，所用材料，應以用何種爲合，須以路線所經之地，就地取給，與乎參酌當地交通情形之繁簡，運輸所載之重量如何而衡定之。普通適於築路之材料爲砂與煉磚，碎石或石塊，木板或木塊，混凝土，地瀝青等，然其性質宜注意有相當之硬度與及小吸水份者爲合。現將各種材料研究而分述之：

砂與石　　砂及石，均爲普通築路之材料。而砂須含有清潔之砂質，細粒大小，務宜均勻，由細至粗，乾燥時，能以篩過孔徑四分之一英寸篩者爲宜，經過每平方英寸，有五十眼之篩，其重量不越百分之二十，經過每平方英寸，有一百眼之篩，其重量亦以不越百分之六爲適用，其於乾燥時，苟重量有百分之三之坭土，須除去之，使坭塊草根，或其他有機物無存在爲優。而石料運用，宜擇其性質堅靱，有抵抗車馬脛縮及磨損不易之力，同時又須有抵抗氣候變化之力，並不多吸水份，而又易於劈開者爲最佳。其常用者：如砂石，石英石，花崗石，斑石，餘之玄武石，片廔石，石灰石，亦間用之。總括言之，可爲兩種；曰軟性砂石，曰硬性砂石，軟性砂石；大部份以供鋪砌路面之材料，惟此類石，祇限於鋪砌城市普通路之用，若用以鋪砌繁盛道路，則不宜矣。蓋此種石料，一經重量車輪之壓力或磨擦，容易損壞，多利價廉而用之耳！硬性砂石之用途較廣，而其罅亦較微。

木材　　用木料鋪成道路，由來已久。普通運用者，是栢、松、榆、杉、橡、棉、紅木等。所用，以木質組織均勻而緻密，無節痕，劈裂，心腐及腦孔等疵。其優異點，對于車輛之牽引阻力少，表面光滑不發噪音，不生灰塵易清潔，且養路費非多。惟其劣點，遇着水份則脹大，脹大之程度，大約每八英寸，可以脹大一英寸，若合縫之間隙太小，就易壓到兩旁之邊石，或中央隆起；若是縫隙太大，則重壓力易將木塊之纖維向四面擴大，路面毀壞，或因之瓦解。木塊式樣頗多：有圓形，方形，菱形，六角形及八角形等，以方形爲最經濟適用，其尺寸：方形者，通以六英寸厚，三英寸寬，九寸至十二英寸長。圓形者，厚與徑通以六英寸。木材壽命平均約十年。鋪用時要設法免去破壞之水氣，不受外間之侵蝕，減少伸縮加增堅固爲妙。

磚料　　用磚塊鋪築之路，其路既不透水，而又平滑無聲，已成爲現代都市主要之鋪路，如；在美國此種鋪路幾占衚路總面積之半數。其種類有紅有白亦有青，是由黏土燒煉而成，以火工充足，故堅韌不易爲酵類所侵蝕，磚質棶密，不含氣泡及石屑，形體端正，菱角互成直角爲佳，用時要呎寸相同，堅硬相同，蓋堅硬不同，則路面磨損不勻，大小不一，則叠砌不易，外觀不雅也。其大小，濶爲 3 寸至 3¼ 吋，深爲 3¼ 至 4¼ 吋，長爲 8¼ 至 9¼ 吋。

士敏士　　士敏士又名水坭，或水門汀。英文稱之曰（Cement）商業及建築界多稱之曰紅毛坭，蓋其坭先出產英國，故稱曰紅毛坭，在吾人稱爲士敏士。

士敏士有天然與人造兩種：天然之強度極弱，不適於用，現今用者，多爲人造，人造之士敏士，以石灰石及黏土配合之，用方法棟燒至極細粉末而成。現將其優劣點略述之，俾選用時易於判斷焉：

a.　士敏士之色澤，以綠灰或青而帶黑色者爲優，如黃灰或紅色者爲劣。

b.　士敏士之質，以極微細，如玻璃粉狀者爲好。

c.　用水調成坭狀，放在空中，由膨脹而生龜裂，斯則劣矣，多非因其成分，原以棟燒不透故，惟有時因收縮性之關係，亦能生龜裂，此則無妨。

d.　其重量以愈重愈妙，通以一立方呎，有八十至九十磅爲尙，苟八十磅以下，則爲劣矣。

e.　士敏士和三倍之砂，做成泥膠，放在空中，四星期後，其耐壓强度每平方時，不得少過一千七百磅，其拉力强度亦不力少過二百五十磅。

調裝混凝士時，須用二倍或三倍之砂參進士敏士膠泥斯名曰膠坭，再加碎石，就成混凝士，現在工程界用混凝士者極多，鋪路之基礎多半用之，其他用途亦不少也。

地瀝靑　　地瀝靑（asphalt）之種顏多；有天然地瀝靑，有人造地瀝靑，天然地瀝靑，是由石灰岩或砂岩中產生，如德意瑞等國，南美 Trinidad 島等地均有出產，其含有之成分爲土質，砂，水分及微少之植物質，色呈暗褐色，使用時，須經一度之精製。人造地瀝靑，是由蒸餾 arphaltic base 石油或半地瀝靑石油而製成，皆能溶解於二硫化炭素。地瀝靑之形狀；有氣態，液態，固態三種，液態地瀝靑，是一種天然蚤炭化合物，及其非金屬誘導體之混合物，通常名之曰瀝靑（Bitumen）。固態地瀝靑，是液態地瀝靑和極細之礦物結合而成，通常名之曰地瀝靑。現在將普通所用之必備要性簡括言之如下：

a.　地瀝靑於製煉時，應注意溫度，不宜過熱，熱度極高，超過定限，則組織破壞生成分解物，易失去結合力。

b.　瀝靑材須有極大之結合力，因有極大結合力，才能與骨材充分密接結合。

c.　地瀝靑膠灰，以富有彈性能和緩外求之衝擊爲佳，蓋可以防止車輪或馬足之衝擊，致免破壞路面。

d.　瀝靑材宜富有水密性，否則路面之水易滲透到路面中去，能將路面軟化。

（本節之路面鋪築尙有種種之方法，然爲篇幅所限，未能逐一詳述，献給讀者，希爲諒之，俟另印單行本時，再行編入）。

# （七）道　路　之　排　水

　　夫水之性情，每趨下流，無孔不入，惟其性趨下流，故所設水道須略傾斜，而水卽隨勢奔騰澎湃以入於海；惟其無孔不入，故可多設水道，使之暢流無阻，絕不能使失其性之自然，否則未有不召氾濫之禍也。故排水工程，於道路中最關重要，苟設施防禦不週，適遇雨量過多，山洪暴發，或河流變遷，流路淤塞，然後力事宣洩，設法阻止，或提高路基，加設橋樑及增築隄岸等以善後，其費用之多，與較鋪築線路一併設備之，誠不可以道里計矣。茲將除水設備，分爲路面排水，及地下排水二種；列述之如下：

## 1. 地 面 排 水

　　考道路所受之水，其來源不外乎來自空間，或來自地面與及來自地下而已。其來自空間者；以如雨，露，霜，雪，爲大宗；來自地面者，乃雨水降於地面，除一部蒸發成汽，一部浸入地下而爲地下水外，其餘概沿地面而流，成爲地面水；來自地下者，除一部由雨水浸入外，實則地面之下無處無水，吾人鑒井求泉，能於數百尺之下得之，有時亦能於尋尺之內求之，此蓋地殼之組織爲若干層岩石，岩石之中，有能透水者，有不能透水者，能透水者，卽能蓄水，不能透水者，水遇之卽止，此等透水與不透水之岩層，互相間隔，故鑒井者，每差若干層，復可得水也。吾人旣明水之來源，而排水之設備，卽各以其地點，及其水源之情形爲準，分別設施，必能奏效。

　　排除路面之水者，謂之路面排水，路面排水者，使在路面之水，得速爲流卸，以免浸入路面，及設置側溝，以瞽排洩是也。惟路面排水之功效最大者，爲路冠（crown）須成拱形而光滑，所謂冠者卽道路之中部，高於兩旁，成爲拱形，向兩旁傾斜，苟遇雨水，必向兩旁分流，而注入側溝，由側溝以排去；次爲路面，路面如凸凹不平，水必於陷處停蓄，而浸入路底，故須使之光滑俾水易向側溝流逝，再其次爲坡度，坡度之設置，應取若何程度之斜度，則各以構造而異，最通者，取自百分之一，（每長百呎高度之差爲一呎）亦不得小於百分之零點五，較次爲側溝（gutter）設計之適宜，使路面流來之水，聚會速流注入，而導之於外，現將側溝詳述之如下：

　　側　溝　　側溝卽路旁排水所用之溝，其排除之水份，不惟限於所降路面之地表水而已，卽地下水亦多，有經由側溝而流出者，其地質之上部爲細砂，下部爲砂子時，則路面或路基之排水，僅掘側溝，卽有莫大之效果，若其側溝土質爲甚固之粘土，而粘土自身，旣無透水之性質，而溶於水中之粘土，必有如用膠泥塗於側溝之面者，此於工事，雖有增加穩固之効用，惟於排水上，不免稍受影響，難獲良好之效果矣。側溝之形狀，有 V 字形，有梯形，有淺凹形等；其造法至爲簡單，祗須於路旁掘一土槽，蓋以材料，如磚，石塊，土敏混合土等。溝之濶度及深度，視所欲排水之多寡而定，總以適足排水而不致淹沒路面爲度，爲其掘之稍深者，固較淺而廣者排水爲良，但溝中有積滯渣什之弊，或忽遇暴雨驟至，溝不能容之時，斯則交通上有極大礙碍，此不可不顧慮及之。溝之大小，普通深約一呎至二呎，濶約十二吋至十八吋，每隔二三百呎設一個三四呎深二三呎方之井，此等井名之曰：陰井，俾側溝之水聚於陰井之後，由連路之管送到排水溝去。側溝靠路之一邊不宜過陡，否則車輛有陷入溝中之虞，溝之他邊之傾斜度，但求土不崩落卽可，此種傾斜度，謂之土質之天然傾斜度。傾斜度之所以有，原以地勢之起伏，然地勢與側溝之關係，有種種特點，須注意之，現分述如下：

　　a.　靠山之處，路之兩旁，一高一低，高邊爲挖土，低邊爲填土，此時自宜安設側溝於較高之一邊。

　　b.　挖土之處，兩邊之地，均高於路身，故路之旁，均須設側溝以免兩邊山水冲至路面，致沿路中流。

　　c.　填土之處，兩旁之地，低於路身，故無安設側溝之必要。

　　d.　平地之側溝，水不易得出口，此可引之暗溝，（平地通常皆設暗溝）引水入暗溝之處，可以磚砌一井口，上覆以鐵製之格子，此井須能容工人出入爲度，以便淘洗暗溝。

　　e.　道路坡度甚陡之處，側溝必不可少，否則水沿路中面流，同時車輪制車之影響，路面易成轍槽也，此時側溝之坡度亦甚陡，如慮冲刷，可於溝底鋪石，或每隔若干呎，置一障礙物，以減水勢。

f. 溝渠日久，易為樹枝，石子，等物壅塞，須時加巡察，以濬除之，秋冬之日，乾葉枯枝，風捲砂塵更為堆積；宜頻頻巡視。

## 2. 地下排水

在地下安設暗溝，以為地下水關一出路，及導去側溝流來之水，以免浸蝕路基者，謂之地下排水。其如何設管排水，則全以當地之情形為準，其裝設之位置，以擇其地下水，能在最短時間，聚集之方向敷設為宜。換言之，排水溝及其他排水設備，非設在路基之最低部下不可，於是地下水之排除，固不待論，即上部之水，亦均無患矣。其位置之重要如此，誠不可不熟察情形而定者也。又地下排水之設施有無，簡括比較之，得其優劣點如下：

a. 有地下排水之道路，較之未有排水者為優勝。

b. 路面已經滾壓之道路，而未有排水設施者為惡劣。

c. 低處道路之有地下排水者，較之高處之未有排水者良好。

d. 極厚之鋪道而未經排水設備而，較之僅鋪極薄之鋪道，而有地下排水設備者為慘敗。

暗　溝　所謂暗溝者，用溝或管以排除地下水分而須埋於地下者也，其種類有瓦溝，磚溝，石溝，卵石溝，混合土溝等，其構成可約分為二：一為土溝，一為暗溝之本身，原乎建溝，必掘土至一定之深度，而後置溝於其內，再以土石覆之也，土溝之方向，通常與路線平行，於特種情形之下，則有橫置或斜置者。橫向則用六十分一以上之傾斜，通於排水溝，至縱向除照路線之傾斜埋設，須另用管與排水管連絡，至於配置，橫向者以平均每百五十呎一條，地質不良之地方，則每二三十呎設一條，縱向者多設在中央，暗溝本身之質料，最適用者為瓦製，或用鑄鐵，或用捲鉛，或用混合土，亦有用石磚或卵石者，茲先述土槽之掘法，再言各式之暗溝，掘土槽時，首先決定土槽之路線，當與道路之路線平行，如遇灣道時，當然隨之而變，惟曲度不宜太過耳！在未掘之先，最好每五十英尺打木椿一條，寫明應掘深度及平水作為中線，次為定其濶度，溝底之濶，自以適路安管爲度，如過深時，當以能容一人立於溝內工作爲適，溝頂之濶，最善與溝底同，卽土陷易崩時，以板護之，如掘高離地面六呎以上者，以開板護之爲上算，不然崩鬆而要再掘起時，其工雙倍有餘殊屬廢費，其次爲它深度，槽之深淺，當由坡度而定，不宜淺於三呎，亦不必深於八呎，過淺則效力不大，過深則大費工錢；再其次爲定槽底線，槽之底線，卽預定之坡度線，輔設坡度，是有幾種方法，因人而用；有用木樁打在地面近溝之旁邊，記出距離溝之深度；有用細直過溝之上而令其處溝道之坡度平行；有用木樁沿住中線打在溝之下便；以上各種方法，皆可以用於掘土槽時而定其底線，至何方法爲最準確，要在其喜用者探之。暗溝各式有種種：

a.　磚　溝　　先掘土槽（土槽掘法見前）乃以磚砌成方形，則水沿中間空部而流，磚砌成後，填土於上，最好先用大小不等之碎石堆於磚砌之上，堆至槽深之半而止，再以帶草之士反覆於上，若無此類之草，則以乾草或細樹枝代之亦可，最後乃以普通之士，將溝填平，惟磚之堆砌，不用灰漿座縫，卽用灰漿，亦不能密縫，密縫則水不能入矣。此種溝曰盒形溝。

b.　卵石溝　　暗溝之最簡單者，爲卵石溝，蓋卵石之不帶泥性者不蓄水，以大者先置於溝底，漸次以小者鋪於其上約呎餘，再布以材草之類而後覆土，則水能沿卵石之縫隙而流矣。此種溝有名之曰盲暗溝。

c.　石塊溝　　掘槽如前，以大塊石版相倚成三角形，則水沿溝底而流，（溝底不宜用石版，蓋恐石版厚薄不一，且表面不平易於蓄水）然後填碎砂土，如法填磚溝。

d.　瓦管溝　　以定製之瓦管，置於溝底，其面空餘應用碎石或卵石填滿卽成，此種溝名曰瓦管暗溝。其構造乃用未上釉之陶土，所燒成之圓管，燒時火力須勻，燒成復須直而不曲，圓而不扁，內部平滑而不粗糙，兩端整齊現出方稜，直徑自 3 吋至 20 吋不等，小者長一呎大者長二呎乃至二呎半。安置時須注意者：在瓦管接頭之處，僅求相接而不合縫，使管外之水，能沿接頭處浸入，如恐泥沙隨水流入，可以藤布幼鉛鐵絲綢之類，將其接頭圍裹以阻之，或於槽底一律鋪以半吋大小之卵石以阻之，惟瓦管各個間須聯成一線，不可錯開故常有用徑口稍大之瓦圈攏於接頭之處者，如此旣可阻泥沙之侵入，又可使瓦管聯成一線。其優點，隨處可製，價値不昻，大小隨意，不受限制，導水甚暢無出其右者，其劣爲點質鬆而易含水，在露出部分，易受霜凍而破裂，瓦管之最小坡度，約以每百呎吋半爲普通，身入口至出口，坡度以均勻爲上，如不得已時，祇可由坦變陡，不可由陡變坦，所以防沉凝也。計算管徑之公式，以 Poncelots, Formular 較爲確準，茲擧之如次：

$$V = 48 \sqrt{\frac{FD}{L + 54D}}$$

式　中

　　V　爲排水量速度，其單位爲每秒若干立方呎（ft./sec.）

　　A　爲出入口之差，其單位爲呎（ft.）。

　　C　爲瓦管之直徑，其單位爲呎（ft.）。

　　L　爲瓦管之全長，由入口至出口之長度，其單位爲呎（ft.）。

—— （待　續）——

# 平面測量學問答

## （續）

### 吳 民 康

## 第 四 章

## 鐵 鏈 測 量
### Chaining

**1.** 試舉出鐵鏈測量之普通方法。

**（答）** 圖示有屋之空地一塊，此地之角度可不用測出。法先選一中央測點 S，此點之位置可以望及該地之四隅；然後量度四周及虛線之長度。依量得之距離將邊界畫出，再以對角線畫分爲兩個三角形而計算之。今因所求者爲該地之面積，故屋之位置可不必理及，如欲測其地形，則可以枝距法量出之。

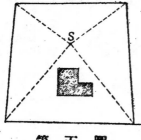

第 五 圖

**2.** 試述以鐵鏈量度一距離，其間爲高牆所阻之方法。

**（答）** 將釘二口穿過一木板，釘頭之一面向下，其他一面向上，再將木板跨置牆上，卽釘之位置，各在近牆之一方；然後將兩釘聯成一直線，並在每一釘頭處各垂下一錘線於地面，定得兩點，（卽牆內外各一點）。此兩點之距離卽爲已知兩釘之距離也。

**3.** 試述以卷尺延長一經過障礙物之直線之兩種量度法。

**（答）** 第 一 法　　第六圖（a）之 AB 爲欲延長之一線，因爲障礙物所阻，

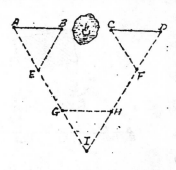

第　六　圖（a）

不能向前直接量度。今可利用一等邊三角形以求之。其法先由 A 點作一等邊三角形 ABE，次由 D 點（此點與 A，B 同在一直線內）作一等邊三角形 CDF。復由 I 點（此點乃 AE 與 DF 之交點）作一等邊三角形 IGH。如是則成一 AID 大等邊三角形，而 EG 或 FH 之距離，即 BC 之距離。如是依法繼續延長之。

第二法　　　如第六圖（b），EF 為欲延長之一線。任設 G，令 GF′＝FG，GE′＝EG，GF″＝GF′，E″F″＝E′F′，GF‴＝GF″，及 GE‴＝GE″。如是 F″F′ 即 FF‴ 之距離也。

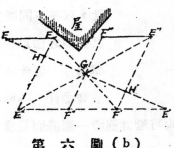

第　六　圖（b）

又或在 F′E′ 線上任定 F″，而 H 則為 E″F 與 EG 之交點；令 GH′＝HG，又得 E″G 與 F′H′ 之交點 E‴。

如是 E″F′ 即 FE‴ 之距離也。

4.　試舉出一量度兩不達點之距離之方法，並繪圖以明之。

（答）第七圖中 AB 為所求之距離；A 與 B 皆為不達點。任作 CC′ 線及其中間點 D。設在 AC 線上得 E；BC 線上得 F。令 DE′＝DE，及 DF′＝DF。定得 AD 與 E′C′ 之交點 A′；BD 與 F′C′ 之交點 B′。如是依幾何學上等邊三角形之理得 A′B′＝AB。（因 △ADE＝△A′DE′，故 AD＝DA′；又 △BDF＝△B′DF′，故 BD＝DB′。在 ADB 與 A′DB′ 兩三角形中，

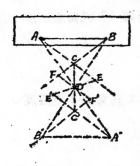

第　七　圖

其兩邊與其次角既相等，即此兩三角形為全等，故 A′B′＝AB。）

5. 試述以枝距 Offsets 安設一整齊曲綫法。

（答） 由一物體間各不同點至測綫上之垂直距離，是爲枝距 Offsets 如欲測定一物體之位置，須將各枝距完全量出，而各枝距間之距離亦須沿測綫上量出之。如第八圖，只量度兩枝距便能定得此建築物之位置矣。

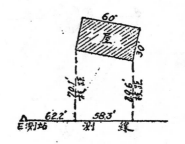

第 八 圖

6. 試述以直綫量度 Linear measurement 安設一不整曲綫法。

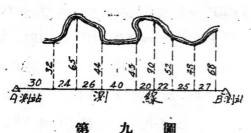

第 九 圖

（答） 欲定一不整曲綫形之位置，以在不同間距量度其支距之法以求之，實爲最妙。因此法只需沿各彎曲綫上各轉換點量度便可求得。凡河岸及彎曲不整之地均可沿其邊設一測綫而量度之，法如第九圖。

7. 何謂使用支距法時所應注意之三事項。

（答） 使用支距法時應注意之點有三：

（一）支距與測點間之距離（或與測綫上其他已知點之距離）必須量出。如第九圖，設由 A 測點至第一支距之距離 30 呎尚未量度，則餘盡歸無用矣。

（二）凡凹凸幾形處均需量度其支距。

（三）無論外形各點與測綫上之距離爲遠爲近，其支距亦須量度。

8. 何爲測鏈中之四種普通誤差之原因。

（答） （一）有因卷尺長度與分畫之變更而致者。

（二）有因氣候與其他天然的原因而致者。

（三）有因工作之不良而致者 如卷尺之糾纏，直綫之彎曲，定向之不完全，非眞水平，以及套手柄於測針而緊曳之等等。

(四)有因個人而致者　如讀尺之錯誤是也。

※鋼尺長度之誤差甚爲微少，惟鐵鏈則常可因鏈圈 (rings) 之伸長，鏈環 (links) 之撓曲或接連處變壞等而變大也。

9.　試述以鋼尺設立角度法。

(答)　以鋼尺設立角度之法有三，茲分別舉列如下：

(一)正切法 (Tangent Method)。　　如第十圖 (a)，AB 爲一直線，欲於 AB 線上作一 42°00' 之角。其法可先在 AB 線上量一適宜長度如 50 呎或 100 呎之距離，截得一點 P，由此點作一垂線 PQ，然後於 PQ 線上量 90.04 呎之距離而得 Q 點。(此數可於自然正切表內撿得。卽撿得 40° 之數字爲 .9004，以此數字乘底之長度 100 呎，故得 90.04 呎；如底爲 50 呎，則乘得之數爲 45.02 呎，此數卽垂線之長度。) 如是則 Q A B 爲 42°00' 之角。

(二)弦綫法 (Chord Method)。　　如第十圖 (b)，用 100 呎之鋼尺設立一 48°24' 之角於 AB 直綫上。由弦長表撿得所求角每一單位之弦，而以適宜長度之半徑 (如 100) 乘之。如弦長表未便，亦可以下列公式求得之：　　　弦長＝2×半徑×Sin½角

今半徑＝100'，Sin½〔48°24'〕＝0.4099，故得弦長爲 81.98'，若半徑＝50'，則弦長＝40.99'。弦綫之長度旣得後，乃於 AB 線上量 50 呎之距離得一點 c，一人執鋼尺 0 端置於 c 點，一人執 100' 端置於 A 點，再以一人執 50' 與 40.99' 之數相合處，拉緊鋼尺而得一點 d，如是 c A d 爲 48°24' 之角。

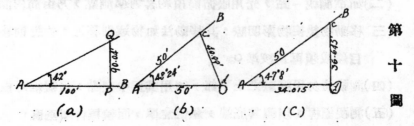

第十圖

(a)　(b)　(C)

(三) 正餘弦法 (Sine — cosine method)　　如第十圖 ( c )，欲於 AB 線上作一 47° 8' 之角。先由三角表內撿得 Sin 47° 8' ＝.7329， Cos 47° 8' ＝ .6808。然後由 AB 線上景 50 呎之距離得一點 c。計算得 Sin × 50 ＝ 36.645， Cos × 50 ＝ 34.015。於是用鋼尺求 36.645' 與 34.015' 相合之點 d，則 cAd 爲 47° 8' 之角。

〔附 註〕　如欲以鋼尺量度角度，將上述各法反求之可也。

# 第 五 章

## 經 緯 儀 之 用 法

### Use of The Transit

1. 搬運經緯儀時所應注意者何？

(答)‧如欲將經緯儀携至別處應注意下列各項：

　(一)須將下架放鬆，如是則雖遇障碍物相撞，兩圓板盤亦可自由轉動，不致受損。

　(二)須將望遠鏡向上，使能在支架上自由移動。

　(三)須將磁針升高，以免掯軸之細點受傷。

　(四)易受挫撞之處如雨道之類，宜以手挾經緯儀前行。

2. 試述望遠鏡之用法‧

(答)　(一)將望遠鏡向天，移動目鏡使十字線清晰，其移動法或直推，或用螺絲。

　(二)如欲測視一點，先用眼循筒頂約畧對準測點，乃由筒內測窺。

　(三 移動物鏡使物影明瞭，其移動法如物遠則移近，物近則移遠；斯時目鏡或須再爲校準。

　(四)測視時勿用縱線之上下部，須用其正中交點，因縱線時或不垂直。

　(五)測視標桿，須視其底端，愈低愈準，而執標桿須垂直。

(六)望遠鏡有視距線者，不可慣用。

(七)勿握望遠鏡以旋轉之，宜握圓板盤之椽。

3.　試述經緯儀之安置法。

(答)　經緯儀之安置，在使儀器正居測點之上，及圓板盤成水平，茲分述如下：

(一)展開三足架置於測點之近旁，懸吊鉈於鈎上，結一活結可以自由上下；使架頭略平正，旋緊架螺絲，其高須與人眼之高等。

(二)移經緯儀置於測點上，將架足插入泥土中，須使吊鉈之尖端正對測點，足架穩定，架頭不宜傾斜；否則移動足架，務使吊鉈對準方可。

(三)若吊鉈尖端與測點相差甚微，乃放鬆相鄰兩水平螺絲，移其勤盤(Shifting Plat.)，使吊鉈對準測點，復旋緊螺絲。

(四)在堅硬之地，宜置於隙縫之處；如在山坡，須兩足在下；而架足不可正在測線上。

(五)旋轉圓板盤使平水準與兩相對水平螺絲平行，兩手同時旋轉螺絲，一如(第十一圖)所示，使水準之氣泡居中；其氣泡移動之方向與左手拇指轉勤之方向相同。依此旋轉其他相對螺絲，亦使氣泡居中，如是則圓板盤成水平矣。

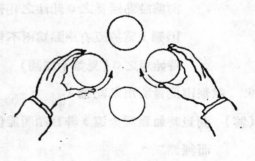

第 十 一 圖

(六)首次旋轉螺絲，不宜過於對準氣泡，蓋旋轉他對螺絲時，常使氣泡移動，故必校準數次。

(七)若僅一平水準者，須先平行一對螺絲，既定平後，再平行他對螺絲而定平之。

(八)若為三水平螺絲者，須先旋轉一對螺絲，再旋轉其他一個螺絲。

(九)水平螺絲不可太緊或太鬆，太鬆則易傾動，太緊則易損壞。

4.　試釋上下兩掣之用法。

(答)　(一)下掣與其微動螺絲是為後視之用。

　　　(二)上掣與其微動螺絲為置指示矢（Indicator）於零度及前視之用。

5.　直線之延長法有幾，試分別述之。

(答)　以經緯儀延長直線，其法有四：

　　　(一)置儀於線之一端，照準他端，延長直線於其前方。

　　　(二)置儀於一端，照準他端，轉鏡而延長其直線於後方。

　　　(三)用複轉法（double reversing method）延長直線於後方，即照前
　　　　　法轉鏡延長後，再橫旋照準於他端，復轉鏡作第二延長線，而取前
　　　　　後兩線平均之方向。此法可消除因訂正不完全所生之誤差，如線路
　　　　　測量等方向須精密測定者多用之。

　　　(四)置儀於延長線間任一點上，使此
　　　　　點與前後兩點同在一直線，然後
　　　　　向前設點延長之。此法之用較為
　　　　　困難，常於原有兩點為兩不相見
　　　　　時始用之。（見第十二圖）

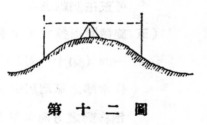

第　十　二　圖

6.　試舉出測量所用之記號。

(答)　測量時如距離太遠，非言語所能傳達，須用一定之記號，以求進行迅速
　　　而無錯誤。

　　　(甲)由經緯儀者發出與持桿者之記號：

　　　　(一)以手平動，表示持桿者將桿依其手之方向移動。

　　　　(二)以手左右搖動，表示持桿者將桿依其手之方向豎直而定。

　　　　(三)搖動兩臂或將手巾在頭上擺動，表示持桿者適合無差。

　　　　(四)以一手高舉，表示持桿者將桿舉正，以便對視。

（五）欲使成直線時以一手或他手搖動，表示將測桿測椿或鉛筆依照

其手之方向移動，而移動之度則依其手搖動之緩急爲準，大動

急移，微動緩移。

（六）遠距離時，手巾爲最便，但遇地上有雪時以黑色爲佳。

（乙）由前鏈者發出與司經緯儀者之記號：

（一）將桿底着地搖動其頂，表示促司經緯儀者照予觀測。

（二）將兩手舉桿橫於頭上，表示司經緯儀者知已移桿至轉換點。

（三）將桿直置向兩邊微動，表示持經緯儀者一其瞻視。

（四）欲使司經緯儀者移儀器於他處，兩手先向下展開，急向上舉；

或搖手巾及帽等。

**7.　讀角之法若何？**

（答）　讀角之法可分爲三步驟：（一）讀分度圈（limb）；（二）讀遊標（vernier）

；（三）將上所讀得之數相加。

〔注　意〕　讀角錯誤之最大者，每在分度圈而非遊標；讀分度盤時，其

錯誤最少在 20' 或 30' 之間，亦常至幾度之甚，而讀遊標

之誤則僅一二分而已，故未讀遊標之先，讀分度圈宜緊加注

意，勿使有誤，此爲讀角者所當熟記者也。

**8.　如何讀測遊標之最小量？**

（答）　（一）觀察主尺（分度圈）上之分畫爲幾度後，如爲順遊標（direct vernier）

則將此數加一，如爲逆遊標（retrograde vernier）則減一。

（二）將上所得之數除主尺上最小分畫之量。　　茲以代數式表示之。設

d ＝ 主尺上最小分畫之長，v ＝ 遊標上最小分畫之長，n ＝ 主尺

上分畫數，此數與遊標上之 (n＋1) 或 (n－1) 個分畫相當。

則 $nd = (n+1)v$，或 $nd = (n-1)v$。故遊標之最小量爲

$$d - v = \frac{d}{n+1} \text{（順遊標）或 } d - v = \frac{d}{n-1} \text{（逆遊標）。}$$

簡言之：　以遊標所指之最小分畫除分度圈所指之最小分畫所得之數是

為遊標之最小角度（最小量）。今更舉例以明之：　設有一角度，其最小分畫為 20'，主尺之 61 個分畫等於遊標之 60 個分畫；問此遊標所能讀測之最小角度如何？　今因該遊標之分畫大於主尺之分畫，是為逆遊標，故其能測讀之最小角度為：

$$\frac{20'}{(61-1)} = \frac{1'}{3} = 20''。$$

〔附　註〕　凡遊標之最小分畫小於主尺之最小分畫者，謂之順遊標；遊標之分畫大於主尺者，謂之逆遊標。

9.　試述讀遊標之普通方法。

（答）　通常遊標之 0（即指示矢），乃用以指示所測長度或角度之終端於主尺上；故讀測遊標之手續，可分二段：先應決定遊標之 0 在主尺之第幾分畫間；次乃於主尺分畫之進行方向，尋出遊標分畫與主尺分畫相重者之數字，此即主尺最小分畫以下之分數也。

10.　何為讀遊標之普通錯誤？

（答）　（一）錯讀複遊標* 之半之數字。

　　　　（二）將遊標讀出數加入主尺讀出數時之算學上錯誤；如 68° 46' 誤為 68° 16'。

　　　　（三）將遊標讀出數之秒誤讀為分；如 151° 0' 40" 讀為 151° 40'。

　　　　　　* 複遊標者，其指示矢之左右皆為一單位遊標也。一可以向左角，一可以向右角。所謂複遊標之半之數字，即指示矢向左或向右之數字。

11.　試述平面角測法。

（答）　（一）置經緯儀於 C。

　　　　（二）開放上下兩掣，旋轉兩圓板盤，使遊標零度，與分度圈零度相對，即將上掣旋緊。

　　　　（三）開放下掣，後視於 A 再將下掣關閉。

　　　　（四）開放上掣，前視於 B。　　　　　　　第 十 三 圖

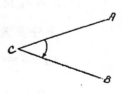

（五）讀角之數度。

12. 向右讀角與向左讀角之分別若何？

（答）　如第十四圖，ＢＣＡ角有二值，一爲順鐘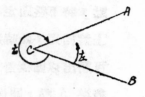
　　　向而得者，一爲逆鐘向而得者，順鐘向爲右
　　　讀，逆鐘向者爲左讀。讀角之分別全在方向
　　　，然當望遠鏡由後視轉向前視時，則並方向
　　　亦無論矣。

第十四圖

13. 試述測平面角誤差之原因。

（答）　（一）置儀之不愼，吊鉈不正對測點，或圓板盤不成水平。

　　　（二）圓板盤螺絲移動。

　　　（三）把持儀器之不愼。

　　　（四）瞄視之不愼。

　　　（五）儀器震動——如車輪經過與行路誤躅。

　　　（六）置遊標之錯誤或讀角度之錯誤。

14. 試述讀角之普通錯誤。

（答）　（一）置遊標於內圈零度而不置於外圈零度，並由外圈讀出，或逆而讀
　　　　　之。

　　　（二）讀分度圈時漏讀度之分數。

　　　（三）由分度圈讀內圈之度數作爲外圈之度數，或逆而讀之。

　　　（四）分度圈之度數非由零度至 360 度，其度數致受錯誤。

　　　（五）誤讀 B 遊標爲 A 遊標或逆而讀之。

　　　（六）不依照複遊標之順序而逆讀之。

　　　（七）錯加遊標讀出之數於分度圈之數。

15. 何謂複測法，試述之。

（答）　凡將一角反覆觀測數次，而求其平均值，其所得角度可至秒數；至每次
　　　後視時，均不使遊標復歸於 O，而固定於前次所得之角度上，此種測

法謂之複測法（measuring by repetition）茲述其測法如下。

如第十三圖，先置遊標於 O 度，由望遠鏡測視，使鏡內交點正對 A 點，將下盤固定，開放上掣，旋轉上盤，使鏡內交點正對 B 點時，即將上盤固定，此時遊標所指之數，即 ACB 角第一次測得之度數，其度數可讀出以備校對；此時 ACB 角已測過一次，再旋轉望遠鏡十字線交點對準 A 點，關閉下掣，放開上掣，旋轉上盤復至 B 點，俟交點對準 B 點時，則將上掣關緊，此時 ACB 角已測過二次，惟度數可不必讀出，祇記該角已測過二次。依法繼續行之，直至第六次，然後將其度數讀出，以六除之，即為 ACB 角之較近於真度數。設 ACB 角之真度為 45° 05' 09"，若遊標祇能讀至分位，依測平面角之法僅能測得 45° 05'，若用複測法測之，第六次所得之總數為 270° 31'，以六除之，則得角度為 45° 05' 10" 矣。由是可見用複測法所得之數與真角度所差僅一秒之微。故測平面角欲求精密之數，複測法尚焉。

16. 試述直立角測法。

（答）直立角測法有兩種：

（甲）與水平線所成之直立角　　如第十五圖（a），OB 與 OC 為視線，OA 為水平線，在水平線之上者為正，在下者為負，即 BOA 為正即仰視角，COA 為負即俯視角。此法當望遠鏡或水平時，先較準直立弧為零度，視於某一點，將望遠鏡之掣關閉並用其微動螺絲使視線正對於該測視點，隨即讀出該角之度數。

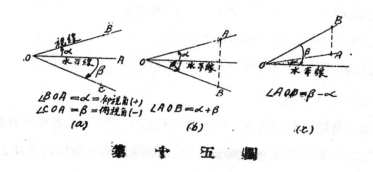

第　十　五　圖

（乙）間於兩點之直立角　　如十五圖（b）為間於水平線上下兩點之直立角，（c）為間於水平線上兩點之直立角。其法卽將望遠鏡成水平並置直立弧為零度後，先視於一點，記讀出之度數，次視於他點，又記讀出之數。設兩視線為間於水平線上下者如圖（d），則將兩讀出數相加，如同在水平線之上或下如圖（c），則將兩數相減。

**17.** 何謂測角時所生誤差之原因。

（答）　測角時每因下列之原因而生誤差：

（一）儀器之誤差　　如訂正之不完全，分度圈分畫之偏倚不正等。

（二）司用經緯儀之錯誤　　參閱第 13 問。

（三）讀角之錯誤　　參閱第 14 問。

（四）安置經緯儀之誤差　　如經緯儀不正對測站，圓板盤不成水平等。

（五）測視時之誤差　　視線不正對十字線之交點。

（六）天然誤差　　如風、天氣、光之反射、障碍物等。

（**本章已完　　全書未完**）

# 廣州市之土木工人問題

## ——本會工作報告之一——

### 莫　朝　豪

(一)　工人和工程的關係。

(二)　工人的類別。

(三)　工作的時間。

(四)　各種工人的現狀。

(五)　土木工人急切待決的問題。

　　　　A,　幾個深切的缺陷。

　　　　B,　最簡切的補救方法。

## （一）　工人和工程的關係

　　人類藉着固有的技能，發明種種科學，使社會一天一天地進步，把天然所不能爲的缺陷，用萬能的科學去補救或替代。因此現在的人們都說：「科學是推動時代向前的輪子」了。

　　然而，科學的原理或計劃應用到某一種事物的時候，必須要有良好的實施者。現在，只拿土木工程方面來說，如都市裏的高樓大廈，宏偉的街道，禦防潮水冲擊的堤壩，便利交通的橋樑等等，任何人都相信這是物質文明，科學萬能的賜與，但却忘却了最大功積的實施者——貧苦不堪的勞動者。

　　因爲任何一件工程，計劃如何的良善，財力如何豐足，物料如何便利，如果，實施工程的工人沒有輕驗，或者訓練的時日不足，這些工程必會失敗，甚之完全破產。其中的理由，甚爲明顯，比方以一個不懂砌磚的坭水匠去結牆，對於鋼筋三合土很少經驗的工人去落樓面等，其成績一定可以預知的。反之，有良善的工人，不但對於工程上任何一部免却錯誤，而且增加工作的效率，使工程的計劃得到美滿的收獲。

我始終承認，只有計劃是空虛的，實施的建設才是我們的成績，勞苦的大衆是建設的功臣。

科學是推動時代向前的輪子，然而我們却深信「工人是時代的輪子向前發動的蒸氣。」不論在任何的事物。

工人對於工程上的重要，由此可以知了！但是我們國內的工人狀況是怎樣呢？這是工程上一個極應重視的問題。然而我們工程界却把它忽畧了，工程的書籍刊物，只是計劃，論文，等等，雖有工程的統計也不過關於工程的成績，現狀吧！何嘗令勞苦的工人有佔一頁篇幅的地位底利權呢？

現在我作這篇文章的動機，就是希望知道了實施工作的工人的生活，工作的技能和他們對於工程的關係。而設法對於工人的生活有所改善，使工塲上的勞動者得專心工作，成爲有訓練的實施，增高了工程工作效率而已！

但爲時間所限，本期先把廣州市的土木工程工人狀況，寫在下面。

## （二） 工 人 的 類 別

在土木工程方面的工人，因其工作之類別等等可分爲下面幾種。

A． 從工作的類別而分：——

　　管工， 坭水匠， 木匠， 石匠， 鐵匠， 腊青， 三合土，
　　油漆， 批盪， 雜工。

B． 從工作的技能而分：——

　　大　工：（即是對於某一項的工作體已學滿了相當時期，能單獨工作某一種工程者，俗稱學滿了師，不須師傅指導了，如坭水師傅之類）。

　　小　工：（學滿相當時間，對於工作也知道了一些，不過沒有什麼經

驗，只好做工匠的助手，做些較爲輕易的工作）。

　　學　徒：（這是初來工塲裏學習的工人）。

C.　從工作的時間而分：——

　　長　工：

　　　　　長工是建築公司或各店戶長期僱用的工人而言，他們的工金
　　　　是一個月或十五天支給的，一個月之中，不論開工的天數多
　　　　少，他的工金是沒有減少的，因爲他的工金以每月爲一個單
　　　　位。

　　散　工：（或稱日工）

　　　　　這是因某一項工程，經建築家臨時僱來的，工金以每一天的
　　　　工作完竣之後發給的。

D.　從性別而分；——

　　男　工

　　女　工

## （三）　工　作　的　時　間

　　雞聲和鳥鳴的自然之歌，把太陽在黑夜裏喚醒，同時，人間第一次起牀晨
早的，便是從疲乏之境中起來的勞働者了！

　　他們在天未十分明亮的時分已是做好烹飪的事務，待早餐完了，就各自開
始做指定的工作。

　　在普通的土木工程工人中來說，大約從早上七時至午十二時，下午一時至
晚間六時止，夏天晚間更延長至七時才收工。平均工作的時間最少要十小時，
工作十一或十二小時也是普通的事吧。

　　開工最早的可算是做腊青工作的工人，他們在預先工作的一日即拾齊了應
用的工具和材料，是晚夜間二時便把火爐燃着了，天色一亮了卽行開始工作，
直至做到所備的材料用完然後停工。

工作時間無常的，可算是在築堤，炸石等等情形時的工人，他們比方在潮水退落時開工，至潮長時便停工，然而潮水的長退不是每天都相同，因此他們不論日夜冷暖，十餘聲的鑼鳴（開工的號聲）就立刻趕到工塲裏去。

能夠實行三三制生活的工作時間，只有很少數底工程機關，如廣州市工務局養路，渠務各股的工人耳。

「五一」的勞働之呼喚，只有解放了很少數的人類，在我國的國度裏底工人能夠享受八小時工作待遇還不多見呵！

## （四）　各 種 工 人 的 現 狀

坭水，做木，打石，的工人，俗稱之爲三行，這幾種工人可算是土木工程裏的中堅份子，如果沒有這種工人，工程便會停止或失敗。

如果想學這些工作的人，必須授以相當時期的訓練，入去工作受訓練的人叫做學徒，他必須專一的跟隨一個工匠，這個工匠負責指導教授與種種技術，同時受教導的人也要絕對服從師傅的一切。

受訓練時期，叫做學師時代，坭水的學師要經過三年，打石要經過兩年至三年，學做木的時期較爲長些，普通是四年期滿的。

做學徒的時候，在幾年前要每月送一些費用給師傅，這些費用叫做補米飯。因爲自入了工塲之後便在公共的地方住宿和用膳。然而這個制度，在近年來已經廢除了。

學師時期究竟學習了一點什麼呢？

說起來眞令人痛心，因爲學徒一但走進了工廠之後，老板便可以多一個機械似的人來工作，因爲到某一處工作的時候，最重要的是要解決工人的食飯問題，如果同時有許多不同地段的工程，那麼就要需用幾個厨子了。不覺老板的心計聰明，叫在廠的學徒專司担水煑飯的工作，一來可以免用厨子，少化壹筆欵子，二來叫學徒兼做雜工，豈不是一舉兩得麼？

他們第一年第二年差不多連砌磚，緣木，或鑿石的常識都沒有，直到最末的那年，然後由工匠授與一些很普通的技術，如做木的只會鋸木，刨木，拆三合士木模，釘些最簡易的器具，坭水學徒學會了一些沙灰或士敏的混合，傳遞材料，塗掃牆壁，砌扻磚口等等，打石的學徒也不過會將不整齊的石塊打成簡單的模像而已。建築的原理或程序固然不懂，連應用的技術都不完備地學習，以這些名目上學滿了師的工匠去應付某一項工程，相信錯誤是意中之事吧！

學徒時代的待遇是這樣，一天兩餐或三餐，月中給幾角碎銀買面巾牙刷和理髮而已！

我們可以說，學徒從滿了師跑入工場工作之後，才是學習應用的工程技術的時期。這些時候，每日的工金由一角五分起至五角或六角而已，還是要看你的工夫和工作的年期之長短而定呢！

直至學得了相當技術，能夠單獨地工作不須受人指導監視了，才作為大工——正式的工匠。日金自食的有一元至一元三角的代價。

油漆，鐵匠的學習時代的工作和待遇等，差不多和三行的工匠相同，現在想不重述了。

批盪工匠，本來和坭水匠沒有什麼大異的，不過做批盪工作的人未必一定會砌磚蓋瓦，同時坭水匠不一定就會做批盪的。本文所說的批盪工匠是如做雲石士敏批盪，新式的批盪用具（如批盪的雲石三合士柏椅）浴室按磁磚，批修牆壁字畫廣告等等而言。做批盪工匠的人，對於建築的常識必要明白一二，他們多數是讀過幾年書的，而且把所發出的建築物底大樣看明白。他們學習的時期是比三行是短少許多的，因為工作的範圍較為狹少，大約一年或年半的訓練，可以成就為工匠，工作的時間，大多是八小時至十小時，工金日工有一元五至二元。不過批盪的工作在工程上不是主要的，因此他們一個月之中有許多日是失業的。雖然，有些時候是從建築店裏以幾個工金投得完成其全部批盪，但待工作完竣，也不免要休工幾天，他們的工金雖然多些，然工作的天數比三行工匠少些，取以，待遇也不過很薄而已！

三合土工人，是比較其他的工匠易學的，不過，廣州市的落三合土工人是不經相當的訓練就到工場裏工作了，這是工程上一件不幸的事，在本市因爲經濟上的原因，建築物全用鐵筋的還是少見，而鐵筋三合土却是建築物的主要部份了。

然而，實施三合土建築的工人是怎樣？

本市的三合土混合法多是採用人工混合，因此工人更爲重要，——三合土力量的高低就全視他們工作的好歹而決定了。

三合土的人工混合方法，是先將潔淨的沙，和士敏土和勻然後落石碎再乾撈透澈，用花洒分勻地灌洒淨水，纔續撈透至粘質充足爲度。混合的時間每槽至少要經十分鐘。

本市落三合土的工人是另有一種組織的，由一個半工商的工頭領率和指揮。每隊有工人十二人至十五人，視工作之多少和自己的財資數量而定，這些組織是未經工務局認爲是建築的團體，他們專向各公司承投建築三合土部份的工作，工頭每天只供給工人幾毫伙食，工金是待向公司方面領得了然後發給，他們不須貸舖做辦事處，只購置一邦番鑢鐵工等工具，和預備了一二百元現銀做日常的工食就可開始承接工作了。

每隊工人的分配，大約以一個人做拿長柄鐵鈀的，他專司落三合土的分量和水量多少的，並且幫助混合三合土。再派三個至五個的工人做混合三合土和隨卽將三合土放入建築部份，其餘的工人就做担水及搬運材料至應用地點內。

工 作 的 位 置 如 圖

他們量三合土的木斗是一立方英呎，但量沙和石的却多用竹籮，它的容積是 16—17 立方呎的。有些雖有木斗量度也是要載到很滿的，最小超過了木

斗的高度一二寸。

第一把沙和士敏士放在混合三合土的木槽上，卽用鐵鈀隨便撈一兩下，立刻將石碎和水一齊放入，就和拿鏟的工人亂撈幾次，隨卽將未具粘質的材料放進建築部份，經過的時間只須五六分鐘，最能夠忍耐的也不能有八九分鐘的工作。

水大多是不淨潔的，沙石也不用水去洗淨，混合份量未必依定章程所規定的做去。

他們早上六時就開始工作，預先便食了飯才到工塲，午間十二時再食一餐，直工作到晚上六時或七時然後收工，晚餐是在那時才得享受的。他們的食料非常苦楚的，每天的伙食（菜和米都計在內面）最多也不過一角五分而已！因此只見地上放着兩個瓦碗，一碗是青菜和湯，其他就是可以數得着的幾條細小的鹹魚吧。

關於他們的工作的錯誤和不良，他們本身和建築公司都要負相當的責任的。比方石碎，和沙用竹籮去量度，一，二，四，的份量落成一，三，五，的三合土這些是建築公司欺騙業主，偷減材料，不顧建築物的安全，最不道德行為，這是事實証明，不容狡辯的，至于材料不用清潔的，水量過多，撈材料不至透徹，粘度不足，這是落三合土的工人的錯誤。因爲他們向建築公司投得落三合土是以落了幾多華井來支給工金，所以只要快些把建築部份完成，不顧材料是否合適，放多水量在槽裏可以減少了許多時間，比較易于撈的，也不理三合土的力量如何了！

三合土的建築是土木工程裏主要工作之一，所以對于這個問題便要加以相當的注意了！

腊青工人不只是會塗搭和鋪蓋腊青，他們必有一種副業，因爲腊青的工作不是時常開工的，取以在休工的時間，他們便做其他的工程。腊青的工人最重要的是那些煎油，混合材料和鋪築的工匠，他們多數是有些經驗的，然而，腊青的混合份量必要準確，不然，材料會瀉解無粘質，或粘質過多而碍于工作的，他們每日工金最少有一元五角至二元。其他。拿竹掃掃淨路面的工人是無關重要的，但工作比普通的工人辛苦，所以工金也有八角至一元二角不等。

雜工的資格是不甚嚴格，不論男女，如果有相當的力量就可以勝任，他們的工作是不一定的，隨工程而變易。在建築公司當雜工的月工（公膳）有十二元至十七元，其餘僱用的散工每天只得五角，女工有些是四角半而且要自膳呢！

還有一種做水裏工作的工人，俗稱為下水銅人，因為他戴着銅帽，穿了膠衣和銅鞋，負着百餘磅重的東西下水去工作的，這是一種很苦的生活，我們在築堤，建港炸石，等工程裏，便可以看到這些工友在水裏掙扎地工作了。　他們因為負重太苦，每天只能工作四小時，而且廿餘分鐘便要回到水上休息了。工金是一小時為單位，在香港工作的每小時得八角港銀，在本市只得八角小洋而已。

以上可算是廣州市土木工人的工作情形，現在再將他們的工作代價表列在下面。

### 工　作　的　代　價　表

| 名　　　稱 | 工　　金 | | 附　　記 |
|---|---|---|---|
| | 長　工 | 日　工 | |
| 坭　水 | $30.00 | $1.50 | （1）長工是公膳的，日工是自食的。 |
| 木　匠 | $27.00 | $1.30 | （2）長工工金以一個月為單位，而分兩期發給的。 |
| 石　匠 | $30.00 | $1.20 | （3）這個表的價目是求均的數值，在建築商人或工目的手之下，多少不免減低一些工金，然而工人為求生急切的需要，也免為其難去工作了。 |
| 鐵　匠 | $12—27 | $0.5—1.00 | |
| 油　漆 | $9—25 | $0.5—1.00 | |
| 蠟　青 | $× | $.80—2.00 | |
| 批　盪 | $× | $2.00 | |
| 雜　工 | $12—18 | $0.4—0.600 | |

## （五）　土木工人急切待決的問題

　　我們看過了土木工人在烈日或暴風酷雨中工作之後，我相信稍有感覺的人，都會發生了許多情緒，何況我們是學習工程的，將來與工人爲友的人！實際上我們也是土木工人呢！

　　現就管見所及，略舉土木工人幾個急應解決的問題在下面：——

　　A. 土木工人最缺陷的是：——

　　（一）工作時間過長而無適當的休息。結果，日間勞働過度，夜裏收拾好未完的工作之後，又無合度的睡眠。我們常見工塲裏眼睛深陷，面似黃葉的工人對于工作毫無精神似的，其主因之一也因爲工作時間過長之故。

　　（二）工金微薄。在生活程度極高的都市生活着，不只一家幾口飢寒未能解決，做個人的生活費也祗可供兩餐而已！

　　（三）待遇的苛虐，工作的無保障。直接受害者爲工匠的本身，間接的造成失業，疾病死亡率的增加，犯罪的成形………等，都可以危害社會和國家的。

　　這是很明顯的事實，比方，現在的工人每日的伙食由一角至二角錢，不但所謂人生應享的每日炭水化合物，脂肪蛋白等等若干量夢想談不上，而連菜蔬也不多些，結果有什麼辦法會面色如人呢？！食量的不足，生活的不衞生，加以工作辛苦，家況貧苦，………一切足以以使疾病降臨于我們的勞働者之身啊！工作的僱用完全以商人的氣色而隨之得失，失業是意中之事，何況我們國人多未能解除了封建部落思想，以用一個工人也首要審度他是否同鄉同親同姓呢？說起這一點惡劣習慣，不但影响于工程，而爲害於社會非淺呢！！

　　我們在未入工塲裏的人，更應痛切的剷除這種劣根性！

　　（四）工人的工程技能低下，求智的機會缺少。　　工程技能低下其成因在於學師時代訓練之不足，求智的機會缺少，多用工匠的過步自封俗稱所謂：（三分師傅，七分皮氣。）就是這樣，因此好求學識的學徒也無機會領會，不但肯將方法與工作經驗傳授他人，連學徒因倣用他的工具也要痛罵！這是很不幸的情狀。如果上行下效，數十年的學術或一切工作方法將消滅于無形了！

（五）無生活的慰藉。終日工作，無一點娛樂，實際上娛樂塲是非工人所能亂入的，只如機械似生存耳。

B.　最簡切的補救方法：——

我以爲現在不論工程商人，工人本身，工程師，工務機關會社，政治當局等等，對于下列幾點簡切的工人補救辦法的條擧，應予以精神物質的援加，促其實現，而補救工人于困境中之萬一，不只工人之幸，亦卽社會國家之福啊！！

（1）減少工作時間，切實執行三八制的工作　如有違犯，應予以相當的處罰。這不但可以使工人精神充足作工快捷，且能提高了工作效率。

（2）增高工金　使其生活得到脫離飢寒之境。

（3）保障工人工作　規定切實的勞工法規，不能任受東家無故意氣的解職。

（4）對于勞工應有獎勵　使其對本職無五日京兆之憂，對工作發生興趣。同時對于經驗或技術不足的工匠加以嚴格限制，免使工程無形中發生諸多危險。

（5）設立勞工夜校　對于工人應盡量免費收容，給予書籍文具；聘請教師，工程師，經驗充足之工匠爲之教授所業的術，以補日間學習之不足。

此種夜校應于每行（如坭水做木）或市區各處廣設多所。

（6）由政府或公共機關多設娛樂塲所　（如露天影畫院等）。以調劑工人困苦的生活。

（7）在廣州的境內，由工務局限制淉三合土的工頭領具建築開業執照，其對于各處工作，應照取締章程條規預先呈報工務局審查核准，方可工作。對于其欺詐事項，如偷工減料，亂下份量，必須加以嚴格的重罰，以保工程之安全而重民命。

以上不過簡略的條擧，希望閱讀此文之後的同胞，能對工人發生一些思慮，與注意和討論，或切實的于自己可能範圍內加以實施！則非但作者不枉寫此一篇，實爲土木工人之福音了！

作者尤望名流學者，對此問題加以指示！！　　　—— 完 ——

民廿二年夏寫于珠江堤邊的工塲。

# 廣州市建築商店之調查

## ——本會考察部工作報告——

莫 朝 豪

黃 德 明

## （1） 建築商店之定義

凡承辦各項土木工程工作，無論其所建爲馬路，住宅，橋樑或泥水，木作等等之商店，皆謂之建築商店。

## （2） 建築商店之必具條件

建築商店對于工程負着重大的使命，建築商店之經濟，信用，和工程經驗及智識的條件皆能影响于工程的本身。如果建築商店之信用及經驗不足，勢必偷工減料，而工程之本身蒙受其巨大之損失，間或工程智識經驗淺游亦足誤害于工程計劃而至危險叢生。

工務機關爲保障工程及人民生命財產之安全計，故擬定建築章程，分類規定法規，以符此旨。

廣州市建築商店註册章程第二條，關于建築商店資格曾如下的規定：——

1. 具有工程知識詳解各種建築圖式及章程者。

2. 有經濟信用者。

3. 覓有殷實擔保者。甲等之殷實擔保店以有商業牌照注册資本額二千元以上者爲合格，乙等一千以上爲合格，丙等五百元以上爲合格。

（如無殷實擔保店，須繳存保証金按行廣州市商會，甲等繳存五

13924

百元，乙等三百元，丙等二百元。）

4. 有顯著之建築工程成績者。

附　註：同業不能爲担保店，一個商店不能担保兩個建築商店。

## （3）　開業及註册的手續

如果以上的條件完全具備了，司理人就可親到工務局第三課（取締課）申請註册，填具登記表，並蓋股實担保店圖章，經審查合格後，然後將註册費送交會計股收支處核收，得到了收據，再到取締課領取開業執照。

建築店註册登記費如下表：

| 等　級 | 一次過繳納註册費 | 准投工程限制 |
|---|---|---|
| 甲　等 | 五　十　元 | 一切大小工程 |
| 乙　等 | 三　十　元 | 一萬元以下工程 |
| 丙　等 | 十　　元 | 一千元以下工程 |

執照每年由工務局驗查一次，另須繳納換照登記費。（甲等二元五角，乙等二元，丙等一元。）

如建築商店有違犯工務局之取締建築章程時，工務局得隨時將其開業執照取銷或拘案辦理。

## （4）　廣州市建築商店之調查

A. 現有之建築商店

| 等　級 | 數　量 | 工　程　之　限　制 | 執照費用 | |
|---|---|---|---|---|
| | | | 一　次 | 每　年 |
| 甲　等 | 514 | 大　小　一　切　工　程 | $ 50 | $ 2.5 |
| 乙　等 | 417 | 准建一萬元以下工程 | $ 30 | $ 2 |

| 丙 等 | 184 | 一 千 元 以 下 工 程 | $ 10 | $ 1 |
|---|---|---|---|---|
| 合 計 | 1115 | | | |

此表為民國廿二年五月一日調查

**B. 民國十八年以前之建築商店**

| 等 級 | 數 量 | 工 程 限 制 | 執 照 費 用 | |
|---|---|---|---|---|
| | | | 一 次 | 每 年 |
| 甲 等 | 302 | 大 小 一 切 工 程 | $ 50 | $ 2.5 |
| 乙 等 | 597 | 十 萬 元 以 下 工 程 | $ 30 | $ 2 |
| 丙 等 | 405 | 二 萬 元 以 下 工 程 | $ 20 | $ 1.5 |
| 丁 等 | | 五 千 元 以 下 工 程 | $ 10 | $ 1 |
| 建築公司 | 44 | 大 小 一 切 工 程 | $ 50 | $ 2.5 |
| 合 計 | 1348 | | | |

**C. 民國十八年至二十二年建築商店之增減比較表**

| 等 級 | 增 加 | 減 少 |
|---|---|---|
| 甲 | 212 | |
| 乙 | | 180 |
| 丙 | | 221 |

一五比對減少二三三家

一三四八廿二年度為一一

民國十八年建築店總數為

—— （完） ——

# 李卓工程師事務所

## 靖海路西三巷第一號

電話：一三六五二

# 關以舟建築工程師

（事）（務）（所）

樓房設計　土地測量

大南路三十二號二樓

電話：一六一〇三

# 鄭成祐工程師事務所

## 豐寧路一八二號二樓

電話：一六〇九一

13927

（1）

13928

# 絲業銀行

## 各種存欵利率

| | |
|---|---|
| **活期臨時訂定** | |
| 三個月週息 五厘 | |
| 六個月週息 五厘半 | |
| 九個月週息 六厘 | |
| 一年週息 六厘半 | |
| | |

**定期存欵**

一年週息　六厘半

九個月週息　六厘

六個月週息　五厘半

三個月週息　五厘

活期臨時訂定

**儲蓄存欵**

週息五厘

**往來存欵**

週息二厘

電報掛號

四八二八（有無線通用）

電話

公　用　一四〇五

出納部　一三四五一

營業部　一四四〇四

總經理室　一三四五二

行　址

廣州市十三行路七十九號

13929

（3）

# 三美號

## 通用油墨油漆水彩製造公司

（4）

13930

STANLEY

TAILORING AND FURNITURE DEALER CO.

斯得利公司

專營服式木器

特聘上海裁縫

永漢南路九十一號　電話壹壹四八五

遠東工程公司

# 榮興工程公司

本號專辦大小建築工程,歷在廣州市工務局承辦馬路橋樑工程十有餘年,築成馬路七萬餘尺,大小橋樑十餘度,向以工堅料美為宗旨,倘蒙賜顧,無任歡迎。

舖在西堤正興路四號三樓

## 工程總廠
海珠新堤邊　電話壹式八五〇

## 工程分廠
八旗二馬路尾　電話壹六式〇九

（七）

# 香港
# 華益建築公司

# 萬國工程公司

西濠口太平南路

自動電話：一二二三六

畫則測量　　樓房設計　　馬路建築　　橋樑工程

# 羣益工程建築公司

西濠口嘉南堂西樓四零四號

自動電話壹壹二九壹

承接畫則　　測量建築　　樓房橋樑　　馬路及各　　大小工程

(16)

13936

# 禮和洋行

## CARLOWITZ & CO
### CANTON

## 機器部專售

各種　蒸汽發動機　水力發動機

風油機　水泵　發電機　救火機

轆地機　各種工業機器　製茶機

製咖啡機　製糖機　開礦機器

鍊鋼機器　鐵路材料　映相機

顯微鏡　千里鏡　測量儀器

以及化驗室用之各種藥料儀

器等并特聘有經驗工程師常

駐廣州為顧客設計不另收費

（一一）

# 電信雜誌

## 第一卷第二號目錄

編輯及發行所　上海呂班路一六三弄四號　電政同人公益會

（12）

價目

會員　　另售每冊三角　　預定二期五角　　預定四期一元

非會員　另售每冊三角五分　預定二期六角　預定四期一元二角

13938

# 本報投稿簡章

（一） 本報登載之稿，槪以中文爲限，原稿如係西文，應請譯成中文投寄。

（二） 投寄之稿，不拘文體。文言，白話，撰譯，自著，均一律收受。

（三） 投寄譯稿，幷請附寄原本，如原本不便附寄，請將原文題目，原著者姓名，出版日期及地址詳細叙明。

（四） 稿末請註明姓名，別號，級別，住址，以便通訊。

（五） 如非本會會員來稿，經本會出版委員會審查或同意，亦得酌量刊入。

（六） 投寄之稿，不論揭載與否，原稿槪不發還，惟在五千字以上而附有郵票之稿，不在此限。

（七） 投寄之稿，依揭載後，酌酬本報。

（八） 投寄之稿，本報編輯部得酌量增删之，但以不變更原文內容爲限，其不願修改者，聽先特別聲明。

（九） 本報所有稿件經編輯部編輯審定後，最後取捨，仍歸學校出版審查委員會負責，合併聲明。

（十） 投稿者請交廣州市惠福西路國民大學工學院土木工程研究會工程學報出版委員會收。

# 工程學報第一卷第二期

| | |
|---|---|
| 出版期 | 中華民國廿二年七月一日 |
| 編輯者 | 廣東國民大學工學院土木工程研究會 |
| 發行者 | 廣東國民大學工學院土木工程研究會 |
| 分售處 | 廣州各大書局 |
| 印刷者 | 廣州市教育路九曜坊偉文印務局 |
| 會址 | 廣州惠福西路　　　自動電話：一〇七一五 |

13939

# 僑南塡築工程公司

本公司承接建造樓房屋宇各欵洋樓

塡築碼頭塘地連工包料快捷妥當

現承接塡築廣東國民大學荔枝灣第一校大小水塘等

工程如蒙 光顧請移 玉至文德路本公司接洽爲荷

13940

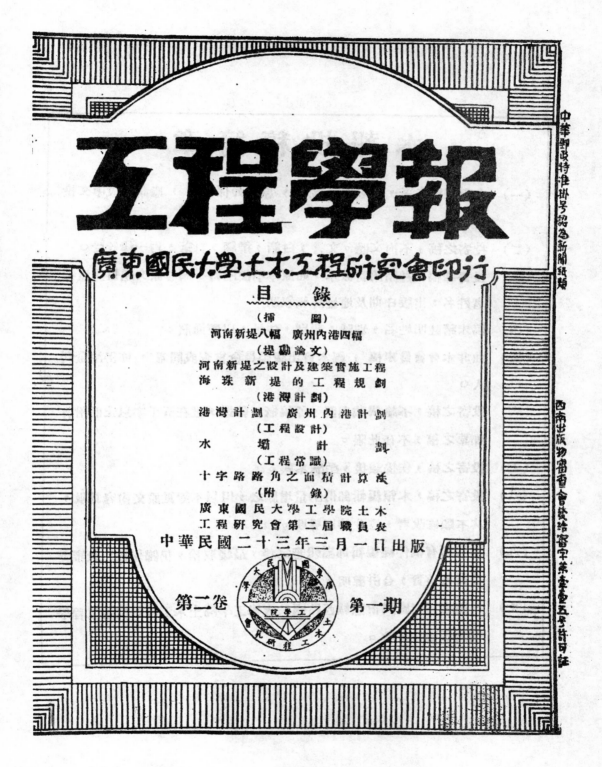

# 工程學報

### 廣東國民大學土木工程研究會印行

## 目　錄

中華民國二十三年三月一日出版

第二卷　第一期

# 本報投稿簡章

(一) 本報登載之稿，概以中文爲限，原稿如係西文，應請譯成中文投寄。

(二) 投寄之稿，不拘文體。文言，白話，撰譯，自著，均一律收受。

(三) 投寄譯稿，幷請附寄原本，如原本不便附寄，請將原文題目，原著者姓名，出版日期及地址詳細叙明。

(四) 稿末請註明姓名，別號，級別，住址，以便通訊。

(五) 如非本會會員來稿，經本會出版委員會審查或同意，亦得酌量刋入。

(六) 投寄之稿，不論揭載與否，原稿概不發還，惟在五千字以上而附有郵票之稿，不在此限。

(七) 投寄之稿，俟揭載後，酌酬本報。

(八) 投寄之稿，本報編輯部得酌量增删之，但以不變更原文內容爲限，其不願修改者，應先特別聲明。

(九) 本報所有稿件經編輯部編輯審定後，最後取捨，仍歸學校出版審查委員會負責，合併聲明。

(十) 投稿者請交廣州市惠福西路國民大學工學院土木工程研究會工程學報出版委員會收。

河　南　堤（一）　　　　（人工炸石之施工情形）

河　南　堤（二）　　　　（待炸石之石底堤岸）

河　南　堤（三）　　（河南新堤建築之起點米接駁內港堤之東端）

河　南　堤（四）　　（打鋼板樁之施工情形）

河 南 堤 （五） （已打妥待鋸平之鋼板椿）

河 南 堤 （六） 建築新堤之標誌(測量台)及按門字鐵之情形

河　南　堤　（七）　　　　　　（填　沙　情　形）

河　南　堤　（八）　　　　　　（建築中之河南新堤）

廣州內港計劃插圖（一）　　　　（廣州白鵝潭之遠望）

廣州內港計劃插圖（二）　　　　（已建築完成之廣州內港）

廣州內港計劃揷圖（三）　　　（建築中之內港工程）

廣州內港計劃揷圖（四）　　　（內港堤岸打落之鋼板樁）

# 河南新堤之設計及建築實施工程

## 莫　朝　豪

### 第一章　　　總論

### 第二章　　　建築實施工程

### 第三章　合約，圖則，及工程照片。

第十五節　工程之照片

照片

（一）人工炸石之施工情形

（二）待炸石後打樁的堤岸之一部

（三）打鋼板樁之機船及施工情形

（四）打鋼板樁時之工作情形

（五）打安後待鋸平之鋼板樁

（六）堤岸標誌及按裝門字槽鐵之情形。

（七）填沙施工情形

（八）建築中之河南新堤

# （一）建築河南新堤之緣起及其設計經過

## （1）築堤的需要

我們試環顧珠江一帶，即知其灘石暗伏，河底深淺不一，更且海道曲折參差，河旁崩陷，實有急需改良的必要。

從上述情形，我們爲使船隻航駛的安全，整理彎曲河岸，調節海潮起見…………，必須施行兩種事件：第一即是爆炸河底的石塊，使其河床深度齊一。第二，就是建築堤岸了。這是廣州市珠江南北堤岸應從速建築的原因。

## （2）設計建築之經過

廣州市政府和工務局爲發展河南港起見，在民國廿年由工務局負責設計。于民國廿二年十一月一日開工建築。其所採用之堤岸方式與海珠堤頗多相似，在較深水的地方採用鋼板樁建築堤基，在石底河床則採用純三合土堤岸之建築。此其設計之經過也。

## （二）建築的範圍

河南堤岸是從內港堤岸西岸起迤東至珠江鐵橋南岸附近堤塢之西端止。現在把它的長度分述如下：——

（1）長度

全堤岸長度爲七千三百英呎（卽二千二百二十五•〇四公尺。）

因爲建築構造上不同分爲甲，乙，丙三種堤塢。

甲種堤由內港東端起距離　〇——1400，　又2200——4270又千500——7300上共長六千二百七十英呎（卽一千九百一十〇一公尺）。

乙種堤由距離1400——2200長八百英呎（卽二百四十三•八四公尺）。

丙種　由距離4270——4500長二百三十英呎（卽七十二公尺）。

（2）填坭填沙體積

堤岸內填坭填沙之容積約爲九萬五千華井卽四十九萬七千零三十六立方公尺。其範圍西由內港堤塢東端附近之臨時坭塢起，東至珠江鐵橋南岸堤塢之西端止。所有填沙填坭均擬填至平水標高（十23•5英呎）（十7•1628公尺）

（3）填水石之體積

在丙種堤底或其他打不下鋼樁之部份，所填水石約爲二千華井，卽一萬零四百六十四立方公尺，如圖 D812 其二所示。

## （三）建築圖則及變更計劃之規定

本工程所建築之堤塢及填坭等工程，均依照廣州工務局編號 D——812其一，其二，其三，其四之工程圖則辦理。

關於工程圖樣由主管技士臨時發出，承商須照樣築造，不得異議。凡在工

作上，如有發現特別情形時，技士有權呈請工務局更改計劃，其建築工料之增
減，由技士伸算之！倘承商仍有異議時，得在外聘請工程師覆核，但得工務局
之認可方生効力。至若工作時所造之工程凡較本章程及圖式署有增減時，承商
不得要求增价及給欵。又如材料份量並無增減，祗將位置或分配辦法稍爲變更
時，亦不能請求增價。

## （四）工程投價及委辦公司

工程投價是以全部工程計算的，即是按照所規定各圖則及建築章程完全做
妥爲原則，如上面建築範圍所說明的全部堤岸長7300ʼ—0ʺ 及填坭填水石之各
種工程而言，所有運輸及器具等費一概包括在內。

本工程是由政府招商承造的，經于民國廿二年夏季由廣州市工務局及市政
府派員監督投票。

結果工程歸省港華益公司投得。

全部工程費爲二百四十七萬五千元正（以廣東通用銀毫伸算）。

## （五）開工及工程期限

（一）開工

河南堤岸在民國廿二年十一月一日開工，並舉行奠基典禮。是天廣州市的
文武公務人員多數參加，由市長劉紀文工務局長袁夢鴻舉行堤岸奠基禮並由該
局建築課長梁仍楷及設計河南堤岸之工程師陳錦松宣述建築之緣起及設計經過
，情形極爲壯盛。

（2）期限

由開工日起四十天內，承商人須將各建築堤岸之附屬器具及材料分別佈置
購備完妥。

全件工程限三十六個月完成築造妥當。

逾期每天罰銀二百五十元，但仍不得過六十天以外。

（3）意外的補給期限，如遇風雨潦水或其他特別故障確不能開工，或因承商不能依時領到工程費時，得呈報工務局酌補日期。

## （六）管理工程之系統

### （1）保障工程之安全

政府為使工程安全及免承商不遵章程起見，由工務局建築課主理一切工程事務，並由建築課長派建築技士，及監工各一名至二名　秉承課長之命常川主理本工程之事宜。

同時由承商顧用有經驗之管工在場管理一切工作。

### （2）工程管理人員之職責

技士與監工的職責為監督承商工人之工作，糾正其錯誤，指示工作的程序與方法，並將每日之工作成績按日呈報課長及局長備案，試驗材料及驗收工程等項。

承商及管工工人須受工務局及所派出之技師監工之指揮和監督依章建築。

## （七）驗收工程及保固費

### （1）驗收的手續

a.（堤塘）工程承商每月做妥工程若干應即呈局驗收。驗收妥後，當由課給與驗收工程証，承商即憑該証到局領取工料費。但每次驗收工程以做妥長度每（十英呎）計，其不足（十英尺）之數，當撥入下次計算。b.（填坭工程）承商每月填妥若干井，亦應即呈局驗收由局派員測量驗收，驗收妥後當給與驗收工程証承商即憑該証到局領取工料費。

### （2）驗收程序工程費之計算

工程費根據下開規定各款計算：——

（一）承商將鋼板椿全部定妥後，照投價百份之一十五給價。

（二）全部鋼板椿運到工塲時照投價百份之一十五；如非全部運到，則照運到鋼

13953

椿長度伸算給價。

(三)全部鋼板椿打妥後，照投價百份之一十五，如非全部打妥，則按照所打鋼椿長度伸算給價。

(四)安妥全部槽鐵卽門字鐵鋼拉條三合土座，照投價百份之一十二，如非上列各項全部安妥，則按照沿堤所安妥長度伸算給價。

(五)全部杉木椿打妥則照投價百份之三，如非全部打妥，則照沿堤所打妥之長度伸節給價。

(六)全部鋼筋三合土堤身築妥，則照投價百份之八，如非全部築妥，則照築妥長度伸算給價。

(七)全部堤身白蔴石砌妥，則照投價百份之六。如非全部築妥，則按照所築堤長度伸算給價。

(八)堤面石全部及全堤各部份完全築妥照價百份之三如非全部築妥則照築妥長度伸算給價。

(九)填坭全部填妥則照投價百份之一十八。如非全部填妥則照填妥坭數伸算給價。

(十)填坭坭數如超過(九萬五千華井)四十九萬七千零三十六立方公尺之數，則超出之填坭工料費則按照承商投票時註明之每(華井)五，二三一立方公尺價格給欵，但每次發欵仍須扣囘百份之五保固費。如填坭實數係少過預定坭數，則工程投票時填註之每(華井)價目估計。

## 保 固 費

每次所發給之工料費，係按照驗收工程全價百份之九十五發給，其餘百份之五，留作保固費。保固費(爲全件工程工料費百份之五)俟該件工程完全驗收六個月後，幷無變壞，始行淸給。所做之工程。如有變壞，卽由承商修妥，若不修妥，卽由局另招別人代修，所有各費俱在該承商保固費內扣除，如有不敷，仍向該承商或担保店追繳補足。

# （八）建築前的預備事項

建築前有幾件應先行預備的如下：——

（1）立約　投得工程十天之後，就要與工務局訂立合約，並須得十萬元以上之殷實商店担保。立約六十天得即要開工逾期取消合約將押票銀充公，另招商投承。如當承商偷工減料或工務局久不發工程費也得解除合約。

（2）工廠之設置　在未開工之先，當然應蓋搭最適宜地點之工廠，以不發生危險爲主

（3）堤線標誌　在新堤線每隔四百英尺（一百二十公尺至一百五十公尺）距離，建立一木椿板台爲新堤線標認之用，該板台要十分堅固不易感動爲合。同時應置平水尺及堤線測量數到在架內以便認識。

（4）材料之試驗　所有一切工堤材料應請監工技士試驗其是否適合然後採用。落堤身三合土及鋼板椿蓆尤應加培注意其是否與章程所規定符合。

（5）意外危險之避免。應于沿堤建築物掛紅旗及夜燃紅燈以免船隻傷害堤岸。炸石時必須鳴鑼示警以免危險。

# （九）堤基之營造

（1）工作的用具

建築堤岸最重要的爲堤基，因爲堤基堅固與否足以影響堤岸之安全。但建築堤基必須各種用具，茲將其工作所用機器畧述如下：——

A 打椿船；內裝有打椿錘及椿架等等，爲打鋼板椿及木椿之用。

B 鑽坭機；爲檢查鑽探河床坭質之用。

C 起椿機；爲拔起已打入鋼椿或木椿之用。

D 風鑽船；爲使用風鑽機鑽炸藥孔爲炸河底石之用。

（2）鋼板椿之類別及其建築位置

鋼板椿因其河床深度及坭質之不同而異，茲將其類別等列表如下；——

距離由內港與南堤之交點向東起以英呎計

| 堤 別 | 距 離 | 鋼 椿 | 重量（井/口'） |
|---|---|---|---|
| 甲種堤鋼椿 | 0 —— 1 4 0 0 ' | 以下俱用39'-6"長椿 | |
| | 2 2 0 0 '— 3 0 0 0 | Larssen Section IIIa | 29・29井/口' |
| | 5 2 0 0 — 6 4 0 0' | 仝 上 | 仝 上 |
| | 7000'—7300' | 仝 上 | 仝 上 |
| | | 仝 上 | 仝 上 |
| | 3000.—5200. | 用Larssen Seetion II 長47' | 24・98井/口' |
| | 6400.—7000. | 仝 上 | 仝 上 |
| 乙種堤鋼椿 | 6400.—2200. | 用Larssen SeetionIVa | 35・22井/口' |
| 丙種堤鋼椿 | 4270.—4500. | 全用混凝土建築(不需鋼椿)份量為1:3:5。 | |

還有應注意的事就是需要硬鋼的質料及含有百分之〇・三鋼質為好。

所有鋼板椿應塗掃拍麻油一層，然後打落河底。

請參君甲種堤（圖 A）照片（一）

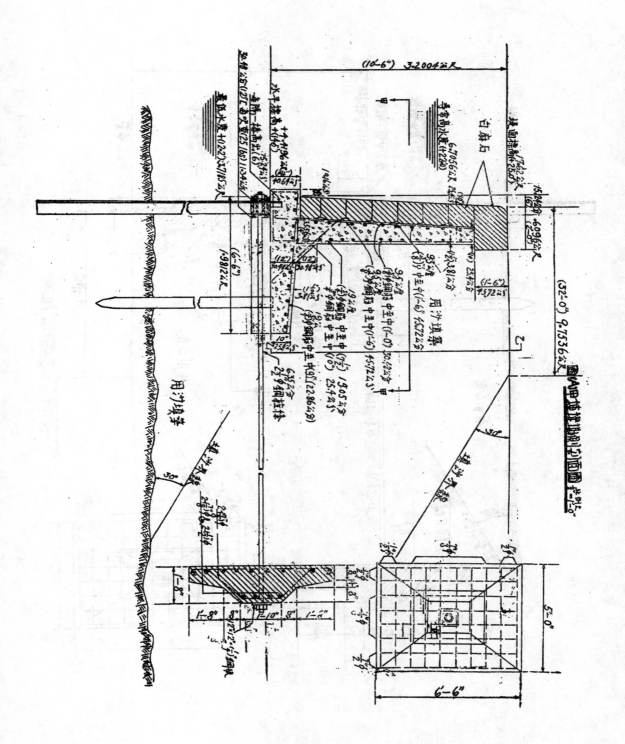

13957

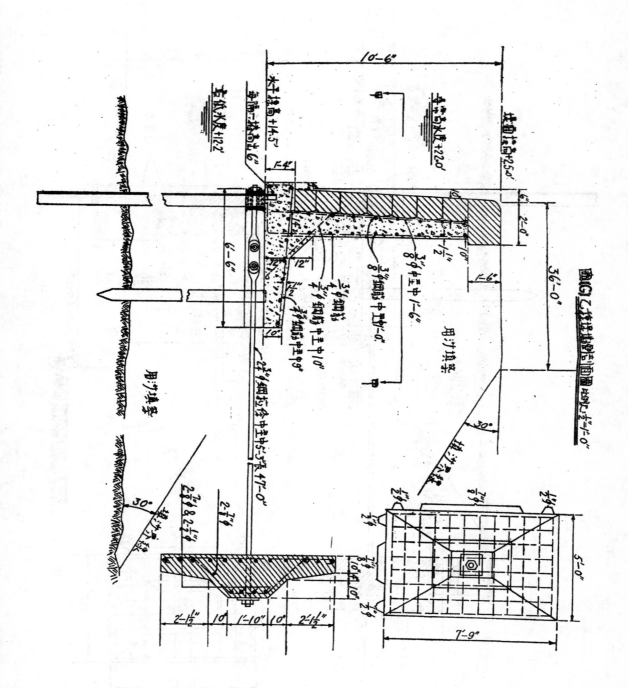

13958

（3）鋼拉條之作用及建造方法

鋼拉條是用來牽引已打下的鋼椿，令它不至傾斜或歪向堤外。它的形色因堤岸類別的不同而異。

(a)甲種堤所用的鋼拉條者2½" φ （請參看圖A）

由距離0起至1400' 又2200'—3000' 又5200'—6400' 又7000'—7300'鋼拉條長44.-0"每隔5'-3'中至中

由距離3000'—5200' 又6400—7000' 又14.00'—2020'鋼拉條長41'-0'每隔6.—6$\frac{19"}{32}$中至中。

甲種堤的鋼拉條是運往工場才按裝的，它首尾兩端已車安六吋長的螺絲用來串在鋼椿兩邊的門字鐵和椿後的三合土座磚中間，另外用螺絲修實，然後填沙蓋在上面。鋼拉條必須牽直，總以令鋼椿不至彎曲爲主。

(b)乙種堤所用的鋼拉條爲 2—$\frac{3"}{4}$ φ

由距離1 4 00'——2200'。鋼拉條長4 7'—0"每隔5'—3"中至中，（請參看圖(D.)及圖(G.)）

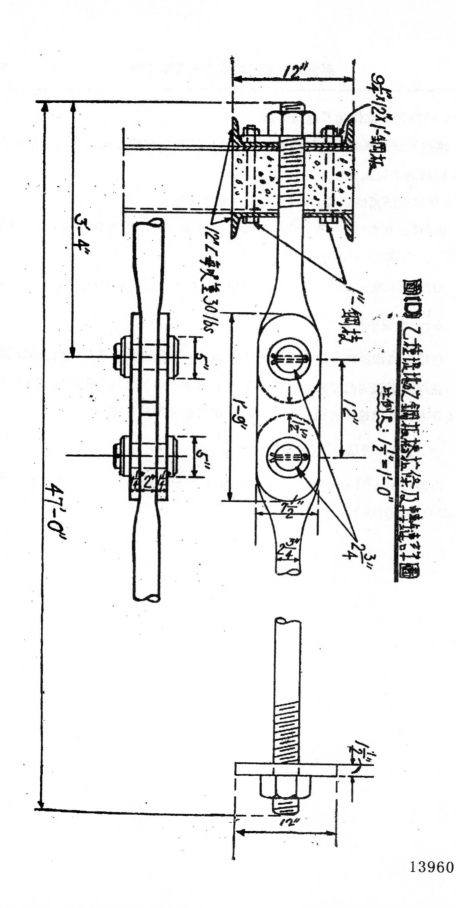

圖(D) 乙在埂縫乙鋼瓦搭扣(全) 拼接法拼圖

比例尺：1/2"=1'-0"

13960

乙種堤所用的鋼拉條是轉鏈式，不是直的，它是用在河床較深的地方，因爲乙種堤卽由距離 1 4 0 0′×——2200′的堤外河床較內面深了許多，因此在打下鋼板椿之後，並且在堤外塡築水石，使鋼椿不知傾出堤外，鋼拉條是牽引鋼板椿的，爲調節水石與坭土向的鋼板椿的壓力起見，故採用轉鏈式的。這些鋼拉條其兩轉鏈頭，應在製鋼廠內做妥，不得自用工人將鋼條打成鏈形，如圖 D 所示。

（4）椿後三合土座磚之形式。

甲種堤所用的三合土座磚的形式是 5′-0″×6′-6″頂是厚帽形，如〔圖 A〕〔圖 B′〕所示。

乙種堤所用的三合土座磚的形式是 5—0″×7′—9′也是帽式的如〔圖 G 及 H〕所示

這座磚是預先在工廠做妥的，留囘鋼拉條的穴孔，經過二十八天外！然後應用。

（5）河底障碍物及其消除方法

珠江的河床深淺不一，且水流急速，日久難免全無變更，因此必須明悉河床何處有障碍物——如沙坭及石層，及其形式如何，與圖則所示有無變更不同，以便實施工作。現在可以把重要的工作寫在下面

A.河床之測度。最先用測量儀器測度全段河床之深度及障碍物之類別而定其消除方法。

B.河床之坭質如過高，可用掘坭機將沙坭掘淸，然後打椿。如遇石層，卽施行炸石，將石層炸去，以便施工。

C.炸石的方法。關於炸石的方法，可分爲人工及機器炸石兩種：——

人工的炸石必須預備木排一個，停在石層的上面，用滑車輪齒的方法，以人力把 1½″ ∮鋼條一條向石層撞擊，鋼條的長度因河床石層離水面的深淺而異，大約是五十尺長，用工人十五名，每日約能鑽石孔一個，最快也只一個又二分之一。工人每名的工金由一元至一元五角，所以每一個炸石的孔穴就需化十

五塊錢。（請參閱照片二）

　　人工鑽石的孔穴每個距離為三呎中至中，孔穴直徑約鑽至四吋直徑。石穴鑽妥後卽用電線將三呎高直徑二吋的白鐵筒盛滿魚炮——炸藥五磅重四十枚，放在石孔內。然後用發電機將炸藥撚發，石層因藥力向四面爆炸，因而鬆解裂開。

　　但是利用風鑽的力量，可以同時鑽石孔三四個，大約從風鑽機分取風鑽頸數枝，將鋼條鑽下石孔，每一小時能鑽下一呎至一呎六吋，多視石質的浮實而定。風鑽船只須用工人六名至八名分別司理風鑽，另工人三名司理機械，所燃電油每天也只費十塊錢左右便可以，連人工的工金也不過二十多塊而已！但每天可以鑽石孔四個以上，平均每孔穴也只須化五塊錢而巳，而且費時短少，比人工炸石就經濟得許多了。

　　現在河南的炸石方法兩種都有採用，但機炸的較為多些。

　　風鑽和人工的炸燃方法同是一樣，石孔經鑽至適合平水之後，將炸藥填滿筒內，卽將風鑽船或木排離去炸石地點約二百公尺或二百碼之外，然後鳴鑼並打紅旗訊號令附近的船隻避去，免受炸石所波動。

　　炸爆之後，應卽測度炸石是否有無功效，然後再行施工。機炸石層，其石孔之中至中距可以較遠一點，大約由四尺至六呎。

　　茲將工務局關於河底石層之爆炸之規定附述如下。

　　本處堤岸河底屬石底者，約有（四千餘英尺）一千二百二十餘公尺。承商對於石質河底施工應十分注意，因該處鋼板樁均一律打至規定平水，在未打樁以前在石質河底每隔（三英呎）〇‧九一四四公尺，應用風鑽（三英寸）七‧六二公分直徑大之藥孔，深度應比鋼板樁腳線低（一英尺）〇‧三〇四八公尺以上，然後將適合份量之炸藥，投入孔內用電啓炸，務令該石層炸碎，至鋼樁能垂直打入至規定平水並無傾斜為止，如鋼樁極難打入或打入而傾斜，則應將鋼樁扱出重新將石層再事炸碎，至鋼樁能垂直打落，並無傾斜為止。

　　　　　　　　（請參看照片三）

（6）打鋼板椿木椿及按門字鐵。

在未打鋼板椿之先，先選定其堤岸所用鋼板椿之類別，而用椿船　至施工地點。（請參看照片四）

打鋼椿所用的椿錘是三噸以上的汽錘，（不得擅吊錘）而且乘載椿架之船隻必須有相當的重量，于打鋼椿前即要前後拋錨，使其不能移動，以免椿身歪斜等弊。

打椿的預備工作做安之後，即用機器將鋼椿或杉椿吊插在堤邊線之內，照正平水，運用蒸氣機將鐵錘向正椿頭打下。

所打之鋼椿必須用鐵帽蓋安，然後打下。

錘與椿頭鐵帽之距離以 H 代之不得過一呎

打椿時期，監工必須十分注意該椿下落之情形，並應記錄其每錘所下在之數目（多以吋計），打椿之錘數。

如果發現在打下之後稍有歪斜等情發生，則須立刻弄至垂直，或用起拔機將之起拔再行打下。　鋼椿打安時必須適合平水挺直不歪方爲合格。（參看照片五）

各打下之椿必須連成一直線。（參看照片六）

打鋼椿完畢之後，即按門字鐵于鋼椿兩邊，用螺絲將鋼椿碼實。門字鐵的形式如（照片七）所示。

門字鐵另留螺絲孔穴及鋼拉條孔穴，這些孔穴是在工廠鑽好然後運至工場工作。每塊長 4 0 ' - 0 " 請參看按裝門字鐵之照片。

木椿是用來打下圾土中，增加其堤底土質的耐力的。

木椿的直徑，杉尾由 6 " 至 8 " 吋。長度由 2 0 ' 呎至 3 5 ' 呎。中至中的距離由 3 ' - 6 " 至 5 ' - 0 " 遺是因堤岸的類別，所用鋼拉條不同，河床的深淺，土質的浮實而異的。

其打椿的方法和打鋼椿大差異。

## （十）堤底建築之程序

建築堤底的程序因堤岸的類別而異，丙種堤是採用水壩式的淨三合土建築的，它的堤底就是堅實的連結的石層。

甲種堤和乙種堤的底塊都是鋼筋三合土，建築在鋼板樁和木樁的上面。

甲乙兩種堤都是用飄式禦牆的方法來設計的 ， 堤底可分爲兩部卽是牆趾 Toe 與牆跟 heel。

牆趾卽前底塊厚度爲 1'—4" 後底塊厚度爲 10"。

底塊長爲 6'—10" 內 4" 由門字鐵卽鋼板樁外邊申出堤外。請（參看圖 A 及 G）

建築的程序：——

（1）釘製木模， 大小及尺寸如上面所規定， 所用的板爲松板厚度二英吋（卽五‧〇八公分）

釘板的時候多在潮水退落之後，必須用鐵釘及木枋支撐堅實才能夠落三合土。

（2）紮鐵與三合土之抗拒力，有莫大關係承商尤當注意。凡紮鐵必須與圖相對按照圖中之距離吋時爲標準。鐵枝紮妥之後，承商必預先到局報告由技士驗畢核准，方得落士敏三合土。

（請參若圖C）（圖 B 及 H）

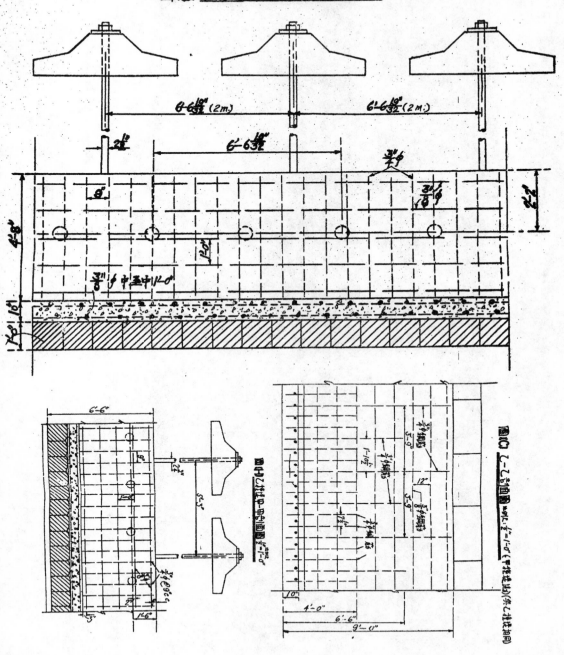

圖(B) 甲種堤甲—甲割面圖 比例尺 $\frac{1}{2}'' = 1'-0''$

13965

（3）三合土之建造

A.三合土之份量

三合土除丙種堤塲外餘均一律用一・二・四・成份之白石三合土。即係一係士敏土二份沙河淨沙四份白石（半英吋）一・二七公分所用之士敏士黃砂及石碎。必須依照規定份量，甲木斗量度每次數量必須用木尺括平斗面，不得任意堆落致失準確。

B.混凝的方法

凡製三合土，必須用三合土混合機製造。如遇不得已時應先呈准工務局然後准用手工混合，其混合法，先將士敏士及黃沙和勻，然後落石碎再乾撈透澈方得用花洒灌洒淨水繼續撈透，開至粘質充足爲度，每槽至少撈分半鐘之久，隨卽將三合土放入建築部份，依照規定厚度一次落足，隨用鏟背打實及用鎚舂實，然後用灰匙過滑面及將凝結時，須用蔴包濕水蓋護三日後方准脫去其已混合之三合士，必須卽用逾時不得復用如違重罰。

C.史材之試驗

承商須製備上邊直徑（四英吋）一十・一六公分下邊直徑（八英吋）二十・三二公分高（一英尺）三十・四八公分幷（一英分）三公厘厚鐵筒一個及（五英分）十六公厘圓（二十一英吋）五十三・三四公分長之鐵筆一枝，（圖樣可向技士取用照造）以便隨時試驗三合土之粘度，其試驗之法，將已撈透之三合土分三次註入筒中，每次約入（四英吋）一十・一六公分高。每次用鐵筆插入三十次，然後將筒抽起則所餘三合土之高度，北低過筒高度不得逾（五英寸）一十二・七公分若逾（五英寸）一十二・七公分須將水份減少務使適合爲止。

D.材料之選定

士敏士以桶庄國貨馬牌，或桶庄國貨而與馬牌拉力相等者。如在不得已時，外國之桶庄士敏士曾經工務局材料室試驗優其合格者亦可採用。凡用士敏士，開桶時須在舖築三合土地點如遇落雨，須有棚廠遮蓋。

黃沙白石碎；黃沙以沙河所出之粗，大黃沙及潔淨無坭質摻入者爲合格。

粗沙不得少過（二英分）六公里。又白石以堅硬之白麻石不染坭質者爲限，所有石料，爲三合土之用必須用水洗淨，及用篩篩妥，方准採用。該沙石運到工塲時，不得放在坭面，必須用木板舖墊坭面，方准堆放。

　　凡用各種材料，先將式樣送局查驗，領得得用証，方准採用。如有次貨混充，一經查碓，不予驗收，仍加以處罰。

## （十一）堤身之建築

　　（1）堤身的建築可分爲兩種，一種是用鋼筋三合土飄式䂍牆式，一種是淨三合土堤壩式，前者甲乙種堤屬之，後者卽爲丙種堤所應用。（請參看 A. G. F. ）

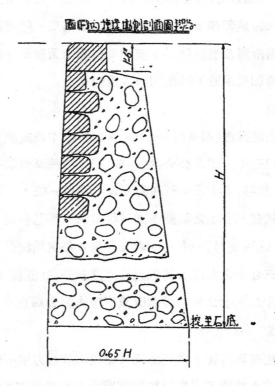

圖（F）丙種堤造法側引面圖

0.65 H

　　（2）堤身的材料，

　　　甲乙種堤身是用 1：2：4 三合土建。

丙種堤所用的爲1：3：5黑石（半英吋）一•二七公分三合士撈造並混鑲石角。

黑石角大小不得過八英吋（二十•三二公分）丁方，而黑石角澆至邊之距離不得少過六英吋（一十五•二四公分）

混凝三合土的方法如堤底建造一樣。

（3）堤身三合士之建造

堤底的三合土要一次落妥之後，即行依照圖則砌結堤身石，大約砌至二三呎高之後，即照圖則釘製堤內面之三合土木檻，木板須用二英吋厚，用木支撐堅實然後落三合土，時間爲潮水退落之後。每次落三合土時務須以鐵條插勻所落三合土使其凝混透澈，不生孔穴爲止。落妥三合土之後，即須用麻包蓋實，免被潮水冲去。

三月後然後將麻包除去。

在下次落三合土時應先落 1：2 士敏沙漿，使其與上次三合土粘結相連，然後繼續落三合土工作。

（4）鋼條的安放•

　　如 A.B.C.G.H 等圖所示。

（5）保護工作之重要---一

凡落妥上層三合土之堤身，承商須用水濕透蔴包將該堤身完全遮蓋每日自晨至午，傷工人加水濕透蔴包至三日後方准脫去。凡落妥士敏叁合土未過一星期時不准堆放重量物體於其上。又凡工程完竣而未開放者，承商須照物件圍護，不得開放致遭損壞，否則承商要將損壞處重新造妥。

（6）堤身接口之建造

三合土堤身，每隔（一百英呎）三十，四八公尺應造接口一度。以防漲縮之變造法照工務局發出大樣圖建造，但多用膠靑紙。

（7）堤身石及堤面石

堤身的扎鐵工程及堤底做妥之後，即行砌結堤身石，堤身石的形式普通而爲一平方呎厚度約十英吋。

砌結堤身的材料爲1：2士敏沙漿。堤身外面批六英分濶之抆口，以資堅實及美觀。石料全用白麻石。

堤身石及堤身三合土，華至適合平水後，就開始砌結堤面石其形式：堤面白麻石高按應爲（一英呎六英吋）四十五，七二公分，濶（二英呎）六十·九六公分，長（三英呎）九十一·四四公分，用一·二士敏士沙漿砌結堤邊綫應打成（半英吋）一·二七公分，半徑弧形，見光面須打成荔枝皮形。其餘各面亦須打至平正，各石塊，應用鐵絜實。（請參看E，及I，F各圖）

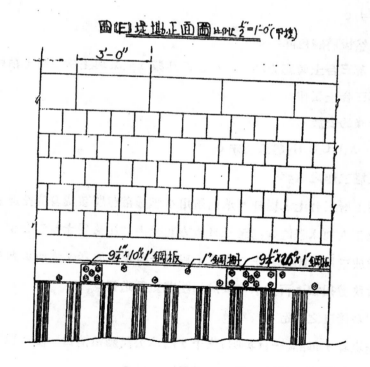

圖〔日〕堤塲正面圖 比例 $\frac{1}{2}'=1'-0''$（甲塲）

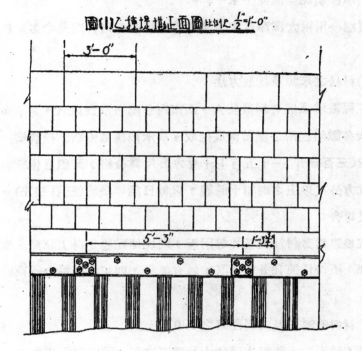

圖(1)乙種堤壩正面圖 比例尺 $\frac{1''}{2}=1'-0''$

（8）堤石的保固

堤身白麻石，每塊應用鐵碼一個，與堤身三合土碼實，鐵碼濶度，約（一英吋）二·五四公分厚長約（十英吋）二十五，四公分一端，須屈成直角，高約（一英寸半）三·八一公分。插入堤石內繫成之小隙，他端則剪成口形插入三合土堤身內。建造三合土堤身時，應預先在插鐵碼位置近堤身外面，安放一口形鐵模，高與堤身，深約（一英吋半）三·八一公分，以便安插鐵碼及鐵模。

## （十二）填坭工程

（1）填沙及坭的範圍

鋼板椿應填沙，從堤身外至內，甲種堤爲三十二呎，乙種堤三十六呎。填沙角度爲三十度，如 D812 —其三其四兩圖所示。

填坭範圍如 D812 其一圖所示，全堤的內面填至舊堤爲止。

（請參看照片八）

（2）填沙填坭至標高平水＋23●5呎

坭質應全用粗大潔淨黃沙，其餘填地坭質應以實坭及含多量粗沙質者爲合格。

（3）材料之來源及挖取方法

本工程需填築坭井爲數甚大，而市內各處可取實坭者，又不多視，故填地坭質，大多數須從附近淤積河底挖取，故承商應置備新式挖坭機一二艘，以每日能挖取（三百華井）一千五百七十立方公尺爲合格，又須置備能容坭（八華井）四十一立方公尺以上之坭船十餘艘，以每日能填築約（三百華井）一千五百七十立方公尺爲合。

取坭地點爲芳村沙面黃沙等附近，取坭地點應先得工務局之准可，方可在該處挖坭，不得任便在各處挖取，如有違背，則工務局得令承商將挖出坭井填回原處。

（4）材料的鑑定及其應注意之事項

材料不論坭沙，須經主管技士及監工許可，聽明方得填落。

填坭地點，須先得工務局之准可方得在該處填築不得任意倒坭。否則工務局得令承商將該填坭井，清遷至指定地點。

（參看照片九）

## （十三）河南新堤之工程合約。

『廣州市工務與華益公司訂立建築河南堤岸及填坭工程合約』

（一）廣州市工務局因建築堤岸及填坭招商投承工程其規定章程圖式附後。

（二）華益公司投承得此次工程悉照規定章程辦理。

（三）此次工程包含堤塥（七千三百呎）二千二百二十五〇四公尺並填坭填砂合共（九萬五千華井）四十九萬七千零三十六立方公尺。

（四）全件工程合共工料費二百四十七萬五千元，以廣東通用銀幣計算。

（五）堤塥工程包括鋼樁水石堤身荔枝皮石面石，鋼筋三合土座後拉條鐵，鋼筋三合土堤身，杉樁槽鐵等在內，如將來于上開規定數月，（七千三百英呎）二千二百二十五零四公尺外，有所增減應照每英呎價銀二百六十元計算。或除或補。

（六）填砂坭工程如上開規定數月（九萬五千華井）四十九萬七千零三十六立方公尺外，所有增減，應照每華井價值銀五元六角計算或除或補。

（七）鋼板樁工程包括打鋼油漆在內，如將來于圖式規定數量外有所增減應照每英噸價銀三百一十元計算。或除或減。

（八）鋼樁稅餉如由華益公司代繳，應由工務局逐次給還清楚。

（九）如因工程需用魚炮炸藥等類，應由工務局向主管機關領取護照，轉發華益公司購運應用。

（十）本合約自雙方簽押後即發生効力。

　　　　　廣州市工務局（蓋局長官印）

　　　　承商　華益公司　林澤民（蓋店章）

　　　　保店　永益公司　林棻銳（蓋店章）

中華民國二十一年十月廿四日簽約

13973

# 海珠新堤的工程規劃

## 莫朝豪

### ——目次——

## （一）引言

五羊名勝甲百粵前臨洋海，後接平源，當珠江三流之滙，爲百粵精華之城。每于斜陽西墮，媚月東昇，滾滾波濤，麗如金髮。江中有一小島，兀然而立，內有奇花異草，鳳閣華亭，外繞綠波，紅船綠艇追逐上下。此卽五羊八景之一，海珠島也。

## （二）改善珠江之計劃

然而該地雖屬風景娛人，但堤線不齊，凸凹屈曲，更兼礁石暗伏，水流湍急，船隻行經此地，每或發生危險，匪特航行不便，于市政前途亦有防碍。是故年前當局，卽有改善珠江堤岸，疏濬河床之舉。但此種計劃提倡多年，猶未成議者，原因爲工程浩大，非得鉅額之經費不能辦理，更因內地人士多不明海港堤勵建設之重要視爲不急之務，且此等工程必須經長期精密之測量及計劃，若不熟識築堤工程而富有經驗者，多不願輕忽從事承投，此築堤延慢之原因也。後經歷次工務當局努力興辦，始于程天固長工務局時，批給荷蘭公司承辦第一段工程，海珠新堤卽從此日進行建築。

海珠之往昔情况與歷次市政當局計劃改革之經過，經署申述。其改善珠江之法，卽爲將原有一切暗伏河床之礁石炸廢至有相當深度爲止，其次從五仙門對開電力廠前起至仁濟街口止，築造新堤，使堤岸成一直線。現先說炸石工程。

### （三）海珠炸石工程

（A）地點，炸石的地點由靖海路對開海珠島之東部起至西濠口止，長二千五百英尺，在此範圍內河底礁石俱立炸廢。（B）應炸去之石層體積約爲一十萬零七千六百三十四立方碼（Sg.yd.）。（C）炸石的承辦公司爲美商馬克敦公司。（D）全部工程投價爲六十八萬六千八百元（以香港銀幣計算）。（F）此種炸石工程，約于民國廿一年一月開工，訂合約爲十八個月完竣。

炸石的方法是用風鑽機船，運用蒸氣作用將 $1\frac{1}{2}'$ ∅鐵條插入應炸之石面，經機力的壓推，直鑽至石層內面。平均每小時可鑽下二呎。但使用之機船可同時鑽石孔數穴。待石孔鑽至規定適合平水之後，卽以鐵筒裝魚炮重三十磅（約二百四十枚）夾連電線放入石穴，然後將機船移于離炸石地點二百碼以外並鳴鑼告警河上船隻及岸上行人，使其離開炸石危險地點，卽以電機燃發魚炮，海石便從此瓦解。轟炸之後，卽以小艇泊于該處，檢查炸石成效如何，然後另以起夾石塊機船將已炸之石夾出海面安放于船內，用輪船搬運于河南北兩岸應填坭之部份安放。一則可以減少運輸費用，且于填坭工程亦大有裨益也。炸石工作地點多分爲兩地，一方鑽炸石層，他方則起夾石塊，次月則易位而作。每月可炸石孔五六枚，本應于廿二年七月完工，奈因種種碍碍，于民國廿三年六月方可完成。

### （四）築堤工程之分類及建築範圍

築堤因情勢不同，建築之程序亦異，海珠新堤分爲下列各段，依次建築。

A. 第一段堤　　第一段堤工程。

此段工程由潮音街口對開至海珠島西端止，堤長一千一百式十呎，用鋼板椿爲堤基，上建三合土鋼筋石塊聯合營造堤劻。堤面砌結白麻石。稱作甲種堤。經由荷蘭公司投得，于十九年九月興工，民國二十二年完成。

B. 第二段堤　　第二段堤工程

此段工程西由海珠島之西端起拖東至游龍坊對開海面止，全段堤長一千英尺。亦用鋼筋三合土及鋼椿爲堤基來建築的。堤面也結蓋白麻石塊。用甲種堤式。此段工程經由聯興公司投得，于民國十九年十一月二十日開工至民國廿二年二月始全部完成。

C. 第三段堤　　第三段堤工程

此段堤岸分爲三部建築。即甲乙丙三部堤是也。

甲部堤（由 $sta_1+29.4$ 至 $sta.6+54.4$ 止）接馭荷蘭公司投得之第一段堤西端起至仁濟街口對開止，共長五百二十五呎。惟此段爲新舊堤之接馭交點，且河底多屬石底，故由東端初起之二百七十三呎用鋼椿及鋼筋三合土堤建築，即甲種堤式。並從此點起一百四十一呎六吋河底爲石層，故改用純三合土禦牆式建造，外結石塊，稱爲乙種堤。又其餘接馭舊堤之部份長一百一十呎，用鋼筋三合土柱及蔍坐實于石底河床中，四週堆以石塊塞實，上面用樓面，樑陣式建成塊面作人行路。內留二十呎爲上落梯級。

乙部堤即海珠島全部，長度共二百七十九零六呎全部用純三合土乙種堤式建造。（由站 $sta.17+747$ 至 $sta.2+54$）

丙部堤由游龍坊對開接馭聯興公司承造之第二段堤東端起至電力廠前附近止共長五百五十五呎六吋，內由接馭起三百五十一呎六吋用甲種堤式，連接九十四呎用乙種堤式建築，堤尾接口部份長一百一十呎用鋼筋三合土樑陣式建造。內二十呎長爲上落之梯級。全段工程由華益公司承造。由民國二十一年一月廿九日開工。十二個月完成。（由站 $sta3+5$ 千至 $Sta36+09$ 止）

## （五）築堤的實施工程

關於築堤工程，因所採的提岸形式不同而建築的方法亦異樣。現在可以分為甲·乙，兩種形式來說。

（甲）甲種堤建築方法。

甲種堤底，用鋼板樁做堤基，鋼板樁採用賴生樁其剖面為（Larssen Section II[a]），其重量每平方呎重二十九磅二九。Section modulus 為 $26 \cdot 04(\text{inch})^3$。鋼之拉力 Tention 等于 $-31\text{-}7$ Tons至 $38$ Tons/口"。而當受上述拉力時，最少須伸長應有原長度 18 %。

鋼樁長度為三十九呎六吋。用汽錘及機船打樁，詳細方法可參看河南堤之打樁說明。打樁錘重量為二噸半重。鋼拉條為 $2\frac{1}{4}$" $\phi$ 長三十八呎。（中至中6— $6\frac{19"}{32}$ 樁後三合土產為 $5'\times 5$ 厚九吋·用千一 $\frac{1}{4}$" $\phi$ 及 $4$—$7/8$" $\phi$ 兩方排列相同。此種三合土座預先在工廠內造妥二十八天後運到工場工作。另于鋼板樁後打杉樁一排華尺四寸半長二丈中至中四呎。門字鐵及轉鏈式之鋼拉條如圖 E 所示。鋼拉條和三合土座其作用為固定鋼樁而設，即使其勿向外傾，而發生危險。此為堤基之建造情形。

堤身的建造。用鋼筋三合土飄式矮牆來建築如前後皆企直的。高十呎，除提面有高呎半外，實高八呎半。企塊上厚十吋，下厚十吋，底塊長六呎六吋，前厚一呎後厚十吋。如圖 A 所示。

鋼條的排列。

A.堤身前面，離邊面一吋半，用 $\frac{3}{4}$" $\phi$ 直橫中至中一呎。

B.堤身後面，離後邊面一吋半，由底線度上計算。

離底高 $3'$—$6$" 用 $\frac{3}{4}$" $\phi$ 中至中 $7\frac{1}{2}$"

離底高 $6'$—$0$" 用 $\frac{3}{4}$" $\phi$ 中至中 $1'$—$10\frac{1}{2}$"

離底高 $8'$—$6$" 用 $\frac{3}{4}$" $\phi$ 中至中 $3'$—$9$"如圖A,B,C所示。

C 底塊，與堤岸線相交成直角方向的用 $\frac{3}{4}$" $\phi$ 中至中九吋，橫方即與堤線平行的，用⅜" ∮ 中至中一呎。如B圖所示。

堤身面前三合土企塊結白麻石一層，厚十吋，平面十吋平方。堤身石以潔白堅實為主，並須于面上打成荔枝形式。用1：3士敏沙漿砌結。

堤身所用的鋼條其拉力須合28.5Ton至3.3Ton/口''受力時伸長比原度須有20%堤身三合土的份量為1；1½：3即一立方呎之士敏土，一立方呎又二分一之純潔河砂及三立方呎半白麻石碎。其粘度以史林法試驗之，不能低過四吋，否則減少其水份。此堤身建造之大概也。

堤面石的砌結，其體質為厚一呎半，長三呎‧寬二呎，用結實的白麻石打成端正平滑並用鐵碼碼實。用1‥3士敏沙漿結砌。填堤的斜角度為三十度，設計堤埌時，假定堤面上坭土受平均分布之載重300井/口''

(乙)乙種堤的建築方法

乙種堤是適應于石底河床的，因為該處石層堅實，不易變動，若再行炸去，地基搖動反為不妙。 故即在該處建築堤岸， 尤為易于施工及安全，堤埌形式，為三合土與石塊聯合營造堤埌，計算的方法可用純三合土禦牆計劃。現在的堤礎形式為底寬6'—6'以建在堅實之石層上為主，至平水上 t 15,5，寬為5'—6''，堤上部為4'.—6。用1：3：5,黑石三合土建造，石碎的體質不能大過半英寸，另于三合土中鑲間六寸丁方白麻石角，石角邊至邊的距離最少須多過六寸或八寸時，如E圖所示。

乙種堤身及堤面石塊的砌結如甲種堤一樣。關於堤面的平水，第一段第二段全部和第三段的甲種堤式建造的位置，皆在平水上+25線。其餘堤尾（東西方同）接取舊堤平水為+24呎。


## (六)填坭地段及其他規劃

現在珠江的潮水，每月退長兩次，在月滿的日為子午時長，卯酉退，餘則類推，每二三月即遲二小時。河床水量的深度比往昔深了許多，平均在二十呎水量。仁濟街口對開較深，五仙門附近比各處淺些。我們所建的堤岸完成了之後，雖然河面狹些，但河床却深于往昔，所以流水的速度比爲和緩了，船行也很便利，免却許多危險的事件發生。

其餘將修削堤線後的地方，加以填塞，現在經已完竣，並于其中，開闢馬路三條，東者在海珠島直通舊日長堤，中線與迎珠街口相對，西則與海珠路啣接，故新堤交通甚爲便捷。所餘地段經已由市政府招投，每井價格在二千元至三千元之間。

海珠島上原有的名勝古蹟，如銅壺滴漏經移設永漢公園，將來在靖海路口附近，劃留地段一部爲遷立程璧光烈士碑李忠簡先生亭，及闢作廣場，內植花木及設椅凳爲遊人休息及遊覽之地。

## (七)發給工程費的規定

關於隄岸工程費之發給，遵照下列各條辦理。

(一)凡全部鋼板樁定購完妥得有定單，經工務局檢明，即按照全部工程費發給百分之十。若非全部者，應以其長度伸算之。

(二)所定鋼板樁運到工塲後，安放妥當，發給全部工程費百分之二十。若非全部時，應以其長度計算。

(三)鋼板樁打至規定平水，發給全部工程費百分之十。若非全部者，應以其長度伸算之。

(四)乙種堤嘲全部建造完妥發給全部工程費百分之十二。若非全部造妥，應以所造堤嘲之長度伸算之。

(五)甲種堤鋼樁拉條及三合土座做妥，發給全部工程費百分之十，若非全部時，應以所造之長度伸算之。

(六)甲部堤各部築妥，發給全部工程費百分之二十五。若非全部應以其所造長度伸算之。

(七)鋼筋三合土樁建造之堤嘲築妥後，發給全部工程費百分之三。

(保固費爲工程費百分之五。若于六月後，工程無損壞變動時即予發還。)

## （八）海珠新堤首尾中三截堤礎工程合約

爲立約事，華益公司向廣州市工務局承造海珠首尾中三截堤礎工程餘悉遵後開章程圖式辦理外，全件工程費二十七萬零七百四十五元，以廣東通用銀幣計算，此約。

（堤身白麻石塊可用囘舊堤石，但濶度不得少過十吋，及本段堤身石應打成光面與現建築第二段堤同，西段與中段堤身石打成波蘿皮形與第一段堤同，合註明）。

章程圖式附後。

　　　　　　　廣州市工務局（蓋局長官印）
　　　　　　　承商華益公司（蓋店章及簽名）
　　　　　　　保店聯益公司（蓋店章及簽名）

中華民國二十一年一月二十九日

# 工程學報第一卷第二期目次

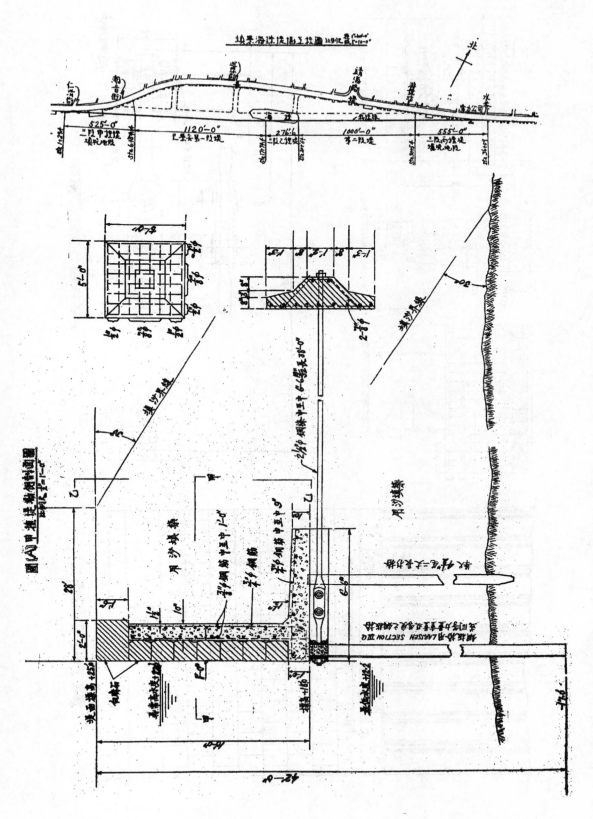

13983

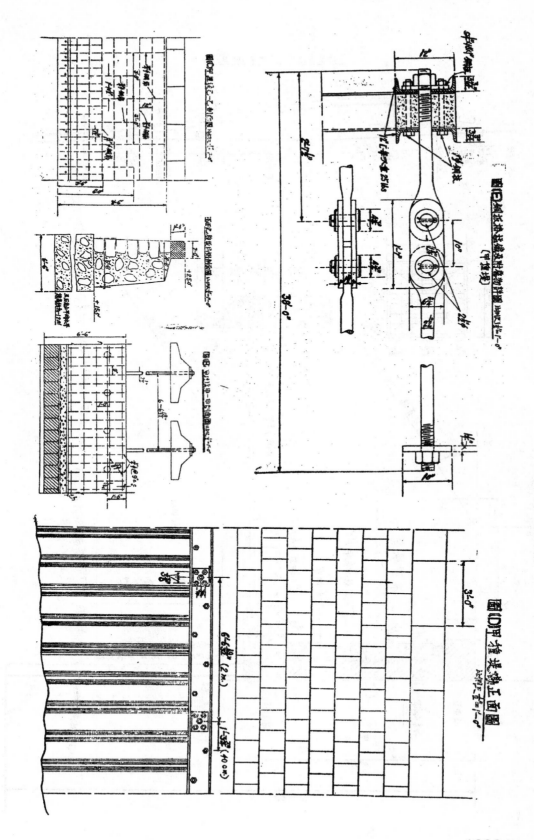

13984

# 港 灣 計 劃

莫 朝 豪

## ——目次——

## 『一』港灣是什麼？

我們在未說明港灣的內容之先，必要明瞭港灣是什麼？『港』是（port）或（Gate）的合意，即言都市中的口岸，出入必經之門戶。『灣』，我們在字義上，就知道它指能使船隻碇泊，或避難如風雨災禍之海口了。

因此，『凡有在都市的海口，它具有相當的水量深度，相當的地理形勢，有適宜豐足的生產或材料，或繁榮的工商業集合之總匯……具備其中條件之一並能令船舶自由灣泊下碇的地方，謂之港灣』。這是對于港灣意義的管見。

## 『二』港灣的類別和應具的條件。

港灣因其情勢之不同，可分為幾個類別：——

A.商港

所謂商港者，它必是都市工商業繁榮之區，交通便利，有適宜之水量深度，設有貿易金融機關，及修造船舶的工場，使命為處理內地及外洋貨物之出入貿易或運輸。同時常年能無風雨之難，及良好之港灣工程建設也是港灣必要的條件。如上海天津，廣州皆可發展為世界之大商港呵！

B.軍港

軍港爲佔有特殊的形勢，地形險要，對于軍事上，國防上，皆能具相當的效用，而軍船艦的來往能得相當的掩護，停泊。于軍械的運輸也能充分的供給，炮台的裝置更能適宜的建立，才是軍港的所需條件。

(C)避難港

避難港是一個較易尋覓的塲所，它的使命只是使過往的船隻和灣泊的輪舶得一安全的歸宿。外界的災難，如颶風，暴雨的侵擊不能波及于所泊的港灣。所以，它若能佔有天然的掩護，或加以人工的建設，就成良好的港灣了。避難港的位置多是前有避浪堤後臨高山的。

(D)漁業港。

漁業港必須在水產豐盛的海口，它只有相當的水量，而能掩遮漁船的停泊便安了。如我廣東南海中的東西沙羣島附近，鳥糞肥料及水產都很豐足，我們如能努力設計建築爲漁業海港，以挽回漁業的利權，也是刻不容緩的事業啊！平常漁業港多是居港灣的一部而已！

以上是港灣的概說，下文所說的專論商港，至於軍港，漁業港，避難港的建設計劃，恕不詳述。

## (三)港灣建設是國家經濟的咽喉

世界列強各國多以工商業爲其強國致富之源，然而欲使其國內之工商業得以振興，不能不施行幾種侵畧的法子：第一是利用種種政治武力的手段去掠奪生產的材料和壟斷或佔侵其貨品傾銷塲。第二是利用採材的便利就近製造及改其出品和別國的貨物競爭。

但是，倘若任由他們的貨品如何優良，倘若運輸的時間長久，起落貨物不便，換言之，卽無港灣之建設則其貨物的成本甚高，結果他們的貿易必然毫無起色甚而處于失敗的境地，現代世界各國傾其全力改其國際運輸的事業，卽因此故。

我們旣能具備上述諸條件，仍有未能忘却的長安久享的事業——就是海港的建設。

## (四)現在畧把海港的重要申述如下：——

（1）海港是交通的總樞紐。

我們從甲地運來乙地的貨物，海程只費甚少時間，而到達乙地因無良好之海港碼頭爲之起卸，貨物的轉運搬遷定必延慢，而其所費之金錢與時日比航程中尤過之數倍，貨物成本太高，勢難傾銷如輪轉了！如果有良好的港岸便沒有這宗麻煩的事發生。

（2）海港是國家社會經濟的命脈，

從現在世界不景氣中觀察許多人都以爲生活程度提高歸咎于生產過剩及資本家之從中壟斷漁利；然而物價之昂貴的原因不是如是簡單。比方，從上海運來香港的貨船，比同等量的貨船，由香港海程運至廣州爲廉，這是一個可以研究的問題了。因爲上海香港的海程雖遠，然而他們的海港建設比廣州進步得多的原故。一裝貨物一經到達碼頭卽有其好之起重機械或人力爲之儲存于貨倉或直達于所寄付的地點，所費的時間少而化錢有限。倘若船隻到了廣州，過了千餘頓的貨船就要泊在海中，經過許多手續然後運到岸上，卽此運輸之損失，爲數甚鉅。故海港建設與貨價之高低實發生密切的關係。

我們建設海港，不但單獨令某一個都市繁榮，因爲國家的建設不能偏重于一方。比方廣州的港務發達，能達到挽囘南中國的經濟生命；但上海天津等處，及廣州附近的海岸出入口的港灣依舊衰頹不振，毫無建設。這樣本國中部北部及各處內地的經濟事業也依舊受外人所壓制操縱。此種畸形發達，難令國家之繁榮。

因爲港灣的建設，必需互相策應，如福州，廈門，汕頭，北海等處的港務有相當的建設，使廣州來往貨物得免運輸無着的弊害。不但本國沿海的口岸，內河的市鎭皆成繁盛之港灣。對于海外的島嶼也要努力尋求，或將原有的島岸

開鑿。使國際的運輸也不至受人强制。且看英人誇語『太陽無一刻不照大不列
巓之領土』。此言殊令吾人有一深刻之認識而努力自强，以挽救此垂危之國家
民生。

## （五）港灣建設的幾個重要問題

關於港灣的意義和類別及所立應具的條件等等，經巳在上文說明了。現在
且把港灣的工程建設的必要事項，畧述如次。

我們知道，一切的港灣不論其為軍港商港等，它必須經相當的工程建設才
會成就為完全良善的港灣。如堤岸，貨倉，馬路，等之興築與改良是也。

**A 堤岸工程**

我們為改善原有港灣的海岸線，使其得相當的水深，以利于輪船灣泊起見
，不能不測量附近的海岸的情形，以便興築新堤碼頭而負起貿易運輸的使命。
關於堤岸工程，常然因該地的環境而選擇相當的建築典型。但在都市的堤岸，
必須使其堅固，美觀，適合于輪船之停泊，故以鋼筋混凝土堤最為適宜。切勿
因陋就簡令保養修築之費反多于初築費。風浪强烈的港灣，用石質與混凝土或
純混凝土堤來建築也是很相宜的。

**B. 貨倉之設計和營造**

輪船旣然停泊于堤岸碼頭之後，它的貨物必須立刻搬運到岸上，若無足量
適宜之貨倉為之儲藏，則停留多日，勢必影响于運輸費的增大。故我們設計貨
倉之前，必須從事調查出入口的貨物之數量，並須預留將來商務繁盛增加之數
量，建築多量的貨倉為之全數收儲完妥。貨倉之收費，管理，載重等限制，政
府應加以完妥的規定。其餘關於危險品如炸藥等物，也應另設適宜的塲所為之
安全貯藏。

**（C）交通之計劃。** 道路是都市的血脈是交通的要素，我們為使港灣的出
入貨品或人物來往便利，不能不藉良好的道路為之運輸。道路的必要條件，最
重要為能有抵禦鉅大載重之貨車，寬濶的尺度，耐久而美觀的鋪砌。並須使港

灣內的道路與都市的各部路線聯絡成交通的系統。同時對于近水而有運河或鐵路的都市，它的港灣必須達到便的聯運。其餘如道路的指示方向及危險，街名，距離等牌子的設備也其餘事。水面燈塔之設備，輪泊啓行的訊號，來往的規定，停車場的管理等，必須設立一完善之交通機關爲之處理。

（丙）輪船製造塲與工廠之設立。　輪船停泊于港灣之後，如因日久失修，而重加粉飾，倘無相當的場所以供其用，關于經濟與時間都蒙無形之損失，又都市的工廠之設立當因其港務之情勢而定其營造品物之類別及地點，若能于附近港灣不遠的相當距離，有修造一切輪船的工塲和生產的工廠，不但于經濟，時間可爲減少。若運輸費的減少，貨品的成本減低，則對各地之貿易可增加其效率了。

我們再從各國都市作一個簡切的探討，卽會發現都市的繁榮與港灣的建設是互爲因果的。如南中國的香港，日本神戶的神戶港，在未開港前不過是一塊靜寂荒蕪的漁船聚合之區吧！然而曾幾何時，該地的市政計劃者與政府當局努力建設，至今不滿百年，而荒涼滿目之區已成輪舶如鯽的繁華港岸了！因之，我們當知都市常因港務之猛健而發達，都市旣發達仍須加倍改良港灣之建設。故港灣計劃恆居于都市計劃中的重要位置啊！

對于港灣的選擇當然要經詳細的審察，以定開港的計劃，然而對于已成的港灣亦須抱着遠大的眼光，勿爲目前的環境所困。必須深思熟慮，因其發展之方向而預定未來發展的長久計策呢！

## 建設廳擬定改良各縣飲料法

(一)各縣市鄉鎮人口在一萬以上者限六個月內成立籌辦改良食水籌委會，
　　三年內成立水廠。

(二)各鄉鎮人口在一萬以下者，如願設立自來水廠或開鑿自流井者，政府
　　得予以特種利便及指導。

(三)各縣市籌辦水廠計劃，應先呈請主管機關核准，或搜集各種調查統計
　　呈請指導。

(四)察看地方情形，如商業盛衰，人民生活程度等狀，況而定股本籌集辦
　　法。

(五)一切詳細辦法實施時再行議擬。

# 廣 州 內 港 計 劃

## ——目次——

## 『壹』

### (一)未設計建造海港前之廣州港務狀況

我們說起中國的都會，無不知道位在珠江流域三江滙合的地點底廣州。它掘長江喉咽的上海，北方的天津同居于重要海港的位置。

廣州在地理上言之，誠爲不失爲一個國際市場，它前臨南海，後連大陸且道路與鐵路連貫成網，交通十分便捷，更兼人民富庶，廣州不特爲對外貿易之區，亦工商業繁榮之地。

然而，從實地調查研究所得，廣州商務遠不及天津上海。

廣州未能繁榮之要因，約言之：——

(一)最重要之原因爲無良好之港工建設。 比如船舶進入廣州之後，除少量船隻之外，大多無碼頭停泊，貨物須經繁復之運輸始能起卸完竣。因之，許多船隻多不敢再次來臨，免受損失，寧轉往他港，故經濟上無形受其影响。

(二)其次之重要原因爲受帝國主義佔奪的港灣所操縱。考自鴉片之役以後，形勢最良之香港，不幸爲英人所佔○彼運用政治，武力，濟經的壓迫侵畧政策施于我國，無一不施用其極○在航海方面，藉不平等條約爲之保障，强行佔奪內河航權，復欺壓往月當局驅築年年虧本之廣九鐵路，經濟上，定爲無稅口岸，免徵貨稅，並設立銀行發行紙幣，操縱滙水金融等等○其餘對于港岸工程，貨倉，碼頭等項尤努力建設，因之，前世紀之荒島漁船聚集之區，今已成爲握制我國南中國經濟生命的世界市場了○每提此事，能不痛心？

（三）國人多無遠大之國際眼光，不知港灣爲國家之門戶，經濟之生命，因之毫無感覺，任人掠奪○更怕港工建設之繁重，難于辦理，故未倡辦，誠最錯誤之事件○然世界任何之偉大救國救民事業，那一件不是從十分艱苦創作奮鬥出來呢？

（四）外力的壓迫破壞、也是港務衰微的原因之一，因爲各國帝國主義者，以爲廣州港務繁榮之後，對于其工商業就受重大打擊○他們每次于我們熱心提倡建設廣州內港之際，便多方設法破壞其運動，務使成爲泡影，以遂其侵略之野心○

我們現在旣明瞭廣州的地位和商務不振之原因，極應努力完成此重大的使命——建設港灣的事業了！

# 『式』

## （二）建設海港後廣州繁榮預測

我們廣州建港的呼聲不竟從多重壓迫之下喚沖出來了！自從省港大罷工之後，往日繁榮之香港商務變爲睡眠之狀態○當時，倘若廣州有良好之港工建設，如鉅大之貨倉，深水最之碼頭，堅固之堤岸，適宜之工廠等等的設備完全，那裏有海外交通斷絕，糧食用品恐慌之患呢？

我們若藉良好之港岸，就能把以前種種受外人佔奪的利益挽取回來了○比方由南路有海口，瓊州等地運貨來廣州之貨物，最少每噸運費爲八元，而到香港則只須四五元足矣○

若根據海關報告每年出入口輪船在八百萬餘噸計算，每噸二元計算，則我廣州可挽回一千六百萬元之外溢利益。現在，可以將廣州內港完成後的利益，約書如下：——

（一）建設內港之後，可以抵抗經濟侵累，不至利權外溢。

（二）挽回市民生計。

（三）增加對外貿易之效率。

（四）發展廣州工商業的起點

（五）南中國及各地的水陸交通因之而更愉便利，這就是內地物質建設的初端，也是南華經濟新生命的開始了。

總之，廣州的繁榮必因內港的建設成功而有增無已！！

我們除一面努力建設港工的設備，使之日臻完善。然而同時也應施行政治經濟的建設工作。

如施行入口稅的重稅原則，對于香港或外國的貨物入口，不論其為土貨洋貨，應加以重大抽稅。如是，內地各土貨如經香港轉運來廣州，反當外國貨抽稅，他們便感不經濟了。

更以香港常度風災的損失，食水缺乏，原料不足，地價及人工昂貴足為它的致命傷由。我們政府是為人民的，應以法律保障，獎勵在內地創設工商業，免土貨出口稅——。

如是，不但香港非我廣州市之商務之敵，且在香港以前一切之工廠及南北行——經理各地運輸貨物之店——當必移設廣州。那時，不但廣州繁榮，南中國的工商業也將為之集中，進為世界之大港，可速見之！

## 〔叁〕

## 內港之工程計劃

廣州內港的建設計劃，創始于林雲陔先生任市長程天固先生任工務局長時。關于工程計劃，內分幾個部份：即是：——

a 建築新堤

b 填塞餘地

c 興築馬路

d 營造貨倉。

　　工程進行的程序，先行建築新堤與填地，次則營造馬路與貨倉。提岸工程第一期堤長二千五百英呎經由華益公司投得，並於民國十九年十一月十日開工，以兩年為期，後因特別故障，故工程較遲，現經於民國廿三年二月全部堤工完成了。

　　現在再將各部工程規劃，申述如下：——

填築河南內港及堤岸平面圖 比例 1/4000

河底深度由洪德馬路海安街第式號門牌BM 26.324' 推算
新堤面平水線 24.7'

　　港灣地點之選擇。

　　查廣州為珠江東西北三水之總匯，而其能適合于輪船灣泊的地點，以河南

西部洲頭咀——帶堤以爲用。因該地海面遼濶，水量最深，且交通便利，將來填
地築堤營造貨倉馬路之後，則車水馬龍，輪船畢集，不但衰落之河南從此振興
，一切以前受無洞港設備之損失，亦從此免除了！

　　同時，內港是供給四千噸以下之洋船的使用，而黃埔大港爲容四千噸以上
之海泊，兩港東西互相策應，相依爲利，不但沒有絲毫冲突，並且可使廣州繁
榮得全部均勻地發展啊！！　　　　　　　　　（請參看圖）

# 「四」

## 新堤之工程設計及建築工程

　　內港新堤全部共長四千二百九十呎。現在所已完成的爲二千五百呎。由沙
面對開河南島北邊之同寅會起河南西邊之均和安機器廠前止。堤前之水深，最
少常有四十餘呎之水景，輪船可直接灣泊堤邊。

　　（A)堤礅之設計。

　　堤礅之設計，採用鋼筋三合土樑陣式堤礅建築。因爲水量較深，先行打鋼
板樁一層在底，然後在樁之兩邊按裝門字槽鐵，並按置鋼拉條及三合土座。以
安定其打下之鋼板樁，使勿向外傾及搖動。

　　填沙至鋼樁面後，卽建一大樑做底基，固結于鋼板樁頂，然後建築上厚六
吋底厚九吋之牆身，及距離五呎三吋中至中柱一條，以承受此塊面之力，另于
牆頂（卽塊面）再建大樑一條以栽受柱兩端之力量。

　　堤身柱之近水邊，盛裝鐵環山樟木一條，以爲船泊灣錠之用。頂樑按斜鋼
拉條一條也是固定堤身的一種設備。另于樑面蓋結堤面白麻石一層。

　　（B.)堤礅的建築

　　堤礅的建築形式如下圖所示。所有三合土的份量爲1：2：4，半時白石
及國貨士敏土，黃沙是要尖硬的爲主。堤身每隔十四格柱，卽七十三呎六吋之
間，建造伸縮縫一層，其材料爲四吩厚的臘靑紙。另于馬路的位置留回渠口孔
穴。

# 廣州市河南內港進岸鋼筋三合土坡工詳圖

比例 1"=1'-0"

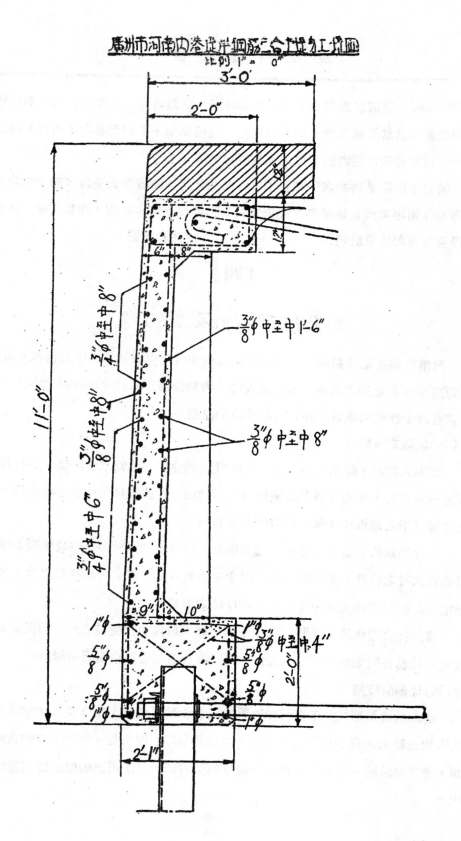

13996

堤長二千五百呎，共設大碼頭五個，每個長三十呎，濶十六呎六吋。全用三合土建造，底基打三十呎六吋尾杉樁增加其土耐力。

本堤勫二千五百呎爲港省華益公司所投得每呎工程投價廣東毫洋二百一十二元。共五十三萬元正

若照此價推算全堤需銀九十萬〇四百八十元。

此種建築，不及河南海珠新堤之安全，不過價銀較廉吧，但不耐于水流之衝擊，也是缺點之一了。建築的形式沒有什麼特殊的處，（參看圖則便會明白）。附記：

此堤勫初爲趙煜先生擬定初次計劃，後經陳錦松先生將實施工程的狀況做根據設計現在的圖則。

本堤勫由民國十九年十一月十日開工至廿三年二月完成，共費時三年三月。（三十九個月）

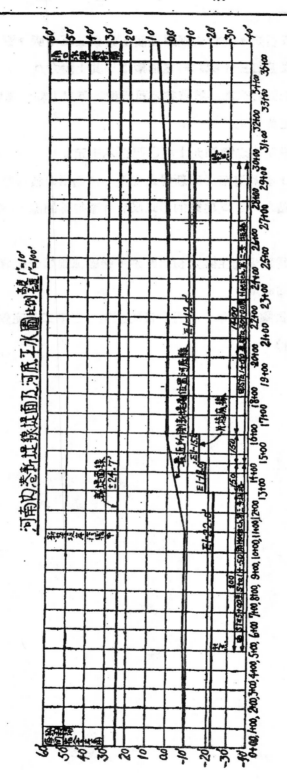

河南坎卷軌地線堤面及河底工水圖

# 『五』

## 塡 築 餘 地 工 程

港岸建築在較深的海面，自然近岸的有不少餘地，面積約爲一萬八百六十五華井，實塡坭井爲二十三萬華井（立方）。除一部歸華益公司塡安外，其餘一十四萬立方華井，東由內港堤岸東端起至南端止。塡至平水標高＋23●5現每井投價爲四元二角五分計，十四萬華井，共須銀五十九萬五千元。

本工程現由華基公司與工塡築，限廿四個月完成。本工程所塡坭質爲結實沙。

塡坭之後，除馬路及總倉面積外，可得八千餘井空地可以投變，以每井最低價格四百元計，則可得三百二十餘萬元。然若以海珠塡地每井二千五百元計，則何止此數？故只塡地所得之價已可供建設港工之用了。

# 『六』

## 建 築 馬 路

內港工程，由沿堤岸劃一百呎濶，建築大馬路一條，另八十呎馬路一條，連六十呎支路三條。長度約爲四千呎，若建造脂靑麥加當路，每呎以五十五元計算，共需銀二十二萬元正。

且內港面臨海洋，運輸堪稱便利，現因爲塡地未實，故先築麥加當路。

# 『七』

## 營 造 貨 倉

貨倉爲運輸物品之要具，然環顧廣州完善之貨倉，如太古，渣甸等處，俱爲外人經營，殊屬痛心！吾人爲挽囘此種外溢利權起見，不能不設多量完備之貨倉以代之。

若建面積一百華井之貨倉五座，每井以一千元計，約需五十萬元。

# 『八』

## 經費之籌劃

我們可以將所需的工程費和將來收入之欵項比較一下。

(甲)支出工程費：——

(一)堤岸工程 (4290呎) 每呎 \$212 元算共銀 \$900,480

(二)填地工程費每井\$4.25 (共140,000井)　　\$595,000

(三)建築馬路 (長四千呎) 每呎 \$100 計　　\$220,000

(四)營造貨倉四座每座每井 \$1000 計　　+\$500,000

合計建設工程費 ＝ \$2,215,480

共須弍百弍拾壹萬伍千肆百捌拾元正。

(乙)收入欵項

(A)一次遍填地投價

八千井每井四百元共得銀　　\$3,200,000

(B)每年收益

碼頭租金可得　　\$250,000

貨倉每月平均貯三萬噸貨

(每噸以二元每一個月計)

每月六萬元每年得銀　　+\$,720,000

每年收入為\$970,000

　　我們從上面一看，知道填坭地段已夠建築費而有餘一百萬元。政府是更有以每年得多一筆欵項，如九十七萬元，除消耗，管理費外，可剩六十萬元。有此鉅欵，更可從其他建設着想了。

　　因此，我們做建設的人，不要怕工作艱苦，我們應認定要辦的事，立卽去做，抱定遠大的眼光，不要因一時錯折而罷手！

　　成功在心堅！市政工程的建設者！我們努力吧！前途紫薇似的收獲自然是歸于為大衆建設的事業上！　　　　——完——

# 水 壩 計 劃

### 莫 朝 豪

—— 目次 ——

## (一)水壩之功用

　　水壩之功用甚廣，最普通為抵禦水之壓力。比方河水泛濫，如有水壩于其下流，則可阻截水流，免除水患。若禁閉流水。卽引導或轉變其流向，則可儲水為農業上耕作之用；更有助以機械築壩束水利用天然之水力，以發電為工業之用，又如調節潮水之高度及速度等等，皆可以利航行，此皆水壩之功用了。

## (二)水壩建築之演進

　　我們從建築史上，可以知道某一種建築之產生，必具有特殊的典型，然此種形式和結構恆與當時建築的環境有密切的關係。

　　水壩建築也不能逃了這個公例，關於材料方面，最初多是用石塊，石碎，或沙石混合的結構。但是直至二十世紀以後的水壩建築却多數利用混凝土了，因爲凝混土建築可以保存久遠，且可以減少許多人工。現在鋼筋混凝土的建築與月俱進地改良變化，故水壩也採用此材料了。至於其各部的規定是未有一個確切的解答，我們必要審度建築的情形再加以科學的原理去計劃，務求其安全，經濟，便妥了。

現謹將歐美各地的水壩列表如下：

## 水 壩 建 築 之 演 進 表

| 世紀 | 年代 | 水壩之名稱 | 材料之類別 | 形式 | | | 高與底之比例 |
|---|---|---|---|---|---|---|---|
| | | | | 高度 | 底濶 | 頂濶 | |
| IXX | 1872 | Boyd's Corners | 混凝土及石 | 78 | 75 | 8.5 | 0.745 |
| | 1887 | San Maets | | 170 | 176 | | 1.035 |
| | 1895 | Titicus | 混凝土及石 | 109 | 75 | 21 | .688 |
| XX | 1906 | Wachusett | 碎石結構 | 205 | 187 | 22.5 | .912 |
| | 1907 | New Croton | 石塊結構 | 238 | 185 | 18 | .777 |
| | 1909 | Barker's Meadow | 混凝土 | 175 | 124 | 16 | .709 |
| | 1910 | Kensico | 混凝土 | 250 | 228 | 28 | .901 |
| | 1913 | Ashokan | 混凝土 | 220 | 190 | 2.6 | .864 |

## （三）設計的先決條件

設計某一種工程，必須根據其建築的條件。設計水壩的條件，第一要明瞭最高水度水流速度壓力，結冰，及風浪等外力。第二就要測驗該地的土質土耐力及水流甚否容易透入，第三就是建築安全與經濟的籌劃。第四，選擇形式和材料。條件已定，就可依照工作的程序和方法而設計了。

## （四）堤壩所受的力及其分野

我們旣知堤壩的用途和形式是隨地而異的，因此，它所受的力量也因環境而不同。但從普遍的情況歸納起來，它不外受着下面幾種力：

（甲）此力，爲堤壩之外力，恆有使堤壩傾倒之可能性。

　（一）水力（如橫向力垂直力浮泛力和在斜背傾流力等）。

　（二）冰解力

　（三）風力

　四）波濤力

　五　材料的重量

乙　下面諸力，爲抵禦力，能與外力平衡而令堤壩常居于安全的狀態。

　一　底塊下土耐力　如當堤壩陷藏在土中時

　二　材料的內應力

　三　堤基的反抗力

從上述的諸力中，甲類的力加于堤壩之時，必同時發生乙類諸力抵禦之！此二類力量之相接，其結果必須在于平衡的狀態，堤壩始能安全無碼，這是我們設計時最應注意的事項，從這裏我們也可以佑定計算有無錯誤了。

在普通的設計中，水的壓力最爲重要，如在風平浪靜的地方，關於風力及波浪力可以省畧計算。如果沒有結冰的溫和區域，冰解的力也可免計的。本身的重址當然視所用的材料而異。

## （五）水壓力

從水力學可以知道在受水流之力的面積中某一點的單位壓力如下式所示

$$p = wh$$

在上式中的p爲水壓力于每平方呎若干磅計算的，w爲每立方呎之水的重量，關於水的重量，普通的淡水在華氏表三十二度爲六十二磅半，而洋海的水則以六十四磅二來計算。h則爲從水面量下至求p處之深度。

若果在任何的深度，H內，A則爲其受水力面之寬度。因此其共水壓力等於

$$p = \tfrac{1}{2}wAH$$

但受水力之面爲矩形其壓力恆等於

$$p = \tfrac{1}{2}wA(H_1^2 - H_2^2)$$

在上式之 $H_1$ 及 $H_2$ 皆爲高度；以尺計，如圖內所示

## （六）水壩本身之重量

水壩自身之重量，因所用的結構材料而異。比方用大塊的石來建築當然比用石碎或混凝土來營造的笨重得多。

設算水壩的重量是很容易的，我們普通以一呎長的水壩來計算。現在舉個例子如下：——

設水壩高二十二呎上面寬度爲二呎，下底寬度爲十三呎，用大塊沙石建築其重量每立方英呎等於一百四十磅。請計算此壩之本身重量。

因

水壩之重量＝水壩自身之體積×所用材料之重量。

W＝水壩之重量（以磅計）

w＝水壩所用材料每立方呎之重量（以磅計）

V＝水壩之體積（以立方呎計）

因之

$$W = w \times V$$

依上題水壩之重量，在每一呎長應如下式：——

$$W = 140 \times \left\{ \frac{2+13}{2} \times 20 \right\} = 1050 \text{ 井}$$

下表爲水壩材料之重量

# 水塬重量之計算表

| 類別 | 1. 材料之名稱 | | 2. 重量 磅 (每立方英呎之磅數) | 3. 平均重量 磅 (每立方英呎之磅數) |
|------|------|------|------|------|
| 1. | 用混凝土爲結構材料者 | 聚成巖的混凝土 | 150 - 160 | 150 |
| | | 碎石的混凝土 | 140 - 160 | |
| | | 灰質石的混凝土 | 145 - 150 | |
| | | 花崗巖的混凝土 | 145 - 160 | |
| | | 沙石的混凝土 | 130 - 140 | |
| | | 鋼筋混凝土 | 另加百分之六於所用的混凝土 | |
| 2. | 用粗大石塊爲結構材料者 | 花崗巖或青石 | 165 | 155 |
| | | 石 灰 石 | 160 | |
| | | 沙 石 | 140 | |
| 3. | 用碎石或粗石爲結構材料者 | 花崗巖或青石 | 155 | 145 |
| | | 石 灰 石 | 150 | |
| | | 沙 石 | 130 | |

## （七）地基之反應力

設 $\Sigma P$ 表示諸橫力之和，$\Sigma W$ 表示各向下諸企力之和，R 爲 $\Sigma p$ 及 $\Sigma W$ 之合力。

同時，各力施行之後，地基必有一同等力且之反應合力 R 其方向適與 R 相反。

若 e 表示 R 與其垂直之分力 V 之離中心距。即是由 V 與底相交之點至底線中點的距離如下面數圖中所示。

### 水 塲 受 力 之 分 布 圖

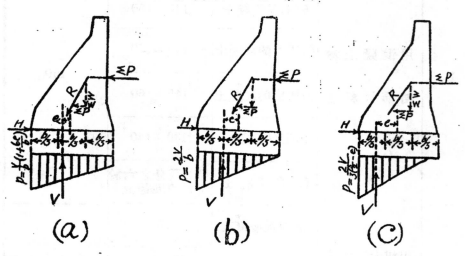

$$(a) \qquad (b) \qquad (c)$$

地基的反應力以下列算之

$$R = \frac{V}{b}\left(1 + \frac{6e}{b}\right)$$

式中正號者用于水塲之趾，負號者適用於水塲之脚在後（b）圖所示的情況，雖然不至于立刻傾倒，但是它塲脚後端（heel）受力頗大，而反應力不足，倘建築在浮鬆的地質石都是很危險的，此種設計只能限用于堅實不變的石岩之上。不然，是以不用爲好，——因爲恐它的脚後末端有躍间的性能呢！同時所用的材料之定限應力（unit Stress）不能超過太高的限度。普通每平方吋不可超過五百磅，多視材料而定。

又(c)圖所示，地基不但受壓力，而且近牆脚末端更兼受牽引力了，這是于水塢的整個安全問題有關。 所以設計之時務須由牆脚後末端A點至V之距離，必要小過底線寬度三分之二。倘若等於或佔過此數就發生危險了。

計算地基的反應力，如圖所示，不再詳述。

V卽R之垂直分力與W之值相等而方向相反。以磅計。

b等於底之寬度以呎計。

e爲由底中點至V之距離以呎計

## (八)水塢設計方法及程序

(a)從簡捷法求水塢底應用之寬度

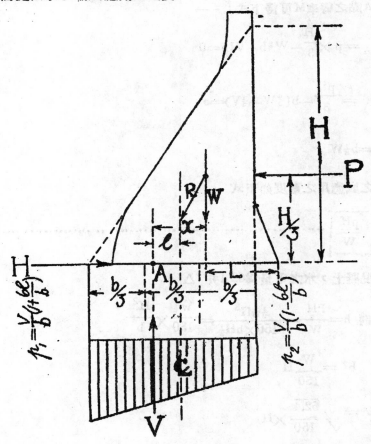

由上面各節已知

$$P = \tfrac{1}{2}wH$$

$$W = w' \times \frac{Hb}{2}$$

$$V = W' \times \frac{Hb}{2}$$

w ‖ 水每立方呎之重量。

w'＝材料每立方呎之重量。

因之，諸企力之和等於零

即　　$W = V$

如求A點之彎率M可得下式：——

$$\varepsilon M_A = p \times \frac{H}{3} - W\tfrac{2}{3}b + V\tfrac{1}{3}b = 0$$

$$\varepsilon M_A = \frac{pH}{3} - b(\tfrac{2}{3}W - \tfrac{1}{3}V) = 0$$

$$\frac{pH}{3} = b\tfrac{1}{3}W$$

水墻之底應用之寬度如下式

$$q = \frac{pH}{W} \quad \dots\dots\dots\dots\dots\dots\dots\dots\dots\dots\dots\dots\dots$$

如用混凝土，水之重量爲62.4井／△'。

則　$$b = \frac{PH}{W} = \frac{\tfrac{1}{2}wH^3}{150 \times bH\tfrac{1}{2}} = \frac{w}{150} \times \frac{H^2}{b}$$

$$b^2 = \frac{W}{150}H$$

$$b = \sqrt{\frac{62.4}{150}} \times H$$

$$b = 0.645H$$

今再將水塢所用各種材料應用之底寬度，經計算後 製成下表

| w水之重量斤/△' | w'材料重量斤/△' | b底應取之寬度以呎計 |
|---|---|---|
| 62.4 | 130 | b ＝ 0.695H |
|  | 140 | b ＝ 0.665H |
|  | 150 | b ＝ 0.645H |
|  | 160 | b ＝ 0.625H |
|  | 165 | b ＝ 0.615H |
| 64.2 | 130 | b ＝ 0.705H |
|  | 140 | b ＝ 0.680H |
|  | 150 | b ＝ 0.655H |
|  | 160 | b ＝ 0.635H |
|  | 165 | b ＝ 0.625H |

(b) 全部計算法

設計之符號

P＝橫壓諸力之合力(以磅計)

H＝水塢之高度(以呎計)

W＝水每立呎之重量(磅計)

W＝水塢本身之重量(磅計)

L＝由脚跟(heel)點至W企力與底之交點的距離。(呎計)

X＝由W力至V力與底線交點兩者間之距離。(呎計)

E＝由底中點至V與底線交點的距離(以呎計)

A＝水塢每一呎長之體體(立方呎計)

從上面我們知道水之橫壓力如下式；

14009

$$P = \tfrac{1}{2}wAH^2$$

普通計算常以一呎長計算，故 $A=1$，即

$$P = \tfrac{1}{2}wH^2$$

但是我們現在所需要求的為 $X$，即本身總動 $W$ 與堤墻所受之各力 $R$ 的垂直分力 $V$ 與底線相交之點之距離。

倘若求 $V$ 與底之交點 $A$ 的變率，即

$$\S M_A = 0$$

$$P \times \frac{H}{3} = W \times X$$

$$X = P \times \frac{H}{3} \times \frac{1}{W} \qquad \cdots\cdots\cdots\cdots\cdots\cdots\cdots(1)\bullet$$

但 $P = \tfrac{1}{2}wH^2$，若水之重 $w = 26.4$，堤身重 $W' = 150 \times A$，以 $P$ 之值代入 (1) 式中，即得：

$$X = \left( \frac{62.4 \times H}{2} \times \frac{H}{3} \right) \times \frac{1}{150A}$$

$$X = \frac{62.4 \times H^3}{6} \times \frac{1}{150A} \times \frac{H^3}{6 \times 2.4A}$$

$$X \triangle \frac{H^3}{14.4A} \qquad \text{——求 } X \text{ 之簡捷式} \cdots\cdots\cdots\cdots\cdots\cdots(2)\bullet$$

計算表如下：

| | | |
|---|---|---|
| 若　$W = 140A$ | $X = \dfrac{H^3}{6 \times 2.24} = \dfrac{H'}{13.4A}$ | $\cdots\cdots\cdots\cdots(2)$ a. |
| $W = 145A$ | $X = \dfrac{H^3}{6 \times 2.31} = \dfrac{H^3}{14A}$ | $\cdots\cdots\cdots\cdots(2)$ b. |
| $W = 155A$ | $X = \dfrac{H^3}{6 \times 2.475} = \dfrac{H^3}{15A}$ | $\cdots\cdots\cdots\cdots(2)$ c. |
| $W = 160A$ | $X = \dfrac{H^3}{6 \times 2.56} = \dfrac{H^3}{15.4A}$ | $\cdots\cdots\cdots\cdots(2)$ d. |

今若旣知 X 與 L 之值，則底中之點至 V 與底支點線之距離 e 可依下式求之：

$$e = (L + X) - \left(\frac{b}{2}\right) \quad \cdots\cdots\cdots\cdots\cdots (3) 式$$

## 水塌之標準典型

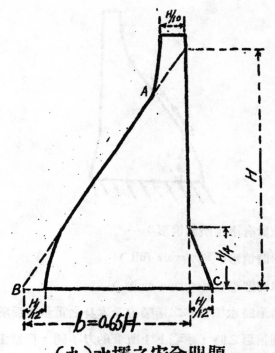

## （九）水塌之安全問題

我們如何才可以令水塌常在安全的狀態呢？

那末首先要明白水塌不安全的原因。其原因約有下列幾種(a)卽是 P 之力過于大(b)地基不固爲水所侵入，(c)應力超過限度而爲剝割及破裂之趨勢等等。

因此我們必須具備下列各條件，水塌然後能夠安全不變。

（1）水塌各邊各交點自身及地基不會發生滑動(Slide)的情形。

（2）水塌整個，卽是不論橫向各面，底塊及地基各部不會發生傾斜搖動，翻倒的地方。

　　（3）水壩所用的材料內應力不會超過應力之數。即在水壩是趾及脚後末及地基之內腰應力不過限度。 在剪力及斜角線剪力（diagonl Sa hear）也不過限度。

## 水壩剪力及斜內剪力之分布圖

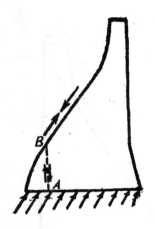

　　（4）水壩之設計有兩種限制情形；一

　　　　（一）滿水時情形（ Reservoir full ）

　　　　（二）無水時情形（ Reservir emty ）

　　在第一種情形時水壩受水之橫壓力及本身之重量下面所說的設計實例便是。倘若在第二種情形之時，水壩上下所受的力不同，因為上部只受本身之重量並沒有水的壓力故其合力偏向近水的一邊，所以我們不能不顧慮到這一點，其合力 R 與底之交點亦應不能超過底之三分一外。因此我們在設計以前對于該地潮水極長極退之平水線，應加以確切的測量，然後定水壩之高度，總以用最經濟的材料及形式而得到最安全的結果才算是成功的設計。

## （十）水壩設計之應用實例

### （一） 例　題

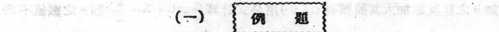

（一）　例　題

設有一水壩需高度為四百呎，限用石碎三合土，專為防禦潮水之用，定限之三合土內應壓力每平方时不得超過七百磅，水之重量每立方呎為六十二磅半，請計算水壩所用之體積。

由上已知：——

h＝400—0"

W＝150井/△'

w＝62.5井/△'

f＝700井/口"

（二）　計　算　方　法

待求之件：——

b＝?

∈A＝?

W＝?

L＝?

X＝?

e＝?

$p_1$＝?

$p_2$＝?

我們上面條件既知，則可依下列各式，分別依次計算之：——

$$X = \frac{h^3}{14.4A} \quad\cdots\cdots(1)\cdots\cdots < \frac{b}{3}$$

$$e = L + X - \frac{b}{2} \quad\cdots\cdots(2)\cdots\cdots < \frac{6}{6}$$

$$p = \frac{V}{b}\left(1 \pm \frac{6e}{b}\right) \quad\cdots\cdots(3)\cdots\cdots < 700井/口"$$

計算之法，（1）先分水壩之總高度為十格，（2）每格先定其底之寬度 b，總以不少過 b＝0.65H 之限度為主。（3）計算面積及重量，W 及 A。（4）從面積或重量以普通求重心之法得 L 之數（5）從求 $x = \frac{h^3}{14.4A}$ 公式計算 x 之數，但 L，X，之數，二者相加不能大過 $\frac{2b}{3}$，每個 X，不能超過 $\frac{b}{3}$ 之數。否則，應增加 b 之寬度卽加大其體積也。（6）用公式計算 $\left(e=L+X-\dfrac{b}{2}\right)$ 卽 e 之數值不得

超過 $\dfrac{b}{6}$ 之規定。（7）$p_1$，$p_2$，之數不能大過規定應壓力之數值。若各部合法，

就算設計符合了。

（三）　│ 設 計 程 序 │

### Case I 第 一 格

h　= 40'—0"　　（第一格之水塢高度）

$h^3$ =64,000'—0"

b =assume b=40'　　（假定之水塢底寬呎數）

A　A=40×40×1600△'　　（每一英呎長，水塢之體積）

W　W=1600×150=240,000井　　（水塢本身之重量）

$L$ =20' $\left(L=\dfrac{l.\ w.}{w}=\dfrac{20\times24\,0,000}{240,000}=20'\right)$

$X$ $X=\dfrac{h^3}{6\times2.4A}=\dfrac{h^3}{14.4A}=\dfrac{64,000}{14,4\times600}=2.78^1<\dfrac{b}{3}$ O.K.

$e$ $e=L+\ \ -\dfrac{b}{2}=(20+2.78)-\left(\dfrac{4\,0}{2}\right)=2.78<\dfrac{b}{6}$ O.K.

$p_1=\dfrac{240,000}{40}\left(1+\dfrac{6\times2.78}{40}\right)=8500$ 井$/$口，

$$59\ 井/口" >700\ 井/口"$$

$p_2=\dfrac{24.000}{40}\left(1-\dfrac{6\times2.78}{40}\right)=3500$ 井$/$口，

$$24.25\ 井/口" <700\ 井/口"$$

$L+X=22.78<\dfrac{2\,b}{3}$ O.K.

此格設計與規定公式符合。

### Case II 第 二 格

h=80'

$h^3 = 512,000'$

assume

$b = 50'$

A    $A_1 = 80' \times 40' = 3200$

$A_2 = \dfrac{40' \times 10'}{2} = \dfrac{+200}{3400}$

$A = 3400$

$W_1 = 3200 \times 150 = 480\,000$

$W_2 = 200 \times 150 = \dfrac{+30,000}{510\,000}$

$W = 510\,000$ 斤

$L = \dfrac{(480,000 \times 20) + (30\,000 \times 43.3)}{510\,000} \left( or \dfrac{(3200 \times 20) + (200 \times 43.3)}{3400} \right) = 21.4$

$X = \dfrac{512000}{14.4 \times 3400} = 10.4'$

$e = (21.4 + 10.4) - \left( \dfrac{50}{2} \right) = 6.8'$

$p = \dfrac{510.000}{50} \left( 1 \pm \dfrac{6 \times 6.8}{50} \right)$

$p_1 = 8523$ 斤/□        $128$ 斤/□"

$p_2 = 1979$ 斤/□        $13.6$ 斤/□"

### Case III 第 三 格

$h = 120'$

$h^3 = 1,728,000'$

Assume $h = 70'$

$A_1 =$ incase II $= 3400$

$A_2 = 50 \times 40 = 2000$

$$A_3 = \frac{20 \times 40}{2} = \underline{\quad + 400} \\ 5800.$$

$A = 5800 \square'$

$w_1 = $ case II $= 510,000$

$w_2 = 2000 \times 150 = 300,000$

$w_3 = 400 \times 150 = \underline{\quad + \quad 60,000} \\ 870,000$

$W = 870\,000$ 井

$$L = \frac{(510\,00 \times 21,4) + (300\,000 \times 25) + (60.000 \times 56,6)}{870,000} = 25'$$

$$X = \frac{1,728,000}{14,4 \times 5800} = 21'$$

$$e = (25 + 21) - \left(\frac{7\,0}{2}\right) = 11'$$

$$p = \frac{870,000}{70}\left(1 \pm \frac{6 \times 11}{70}\right)$$

$p_1 = 24,000 \; \frac{井}{\square}, \; 166 \; \frac{井}{\square}''$

$p_2 = 3450 \; \frac{井}{\square}, \; 24 \; \frac{井}{\square}''$

### Case IV 第 四 格

$h = 160'$

$h^3 = 4,100,000'$

assume

$b = 100'$

$A_1 = $ in case III $= 5800$

$A_2 = 40 \times 70 = 2800$

$$A_3 = \frac{30 \times 40}{2} = \underline{\quad + 600} \\ 9200$$

$A = 9200$

$w_1 = 5800 \times 150 = 870,000$

$w_2 = 2800 \times 150 = 420,000$

$w_3 = 600 \times 150 = 90,000$

$+$

$1,380,000$

$W = 1,380,000$ #

$L = \dfrac{(870.000 \times 25)+(420.000 \times 35)+(90.000 \times 80)}{1,380,000} = 31.75'$

$X = \dfrac{4,100,000}{14,4 \times 9200} = 30,75'$

$c = (31,75 + 30,75) - \left(\dfrac{100}{2}\right) = 12\,5'$

$P = \dfrac{1,380,000}{100}\left(1 \pm \dfrac{6 \times 12,5}{100}\right) =$

$P_1 = 24150\ ^{\#}/_{\square}',\ 168\ ^{\#}/_{\square}''$

$P_2 = 3450\ ^{\#}/_{\square}',\ 24\ ^{\#}/_{\square}''$

## Case V 第 五 格

$h = 200$

$h^3 = 8,000,000'$

assume

$b = 125'$

$A_1 = $ in case IV. $= 9200$

$A_2 = 100 \times 40 = 4000$

$A_3 = \dfrac{25 \times 40}{2} = 500$

$+$

$13700$

$A = 13700$

$w_1 = $ case IV $= 1380,000$

$$w_2 = 4000 \times 150 = 6000\,000$$

$$w_3 = 5000 \times 150 = \begin{array}{r} 75,000 \\ + \\ \hline 2,055,000 \end{array}$$

$$W_4 = 2,055,000 井$$

$$L = \frac{(1380,000 \times 31.75) + (600,000 \times 50) + (75,000 \times 108.3)}{2,055,000} = 39'$$

$$X = \frac{8,000,000}{14.4 \times 13700} = 40'$$

$$e = (39 + 40) = \frac{125}{2} = 16.5'$$

$$p = \frac{2055000}{125}\left(1 \pm \frac{6 \times 16.5}{125}\right) \cdot$$

$$p_1 = 31500 \,{}^{井}\!/_{\square} , \quad 220 \,{}^{井}\!/_{\square} ''$$

$$p_2 = 1320 \,{}^{井}\!/_{\square} , \quad 9.4 \,{}^{井}\!/_{\square} ''$$

### Case VI. 第 六 格

$$h = 240$$

$$h_3 = 1,380,000$$

assume

$$h = 150,'$$

$$A_1 = \text{in case V} = 13700$$

$$A_2 = 125 \times 40 = 5000$$

$$A_3 = \frac{25 \times 40}{2} = \begin{array}{r} 500 \\ + \\ \hline 19,200 \end{array}$$

$$A = 19,200$$

$$w_1 = \text{in case V} = 2,060,00$$

$$w_2 = 5000 \times 150 = 750,000$$

$$w_3 = 50 \times 0150 = 75000$$

$$\frac{+}{2,885,000}$$

$W = 2,885,000$ 井

$$L = \frac{(2,060.000 \times 39) + (750.000 \times 625) + (75,000 \times 133.3)}{2,885,000} = 47,5$$

$$X = \frac{13.800,000}{14,4 \times 19200} = 50,$$

$$e = (47,5 + 50) - \frac{150}{2} = 22,5'$$

$$P = \frac{2885000}{150}\left(1 \pm \frac{6 \times 22,5}{150}\right) =$$

$$p_1 = 26500 \, {}^{井}\!/_{\square}. \, 254 \, {}^{井}\!/_{\square}{}''$$

$$p_2 = 1520 \, {}^{井}\!/_{\square}. \, 10,6 \, {}^{井}\!/_{\square}{}''$$

### Case VII. 第 七 桥

$h = 280$

$h^3 = 22,000,000$

assume

$b = 180$

$$A_1 = \text{in ease VI.} = 19200$$

$$A_2 = 150 \times 40 = 6000$$

$$A_3 = \frac{30 \times 40}{2} = 600$$

$$\frac{+}{25800}$$

$A = 25800$

$$w_1 = \text{in case VI} = 2,890,000$$

$$w_2 = 600 \times 150 = 9,000,000$$

$$w_3 = 600 \times 150 = 90,000$$

$$\frac{+}{3,880,000}$$

$$W = 3\,880,000$$

$$L = \frac{(289000 \times 47,5) + (900,000 \times 75) \times (90,000 \times 160)}{3,880,000} = 58$$

$$X = \frac{22.000,000}{14,4 \times 25800} = 59'$$

$$e = (58+59) - \left(\frac{180}{2}\right) = 27'$$

$$P = \frac{3,880,000}{180}\left(1 \pm \frac{6 \times 27}{180}\right)$$

$$p_1 = 41000 \ ^{\#}\!/_{\square}', \quad 285 \ ^{\#}\!/_{\square}''$$

$$p_2 = 2150 \ ^{\#}\!/_{\square}. \quad 15 \ ^{\#}\!/_{\square}''$$

## Case VIII　第　八　格

$$h = 320$$
$$h^3 = 33,000,000$$

assume

$$b = 205$$

$$A_1 = \text{in case VII} = 25800$$
$$A_2 = 180 \times 40 = 7200$$
$$A_3 = \frac{15 \times 40}{2} = 300 \quad (\text{前伸出}15'0'')$$
$$A_4 = \frac{10 \times 40}{2} = \underset{33500}{+\,200}$$

$$A = 33.500$$

$$w_1 = \text{in case VII.} = 3,880,000$$
$$w_2 = 7200 \times 150 = 1,080,000$$
$$w_3 = 150 \times 300 = 45,000$$
$$w_4 = 150 \times 200 = \underset{5.035,000}{+\,30\,000}$$

W＝5,035,000#

$$L = \frac{(3,880,000 \times 58) + (1,080,000 \times 90) - (45000 \times 5) + (30,000 \times 183.3)}{5,035,000}$$

＝65'

$$X = \frac{33,000,000}{14.4 \times 33500}$$

$$e = (59+68) - \left(\frac{205}{2}\right) = 30.5'$$

$$p = \frac{5,035,000}{205}\left(1 \pm \frac{6 \times 30.5}{205}\right)$$

$$p_1 = 43175 \ {}^{\#}/_{\square} , \quad 322 \ {}^{\#}/_{\square}{}''$$

$$p_2 = 7175 \ {}^{\#}/_{\square} , \quad 188 \ {}^{\#}/_{\square}{}'$$

### Case IX 第 九 格

h ＝360

$h^3$＝47,000,000

assume

b ＝232,'

$A_1$＝ in case VIII. ＝33500

$$A_2 = \frac{18 \times 40}{2} = 360 (前伸18'0')$$

$A_3$＝205 × 40＝8200

$$A_4 = \frac{9 \times 40 = 180}{2} + \frac{}{42,240}$$

A ＝42,240

$w_1$＝in case VIII ＝5,035,000

$w_2$＝8200 × 150 ＝123,000

$w_3$＝360 × 150 ＝54,000

$$w_4 = 180 \times 150 = 27\,000$$
$$+$$
$$\overline{6,346,000}$$

$$W = 6\,346,000$$

$$L = \frac{(50\,35,000 \times 65) + (12\,30,000 \times 102,5) - (54,000 \times 6) + (27,000 \times 208)}{6\,346,000} = 72,4$$

$$X = \frac{47,000.000}{144 \times 42420} = 77$$

$$e = (72,4 + 77) - \left(\frac{232}{2}\right) = 33,4$$

$$p = \frac{6346000}{232} \left(1 \pm \frac{6 \times 29}{232}\right)$$

$$p_1 = 47000\ {}^{\#}\!/_{\square}, 354\ {}^{\#}\!/_{\square}{}''$$

$$p_2 = 2160\ {}^{\#}\!/_{\square}, 15\ {}^{\#}\!/_{\square}{}''$$

### Case X 第 十 格

$$h = 400'$$

$$h_3 = 64,000.000$$

assume

$$b = 255'$$

$$A_1 = \text{in case IX} = 42240$$

$$A_2 = 255 \times 40 = +10\,200$$
$$\overline{52,440}$$

$$A = 52,440$$

$$w_1 = \text{in case } 9 = 6,346,000$$

$$w_2 = 10200 \times 150 = 1560,000$$
$$+$$
$$\overline{7,906,000}$$

$$W = 7,906,000$$

$$L = \frac{(6,346,000 \times 72.4) + (1,560,000 \times 127,5)}{7,906,000} = 83$$

$$X = \frac{64,000,000}{14.4 \times 52440} = 84.5'$$

$$e = (80 + 84\,5) - \left[\frac{255}{2}\right] = 40'$$

$$P = \frac{7,906,000}{255}\left[1 \pm \frac{6 \times 40}{255}\right]$$

$$P_1 = 57660 \; {}^{\text{井}}\!/_{\square}\,\text{''} \quad 420 \; {}^{\text{井}}\!/_{\square}\,\text{''}$$

$$P_2 = 4350 \; {}^{\text{井}}\!/_{\square}\,\text{''} \quad 30 \; {}^{\text{井}}\!/_{\square}\,\text{''}$$

（四）　水塔之形式

從以上的計算，可以將其結果如下圖所示：——

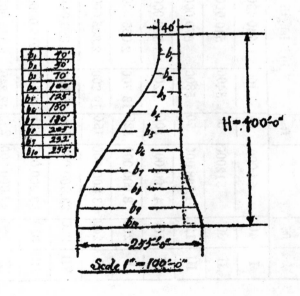

| $b_1$ | 70' |
|---|---|
| $b_2$ | 70' |
| $b_3$ | 70' |
| $b_4$ | 100' |
| $b_5$ | 125' |
| $b_6$ | 150' |
| $b_7$ | 180' |
| $b_8$ | 205' |
| $b_9$ | 232' |
| $b_{10}$ | 255' |

Scale 1″=100′-0″

(五) 水塘設計之計算表

| Case | h in ft. | h³ | b in ft. | Area in ft. | Weight of dam in 1' length | L in ft. | X in ft. | e in ft. | h₁ #/口 | | P₂ #/口 | #/口" |
|---|---|---|---|---|---|---|---|---|---|---|---|---|
| I | 40 | 64.000 | 46 | 16 | 240.000 | 20 | 2.78 | 2.7 | 8500 | 59 | 3500 | 24.25 |
| II | 80 | 512000 | 50 | 340 | 510.000 | 21.4 | 10.4 | 6.8 | 18523 | 128 | 1979 | 13.6 |
| III | 120 | 1,728.000 | 70 | 580 | 870.000 | 25 | 21 | 11 | 24.000 | 166 | 3450 | 24 |
| IV | 160 | 4,100.000 | 100 | 920 | 1,380.000 | 31.75 | 30.75 | 12.5 | 24.150 | 168 | 3450 | 24 |
| V | 200 | 8,000,000 | 125 | 13.700 | 2,055.000 | 39 | 40 | 16.5 | 31.500 | 220 | 1520 | 9.4 |
| VI | 240 | 13,800.000 | 150 | 19.200 | 2,885.000 | 47.5 | 50 | 22.5 | 26.500 | 254 | 1520 | 10.6 |
| VII | 280 | 22,000.000 | 180 | 25.800 | 3,880.000 | 58 | 59 | 27 | 41.000 | 285 | 2150 | 15 |
| VIII | 320 | 33,000.000 | 205 | 33.500 | 5,035.000 | 65 | 68 | 30.5 | 43.175 | 322 | 7175 | 188 |
| IX | 360 | 47,000.000 | 232 | 42.240 | 6,346.000 | 72.4 | 77 | 33.4 | 47.000 | 354 | 2160 | 15 |
| X | 400 | 64.000.000 | 255 | 52.440 | 7,906.000 | 83 | 84.5 | 40 | 57.660 | 420 | 4350 | 30 |

# 工 程 常 識

## 十字路路角之面積計算法

"Computing Paving Area at Street Intersection"

by A. M. Weber

### 吳民康譯

自 "Engineering News-Record" Jan. 4,1934

　　今有一簡捷方法用以計算路角之弧形渠邊石與其兩切線內所含之面積者，此法對於城市道路之工程作業中頗有關系，用下表所示之公式則可計算得所求之面積。此式之必要條件有三：即弦長，縱距與一因中心角而變之系數，此系數可由下表檢得，弦長與縱距可由野外測量隊當地量度得之，而中心角則表內所列已足應用，就所知者檢查即可。　其公式演進如下：

　　設　A＝所求之面積

　　　　C＝弦長

　　　　E＝外距 (external distance)

　　　　M＝縱距 (middle Ordinate)

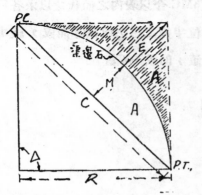

$$A = KMC$$

| 中心角＝Δ | 系數＝K |
|---|---|
| 60 度 | 0.40 |
| 70 " | 0.43 |
| 80 " | 0.47 |
| 90 " | 0.52 |
| 100 " | 0.59 |
| 110 " | 0.67 |
| 120 " | 0.79 |

　　R＝弧之半徑

　　$A_1$＝弓形之面積

$\triangle =$ 中心角

則

$$A = \tfrac{1}{2} C (E + M) - A_1$$

$$M = R - R \cos \tfrac{1}{2} \triangle$$

$$E \parallel \frac{R}{\cos \tfrac{1}{2}\triangle} - R = \frac{R - R \cos \tfrac{1}{2}\triangle}{\cos \tfrac{1}{2}\triangle}$$

$$= \frac{M}{\cos \tfrac{1}{2}\triangle}$$

$$A = \tfrac{1}{2} C \left( \frac{M}{\cos \tfrac{1}{2}\triangle} + M \right) - A_1$$

$$= \left( \frac{1 + \cos \tfrac{1}{2}\triangle}{2 \cos \tfrac{1}{2}\triangle} \right) MC - A_1$$

因中心角為已知，故弓形面積與弦乘縱距之面積為一固定比例，如以 X 代表之，則

$$A_1 = XMC$$

即

$$A = \left( \frac{1 + \cos \tfrac{1}{2}\triangle}{2 \cos \tfrac{1}{2}\triangle} \right) M C - XMC$$

$$= \left( \frac{1 + \cos \tfrac{1}{2}\triangle}{2 \cos \tfrac{1}{2}\triangle} - X \right) MC$$

如以 2/3 為 X 值，則 A 之約值 $= 2/3 MC$ 今以表內之值代之以求各種中心角之 X 之眞值，該表乃根據弦，縱距與單位半徑之弓形面積等而成，視中心角之變而異。 代入 X 與 $\cos \tfrac{1}{2} \triangle$ 之正確數值，即成一系數

$$K = \left( \frac{1 + \cos \tfrac{1}{2}\triangle}{2 \cos \tfrac{1}{2}\triangle} - X \right)$$

如是，故 $\boxed{A = KMC}$

上表所示之 K 值，可用於由 60 至 120 度之中心角，此等角度包括多數十字路在內，並可演譯至任何角度，雖 10 度以上者亦無不可。

# 工學院土木工程研究會

## 第二屆執行委員表

| 總 務 部 長 | 吳　民　康 |
| | 張　建　勳 |
| 事 務 組 主 任 | 梁　慧　忠 |
| 庶 務 組 主 任 | 江　昭　傑 |
| 財 政 組 主 任 | 吳　魯　歟 |
| 文 書 組 主 任 | 李　融　超 |
| 研 究 部 長 | 廖　安　德 |
| | 王　文　郁 |
| 考 察 部 長 | 莫　朝　豪 |
| | 黄　德　明 |
| 參 觀 組 主 任 | 陳　福　齊 |
| 調 查 組 主 任 | 李　炤　明 |
| 出 版 部 長 | 胡　鼎　勳 |
| | 吳　絜　平 |
| 編 輯 組 主 任 | 馮　錦　心 |
| 刷 組 主 任 | 杜　至　賊 |

# 工程學報出版委員會

## ——委員表——

| | |
|---|---|
| 胡　鼎　勳 | 張　建　勳 |
| 吳　民　康 | 莫　朝　豪 |
| 李　炤　明 | 吳　絜　平 |
| 吳　燦　璋 | 呂　敬　事 |

# 圖書委員會委員表

| | |
|---|---|
| 張　建　勳 | 王　文　郁 |
| 李　融　超 | 杜　至　誠 |

# 工程學報第二卷第一期

| | |
|---|---|
| 出版期 | 中華民國廿三年三月一日 |
| 編輯者 | 廣東國民大學工學院土木工程研究會 |
| 發行者 | 廣東國民大學工學院土木工程研究會 |
| 分售處 | 廣州各大書局 |
| 印刷者 | 廣州市惠福西路宏藝印務公司 |
| 會　址 | 廣州市惠福西路　　自動電話一〇七一五 |

14029

# 工程學報

## 廣東國民大學土木工程研究會印行

中華郵政特准掛号認為新聞紙類

西南出版物審查會曾發給審字第壹號五号許可証

### 目 錄

中華民國二十三年六月一日出版

第二卷　　　第二期

# 本報投稿簡章

（一） 本報登載之稿，概以中文為限，原稿如係西文，應請譯成中文投寄。

（二） 投寄之稿，不拘文體。文言，白話，撰譯，自著，均一律收受。

（三） 投寄譯稿，並請附寄原本，如原本不便附寄，請將原文題目，原著者姓名，出版日期及地址詳細敘明。

（四） 稿末請註明姓名，別號，級別，住址，以便通訊。

（五） 如非本會會員來稿，經本會出版委員會審查或同意，亦得酌量刊入。

（六） 投寄之稿，不論揭載與否，原稿概不發還，惟在五千字以上而附有郵票之稿，不在此限。

（七） 投寄之稿，俟揭載後，酌酬本報。

（八） 投寄之稿，本報編輯部得酌量增刪之，但以不變更原文內容為限，其不願修改者，應先特別聲明。

（九） 本報所有稿件經編輯部編輯審定後，最後取捨，仍歸學校出版審查委員會負責，合併聲明。

（十） 投稿者請交廣州市惠福西路國民大學工學院土木工程研究會工程學報出版委員會收。

# 橋 樑 計 劃 靜 力 學

## 胡 鼎 勳 譯

譯自 (Concrete and Constructional Engineering) 第二十九卷第一期

原著者 G. Dunn. M. A., B.Sc. (Eng.)

　　欲使橋樑初步計劃時之各種預定，達最高準確之程度，俾精密覆算時，雖有更改而甚微，是橋樑工程中一困難之事項也。關於覆核性質，以最後計劃之決定與原來之假設所差，最微為貴。本篇主意，擬詳集關於簡單塊面，大樑，拱形等橋各部之計算方法。供應一切公式，以為初步計劃之需，及隨述精確覆核之方法。

## 第一章──塊面橋

　　I　不用樑而兩支端非固定之簡單塊面橋。

　　不用樑兩支端非固定之平塊面橋，以兩支持之淨距離計算可由 16 呎至 28 呎。

　　（a）死重──每呎寬塊面之灣率及剪力

$$M_1 = \frac{W_1 l^2}{8} \text{ 呎磅} = 1.5 W_1 l^2 \text{ 吋磅} \dots \dots \dots (1)$$

$W_1$＝共死重，包括路鋪面以每平方呎若干磅計。

$$S_1 = \tfrac{1}{2} W_1 l \text{ 磅} \dots \dots \dots \dots (2)$$

　　凡遇重要情形，如載重鉅而跨度短者，應覆核其結合力。結合力需計算之部份，可由下式求之

$$x = -e + \sqrt{e(1+e)} \dots \dots \dots (3)$$

e 為由支持軸向外量至鋼筋屈鉤後邊之長度。

　　在 X 點之灣率（圖 1）

14033

$$M_x = \tfrac{1}{2}W_1(lx - x^2) \quad\cdots\cdots\cdots\cdots\cdots\cdots\cdots\cdots(4)$$

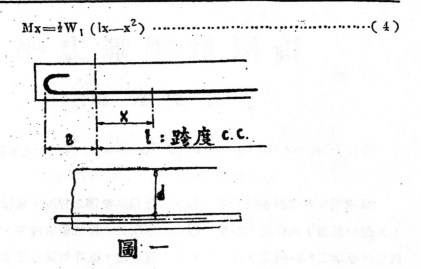

圖　一

$$u_1 = \frac{M_x}{\tfrac{7}{8}do(x+e)} \quad(近似值)\cdots\cdots\cdots\cdots\cdots\cdots\cdots\cdots(5)$$

$u_1$ 為死重之結合力，O 為每呎寬塊面內鋼條之週長。

　　若 D＝塊面總厚度，S＝塊鋼條直徑，則 $d = D - \tfrac{1}{2}(\delta \times 1)$ 或 $D - \tfrac{3}{2}\delta$ 取其最小者計算。

　　（b）活重——依照運輸取締章程，活重常當作一均等載重每平方呎 $W_2$ 磅加一刀口形之集中重於中央，最大灣率在橋之中央，最大剪力在二支持邊。

$$w_2 = \frac{W_2 l^2}{8} + \frac{Wl}{4} \quad 呎磅 = 1.5w_2{}^2 l^2 + 3Wl \;\; 吋磅\cdots\cdots(6)$$

$$S_2 = \tfrac{1}{2}w_2 l + W \quad 磅\cdots\cdots\cdots\cdots\cdots\cdots\cdots\cdots(7)$$

運輸取締章程所載 $w_2$ 之值，列如表 I ，W＝2,700磅。

表　　I

| 跨　　度 | | 每平方呎 | 跨　　度 | | 每平方呎 |
|---|---|---|---|---|---|
| 呎 | 吋 | 磅　數 | 呎 | 吋 | 磅　數 |
| 3 | 0 | 2420 | 7 | 0 | 625 |
| 3 | 6 | 2020 | 7 | 6 | 525 |

| | | | | | |
|---|---|---|---|---|---|
| 4 | 0 | 1700 | 8 | 0 | 444 |
| 4 | 6 | 1445 | 8 | 6 | 374 |
| 5 | 0 | 1225 | 9 | 0 | 314 |
| 5 | 6 | 1033 | 9 | 6 | 265 |
| 6 | 0 | 872 | 10 | 0 | 220 |
| 6 | 6 | 735 | 10 | 0以上 | 220 |

依照章程，無論支持與路線路平行抑正交，而 W 恆當作與支持平行。

對於活重之結合力計算：

依前法

$$x = -e + \sqrt{\cdot(1+e)} \quad \cdots\cdots\cdots\cdots\cdots\cdots\cdots (8)$$

$$M_x = \tfrac{1}{2} W_2 (lx - x^2) \quad \cdots\cdots\cdots\cdots\cdots\cdots (9)$$

關於均佈載重 $u_2 = \dfrac{M_x}{\tfrac{2}{3}\, (x+e)} \quad \cdots\cdots\cdots\cdots\cdots\cdots (10)$

關於集中載重 $u_3 = \dfrac{W(l-x)x}{\tfrac{2}{3}\,d\,(x+e)}$ （近似值） $\cdots\cdots\cdots (11)$

$$u = u_, + u\ +u_3 = 關於活重及死重之總結合力。$$

死重與活重之總彎率及剪力

$$M = \overline{M}_, + M_2 \; ; \; S = S + S_2$$

假定塊面深度 ○ 抵抗彎率計算如下

$$-R.M. = 12Rd \quad \cdots\cdots\cdots\cdots\cdots\cdots\cdots (12)$$

每呎寬塊面所需之鋼筋面積

$$H = \dfrac{\overline{M}}{f_s j d} \quad \cdots\cdots\cdots\cdots\cdots\cdots\cdots (13)$$

對於"標準"應力 $f_c = 600$ 磅每平方吋，$f_s = 16000$ 磅每平方吋

$$R.M. = 1,140 d^2 \quad \cdots\cdots\cdots\cdots\cdots\cdots (14)$$

至其他各三合土應力，而 $f_2 = 16,000$ 每平方吋者，依照取締章程各相當值如表 II 所示。

表 II

| 三合土比例 | m | fc | R.M. | A | |
|---|---|---|---|---|---|
| 1:2:4 | 15 | 950 | $1600d^2$ | $\dfrac{M}{13800d}$ | ·········(16) |
| 1:1½:3 | 15 | 900 | $2090d^2$ | $\dfrac{M}{13,600d}$ | ·········(17) |
| 1:1¼:2½ | 12 | 1050 | $2360d^2$ | $\dfrac{M}{13,600d}$ | ·········(18) |
| 1:1:2 | 10 | 1200 | $2650d^2$ | $\dfrac{M}{13,700d}$ | ·········(19) |

若 $fs=18,000$ 磅每平方吋各相當值如表III

表 III

| 三合土比例 | m | fc | R.M. | A | |
|---|---|---|---|---|---|
| 1:2:4 | 15 | 750 | $1510d^2$ | $\dfrac{M}{15,700d}$ | ·········(20) |
| 2:1½:3 | 15 | 900 | $1980d^2$ | $\dfrac{M}{15,400d}$ | ·········(21) |
| 1:1¼:2½ | 12 | 1050 | $2240d^2$ | $\dfrac{M}{15500d}$ | ·········(22) |
| 1:1:2 | 10 | 1200 | $2500d^2$ | $\dfrac{M}{15.600d}$ | ·········(23) |

**單位剪力**

$$v = \frac{S}{7/8bd} = \frac{S}{10.5d} \text{ 近似值} \cdots\cdots\cdots(24)$$

其定限如下:

| 三合土比例 | 每平方吋磅數 |
|---|---|
| 1:2:4 ·········· | $v=60$ |
| 1:1½:3 ·········· | $v=65$ |
| 1:1¼:2½ ·········· | $v=70$ |
| 1:1:2 ·········· | $v=75$ |

如由上式算得之單位應力，超過此定限時，則必須將些鋼筋成斜度，或加用肋筋。

鋼筋兩端雖已屈作鈎形，包藏於三合土中，其結合應力不應超過６０至８０磅每平方吋，無論任何比例之三合土均如是。屈斜之鋼筋其結合力應由支持邊之鈎曲灣率計算。其不屈起而直達支持之鋼筋，此部份之結合力，當作平均分佈於此長度，可估計得之。

若單位應力超過表中定限時，則全部剪力當歸鋼筋負擔，所須之鋼筋橫剖面積由下式計之。

$$A = \frac{\sum S \times s}{\sqrt{2} \times 7/8d \times 16,000} \quad\cdots\cdots\cdots\cdots\cdots\cdots\cdots(25)$$

此處 S 為屈斜筋或肋筋距離吋數。

如不將鋼筋屈斜，祇有直筋及加用肋筋，而鋼筋之直徑不超過跨度之 $\frac{1}{150}$ 至 $\frac{1}{200}$，則結合力可無不足之虞。

以上活重灣率及剪力之計算，其集中重當為一均等重加一與支持線平行之刀口形載重。然而，有時則需計算眞正集中載重，計算之法，普通用沙氏 (Slaters) 公式，此式曾經實驗證明而得者。集中載重所分佈之寬度 w＝b＋kl，此處 w＝集中載重面積之寬度，l＝兩支持間之塊面跨度，k 為常數列表 IV，l' 為塊面寬度其尺度之方向與支持平行。

表　IV

| $\frac{l'}{l}$ | k | $\frac{l'}{l}$ | k | $\frac{l'}{l}$ | k | $\frac{l'}{l}$ | k |
|---|---|---|---|---|---|---|---|
| 0.1····0.10 | | 0.6 | 0.49 | 1.1 | 0.65 | 1.6 | 0.72 |
| 0.2····0.20 | | 0.7 | 0.53 | 1.2 | 0·66 | 1.7 | 0 73 |
| 0.3····0.29 | | 0.8 | 0.56 | 1.3 | 0.68 | 1 8 | 0.74 |
| 0.4····0.37 | | 0.9 | 0.59 | 1.4 | 0.70 | 1.9 | 0.75 |
| 0.5····0.43 | | 1.0 | 0.62 | 1-5 | 0.71 | 2.0 | 0.76 |

當車輪之圓平面正交於支持時（圖2），b等於輪之厚度加路鋪面厚度（t）之二倍

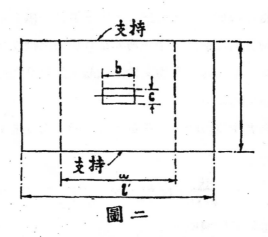

圖 二

當輪之圓平面與支持線平行時（圖3）b等於輪與路面接觸之寬度加路鋪面厚度（t）之式倍

$$M=\frac{W}{4w}\left(1-\frac{c}{2}\right) \dotfill (26)$$

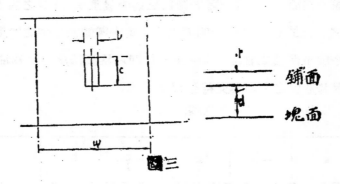

圖三

此處　　　　$M=(b_0 \div 2t \div kl)$ 或 $(3吋+2t+kl)$ $\dotfill$ (28)

$C=(3吋+2t)$ 或 $b_0+2t$ $\dotfill$ (27)

$b_0$ 爲輪之寬度而輪與路面接觸之寬度當作3吋

計算剪力，通常當作載重之一邊，與支持之距離等於塊面之厚度而計之。

若以 $C_1$ ＝支持之寬度（圖4）

$$S = M \frac{l - d - \frac{1}{2}(c + c_1)}{l} \quad \cdots\cdots (29)$$

均佈之寬度　　　$w = b + k(2d + c + c_1) \cdots\cdots (30)$

此處 k 通常當作$\frac{3}{4}$

$$w = b + 0.75(2d + c + c_1) \cdots\cdots (31)$$

此處　　　$b = b_0 + 2t$ 或 $3吋 + 2t \cdots\cdots (32)$

$$c = 3吋 + 2t \text{ 或 } b_0 + 2t \cdots\cdots (33)$$

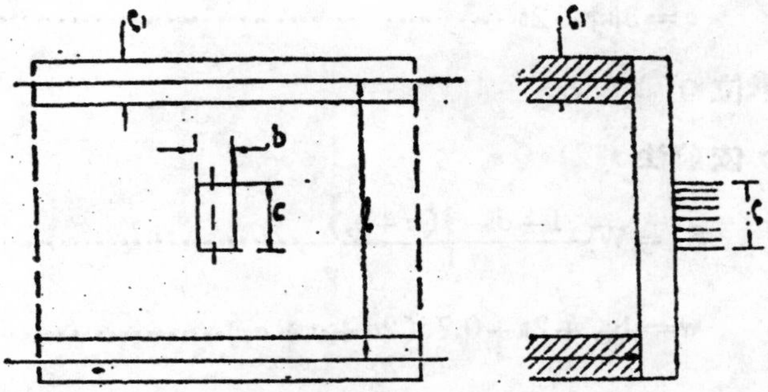

圖四

依照輪之方向而定

單位剪力

$$v = \frac{S}{7/8\,dw} \cdots\cdots (34)$$

$$v^1 = \frac{S}{dW} \cdots\cdots (35)$$

倘若有兩集中重載(圖5及圖6)，其相當公式如下。

第一類——輪面正交於支持(圖5)。

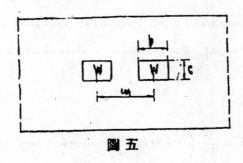

圖五

對於灣率，$b_o =$ 輪寬，

當 $w < w,$ 　　　$w = b + kl = b_o + 2t + kl$ ·····················(35)

若 $w > w,$ 　　　$w = \frac{1}{2}(w, b + kl)$ ·····················(36)

　　　　　　$= w(w, + b_o + 2t + kl)$

每吹寬塊面灣率

$$M = \frac{W}{4w}\left(l - \frac{c}{2}\right) \cdots\cdots\cdots\cdots\cdots\cdots(37)$$

$$c = 3吋 + 2t \cdots\cdots\cdots\cdots\cdots\cdots\cdots(38)$$

以上俱以吹爲單位。

對於剪力，依前法，

$$S = W \frac{l - d - \frac{1}{2}(c + e,)}{l} \cdots\cdots\cdots\cdots\cdots(39)$$

$$w = b_o + 2t + 0.75(2d + c + c,) \cdots\cdots\cdots\cdots(40)$$

$$v = \frac{s}{\frac{7}{8}dw} \cdots\cdots\cdots\cdots\cdots\cdots\cdots(41)$$

第二類——輪面與支持平行（圖6）

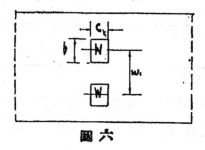

圖六

對於灣率　　$w = c + k(l - w,)$ ·····················(42)

$$c = 3吋 + 2t \cdots\cdots\cdots\cdots\cdots\cdots\cdots(43)$$

以吹爲單位

每吹寬塊面灣率

$$M = \frac{W}{2w}\left(l - w, - \frac{b}{4}\right) \cdots\cdots\cdots\cdots(44)$$

14040

對於剪力

$$S = W \cdot \frac{l - d - \frac{1}{2}(b + c_1)}{l} \quad \dots \dots \dots \dots (45)$$

$$w = 3吋 + 2t + 0.75(2d + b + c_1) \quad \dots \dots \dots \dots (46)$$

$$S' = W \cdot \frac{l - d - \frac{1}{2}(b + c_1) - w_1}{l} \quad \dots \dots \dots \dots (47)$$

$$w' = 3吋 + 2t + 0.75(2d + b + c_1) + 2w_1 \quad \dots \dots (48)$$

$$S_1 = \frac{S}{w} \quad \dots \dots \dots \dots (49)$$

$$S_2 = \frac{S'}{w'} \quad \dots \dots \dots \dots (50)$$

而　　　$$v = 共單位剪力 = \frac{S_1 + S_2}{10.5d} \quad \dots \dots \dots \dots (51)$$

以上公式，係根據多同之實驗而得者，而使分佈嚴密起見，宜用分佈鋼筋，此種鋼根之橫剖面積，約等於主要鋼筋之$\frac{1}{8}$至$\frac{1}{4}$。

塊面上載集中重之另一計算方法，係必佐(M.Pigeaud) 以薄版片之應力由微分方程推得之法，此版片當作純勻性物質。此舉對於互成直角兩向筋之三合土，奏效如何，殆難肯定；而對於一向筋者，其利便遠勝他法。亦有些工程論著(例如，Morsch,"Der Eisenbetonbau." 葛氏 (Goodrish)譯本第113頁)認為此項設備，對於鋼筋三合土為不適用。茲從別方面言，構造工程之公式，普通祇認為對於歸納實驗結果之簡縮符號而已，而確定其各理之安全率也，尤貴乎有理論的根據。為此之故，必佐之歸納，似屬有可取之道，其所用之單位應力，蓋經實驗而定者也。

用必佐之方法計算單一集中載重(Annales des Ponfs ef Chaussees, Memoires 1929－II)

(I)　　　　　$$u = bo + 2t, 或3吋 + 2t \quad \dots \dots \dots \dots (52)$$

　　　　　　$$v = 3吋 + 2 或 bo + 2t \quad \dots \dots \dots \dots (53)$$

依照輪之方向而定。

（2）計算$\frac{u}{a}$及$\frac{v}{b}$（圖 7 ）由必佐氏曲線圖（圖 8 －15)決定

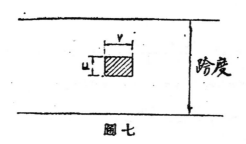

圖七

$M_1$ 及 $M_2$ 各對曲線圖(8—15) 表示對於 $\dfrac{u}{a}$ 及 $\dfrac{v}{b}$ 各值之 $M_1$ 及 $M_2$ 之相當值，比率 $p=\dfrac{a}{b}=0.9，0.8，0.707，0.6，0.5，0.4，0.3，$ 及 $0.2$ 圖16及17，$p=0$ 圖18，$p=1$，塊面為正方形。另圖19亦表示 $M_1$ 及 $M_2$ 之值，而全塊塊面受均等載重者，$p$ 由 $0$ 排至 $3$ 。惟須知 $M_1$ 及 $M_2$ 非實際灣率，實際灣率誌以 $M$ 及 $M'$，為 $M_1$ 及 $M_2$ 之直線式函數。此處之適用曲線圖為 $p=0$ 之圖(參看圖16)，以 $\dfrac{v}{a}$ 代替 $\dfrac{v}{b}$ 。

於是　　　$M=$橫度跨度 $a$ 之最大灣率 $=(M_1+0.15M_2)P$ ……………………(54)

　　　　　　$M'=$縱向之最大灣卒　　　$=(0.15M_1+M_2)P$ ……………………(55)

此處 $P=$ 集中重（以磅計），$M$ 及 $M'$ 為吋磅，為每吋寬塊面之灣率。

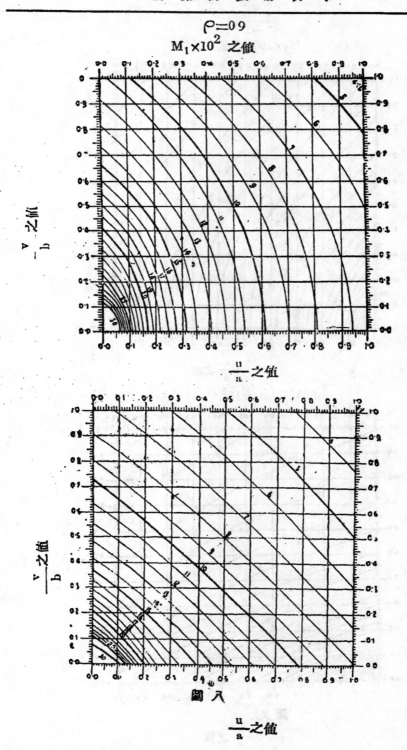

$\rho = 0.9$

$M_1 \times 10^2$ 之值

$\dfrac{v}{b}$ 之值

$\dfrac{u}{a}$ 之值

圖 入

$\dfrac{v}{b}$ 之值

$\dfrac{u}{a}$ 之值

$$\rho = 0.8$$

(a)　　$M_1 \times 10^2$ 之值

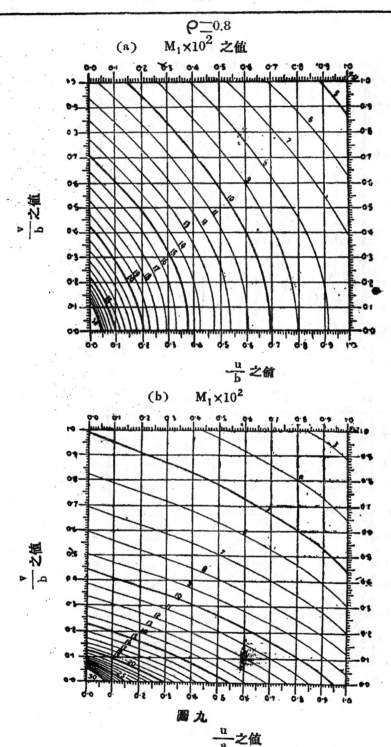

$\dfrac{v}{b}$ 之值

$\dfrac{u}{b}$ 之值

(b)　　$M_1 \times 10^2$

$\dfrac{v}{b}$ 之值

圖九　　$\dfrac{u}{u}$ 之值

$$\rho = \sqrt{\frac{2}{2}} = 0.707$$

(a) $M_1 \times 10^2$ 之值

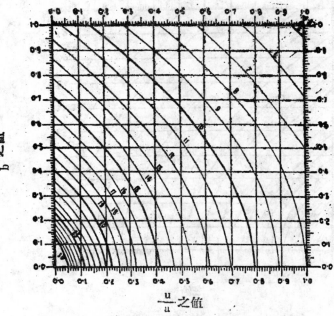

$\dfrac{v}{b}$ 之值

$\dfrac{u}{a}$ 之值

(b) $M_2 \times 10^2$ 之值

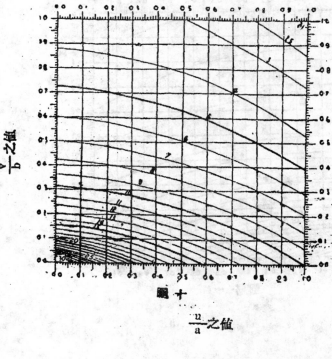

$\dfrac{v}{b}$ 之值

圖 十

$\dfrac{u}{a}$ 之值

$\rho = 0.6$

(a)　　$M_1 \times 10^2$ 之值

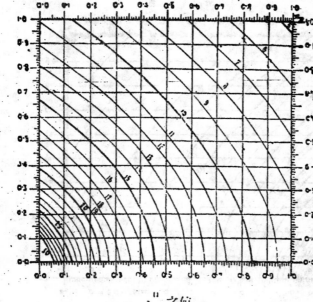

$\dfrac{u}{a}$ 之值

(b)　　$M_2 \times 10^2$ 之值

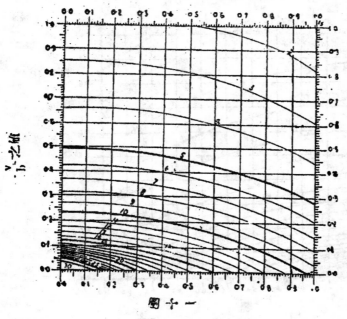

圖 $-$

$\dfrac{u}{a}$ 之值

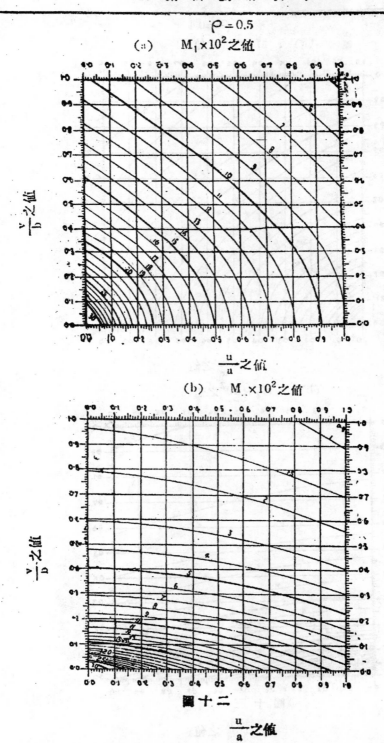

$\rho = 0.5$

(a) $M_1 \times 10^2$ 之值

(b) $M_r \times 10^2$ 之值

圖 十 二

$\rho = 0.4$

(a)　　$M_1 \times 10^2$之值

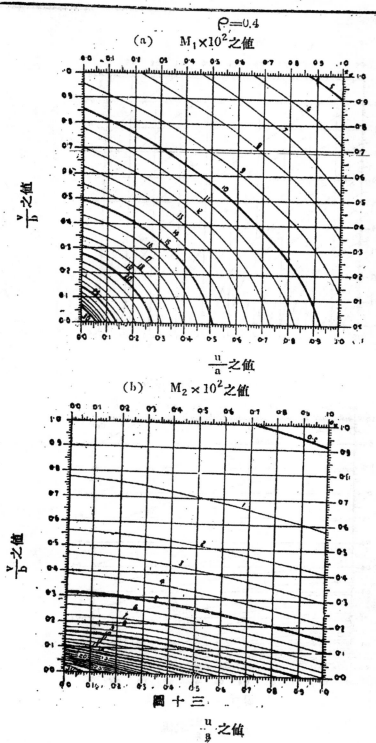

$\dfrac{v}{b}$之值

$\dfrac{u}{a}$之值

(b)　　$M_2 \times 10^2$之值

$\dfrac{v}{b}$之值

圖十三

$\dfrac{u}{a}$之值

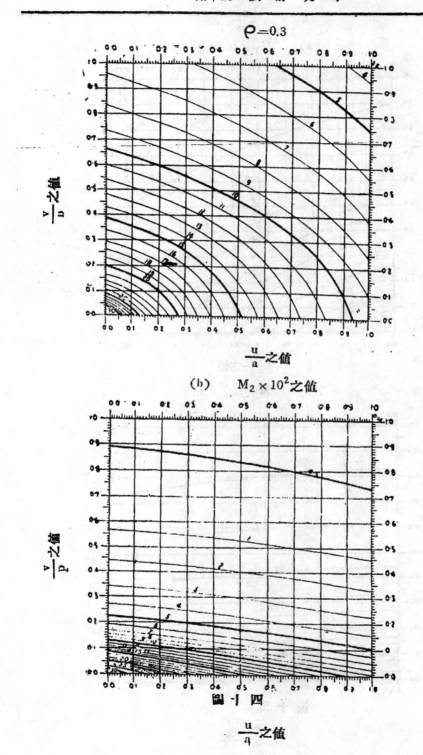

$\rho = 0.3$

(b)　　$M_2 \times 10^2$ 之值

圖 十 四

$$\rho = 0.2$$

(a)　　$M_1 \times 10^2$ 之值

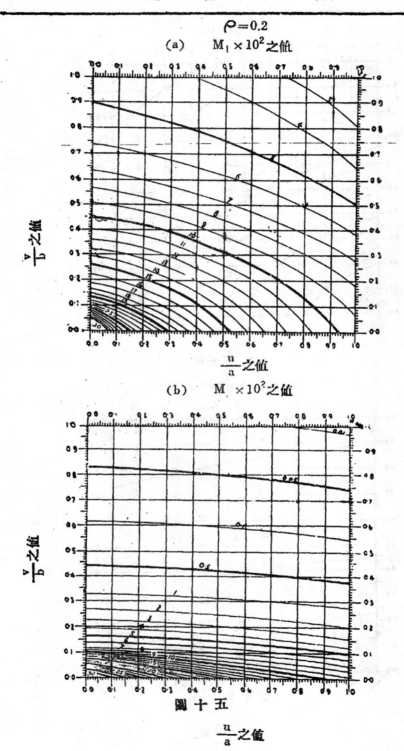

$\frac{u}{a}$ 之值

(b)　　$M \times 10^2$ 之值

$\frac{v}{b}$ 之值

圖 十 五

$\frac{u}{a}$ 之值

$$\rho = 0$$

$$M_1 \times 10^2 \text{之值}$$

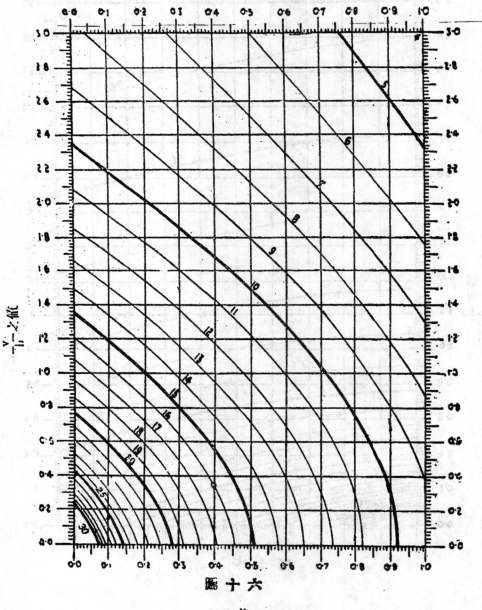

圖 十 六

$$\frac{u}{a} \text{之值}$$

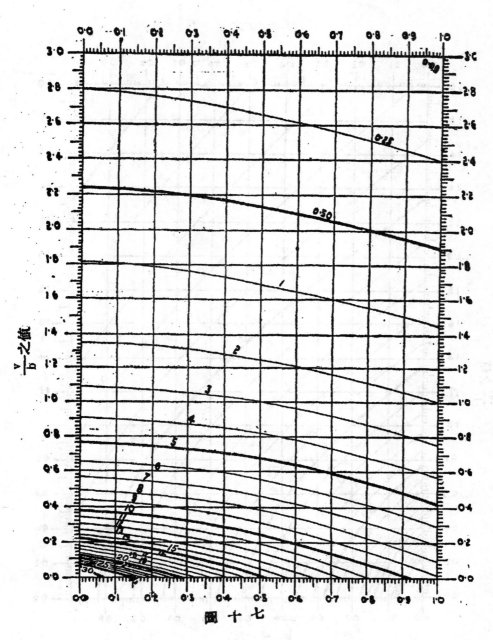

圖 十 七

$\dfrac{u}{a}$ 之 值

14052

一部份載重之塊面(總重 $\rho = 1$)

$M_1$(或$M_2$)×$10^?$ 之值

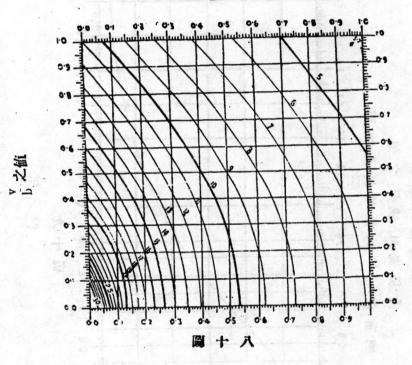

圖 十 八

$\dfrac{u}{n}$ 之值

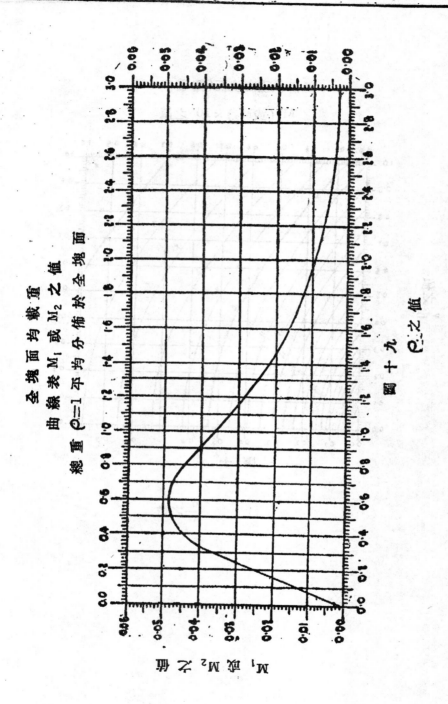

全塊面均載重
曲線表 $M_1$ 或 $M_2$ 之值
總重 $P=1$ 平均分佈於全塊面

圖十九

$P$ 之值

倘若有兩集中載重，而輪面正交於支持者，(圖20)通常以

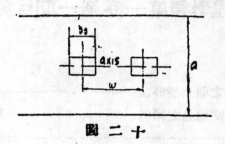

圖 二 十

$$v = 3时 + 2t \cdots\cdots\cdots\cdots\cdots\cdots\cdots\cdots\cdots\cdots\cdots\cdots(56)$$

$$v = w + b_0 + 2t \cdots\cdots\cdots\cdots\cdots\cdots\cdots\cdots\cdots(57)$$

變兩載重為單一載重·

若輪面與支持平行時(圖21)

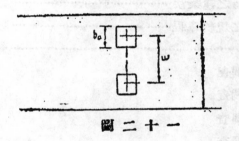

圖 二 十 一

$$u = w + b_0 + 2t \cdots\cdots\cdots\cdots\cdots\cdots\cdots\cdots\cdots(58)$$

$$v = 3时 + 2t \cdots\cdots\cdots\cdots\cdots\cdots\cdots\cdots\cdots\cdots(59)$$

若需要計算均等重及加形集中重，必佐氏之車輪載重計算法，可用為鋼筋需要數目之一指示

（待續）

# 工程學報第一卷第一期目錄

# 擬建河南自來水廠計劃書

擬述者　　吳民康

指導者　　金肇組

## 目錄

## 緒　言

河南位於珠江之南，與河北遙遙相對，其隸屬於廣州之部份，有海幢洪德蒙聖三區，瀕江地位，東與大沙頭相望，西與沙面租界對峙，岸綫蜿蜒數里，爲河南商務最發達之區，華洋廠棧沿江羅列，甚有類於上海之浦東，以之爲廣州之輔城，其地勢之優越，鮮有其匹，夫一地之重要公用事業，不過水電交通三項：今電氣已有廣州電力分廠與自動電話，交通則有海珠鐵橋與公共汽車，所缺者惟自來水，倘能及時興辦，則河南之發展，可計日而待也。

河南之需要自來水，固為一般身處其地之居民急切之要求無疑矣，河南居民因食不潔之飲料而致病者亦數見不鮮矣，當地人士屢起而為改良食水之運動亦疊現於報章矣，當局與自來水專家籌商計劃亦不自今日始矣，然而河南之無自來水也如故，懷疑而反對之者更如故，經費問題耶，缺乏專門人才邪，否否，吾以為兩者均未足為其主要之原因，而水源之問題實為其致命之傷也。或問曰，珠江之水，滔滔不絕，取之不盡，用之不竭，是水源固無所用其過慮也，殊不知水量固不足以為憂，而河水之鹹淡斯則有待於論列矣。致珠江之水，上接三江，下通大海，每年由三月至九月因雨量充足故水淡，由十月至二月因雨量缺乏故水鹹，因此之故，多以此為數月間取水成一重大問題，惟據自來水專家言，此點雖屬可慮，然亦無大妨碍，勉強用之亦無不可，如必要時可加設自流井以補救之（此點下當再加論列）究非並無辦法可用也。且惜海珠鐵橋為開合式不甚利於安裝水管，非然者，由河北裝設大管一條接駁河南，要亦一治標之法，惟恐水量或有不足，且對於　中山先生發展河南之計劃無大裨益，究不如為一勞永逸計另設一新水廠以供其用之為愈也。總之河南之有無水廠，對於居民之衛生，地方之興旺，房屋之保險，均有莫大關係，茲錄廣州自來水總工程師金肇祖先生之呈文於下，以證本文之一證。

謹查本市新水廠計劃大致已造成概算者約有四個，在此數計劃中，或互相包括，或彼此衝突，故河南供水計劃除有特別情形外，似不宜單獨進行，因各個新水廠計劃中，均已包括河南居民之食水在內也。惟　鈞座意旨，以為亦可用河南附近之水為水源單獨計劃，提出一概算以供參致，故特行造具概算一份及草圖等，致該地之詳細地形及水源之真確水質，均未加以討論，倘此計劃原則覺獲採納批准，則於詳細設計時，對於水質地形等，倘須作一番測量研究工作也謹呈

市長劉　　　　　　　　　　　　　　　　　　　自來水總工程師金

## 二　各區戶口人數之調查

河南之人口，據民廿一年全市人口調查報告所載爲十二萬六千餘人，與全市人口適爲八與一之比，茲將各區戶數人口採列如下：

### （1）　各區人口數量

蒙聖　　四萬五千三百人

海幢　　二萬七千人

洪德　　五萬四千人

合共拾式萬六千三百人

### （2）　各區戶口數量

蒙聖　　九千壹百戶

海幢　　七千三百戶

洪德　　九千四百戶

合共式萬五千八百戶

## 三　用水量之預算

河南各區入口之總數，雖如上述，然設計時則不能以之爲準則，因沿江各地，廠棧林立，工商業均發達，而其內部則村落星散，生活簡陋，自不能一概強之購用自來水，故水廠給水計劃擬按照全數三份之一計算，俟將來地方發達時，然後逐漸擴充可也。茲將城市用水與個人用水之途徑表列如下，以爲預算出水量之標準，

### （一）　城市用水

| | | |
|---|---|---|
| （甲）　市民用水 | | 35% |
| （乙）　救火及其他公共用水 | | 30% |
| （丙）　工商業用水 | | 10% |
| （）　耗漏及其他損失 | | 25% |
| 總計 | | 100% |

　　（二）　個人用水

|  |  |  |
|---|---|---|
| （甲） | 烹飪 | 0.75英加侖 |
| （乙） | 飲用 | 0 33英加侖 |
| （丙） | 沐浴 | 5.00英加侖 |
| （丁） | 淘洗 | 2.92英加侖 |
| （戊） | 浣濯 | 3.00英加侖 |
| （己） | 其他 | 3.00英加侖 |
|  | 總計 | 1 5.00英加侖 |

（甲）　以總戶口三份一計算共八千六百戶，每戶約五人，故用水戶口內人數共約四萬三千人，以每人每日消耗水量十五英加侖計，合共用水六十四萬五千英加侖。又用水戶口外用水人約二萬人，以每人每日四加侖計，共八萬英加侖。合共七十二萬五千英加侖。

（乙）　救火用水約計四十萬英加侖，及其他公共用水二十萬英加侖，共約六十萬英加侖。

（丙）　工商業用水計二十萬英加侖。

（丁）　耗漏四十一萬五千英加侖。

　　以上四項用水共一百九十四萬英加侖，即約合二百三十二萬五千美加侖。故水廠每日出水量應以三百萬美加侖計算。

## 四　水廠之地點

　　水廠之地點，最好利用市有土地，以免另行購買私地，查河南西部現正填築內港堤岸，該處新地自屬不少，可惜此地與市廠太近，且當白鵝潭之口，往來船隻甚多，對於水源不免有玷污之害，再查沿該新堤落下之地，即太古輪船公司貨倉附近，其地亦頗適用，惟不知其土質如何，須要詳加探驗，方可決定，總之該處附近一帶以之為水廠建築地點，實屬可用，且該處地價不昂，即收用民地亦不見若何破費也。

## 五　水廠之佈置

考普通水廠之設備應具有下列各建築物，卽進水間，進水井，碼頭，吸岸，動力室，混水機室，氣化處，混和間，沉澱池，辦公室，貨棧，修理工廠，化驗室，蓄水池，快濾池，炭酸化池，洗水塔，清水井，水表室，清水機間，職工宿舍，警衞室，運動場，花圃等。

上述各項，自然爲水廠設備完善時所應備之建築物，但第一期出水以前，是否能完成建設，尙須視將來經濟能力如何而定。茲將水廠各部佈置之大畧情形，槪述如下：

江水自江中從進水箱流入進水井，卽由混水機吸起，灌入混和間，如須加氣化作用時，卽可將此時江水，與氣化處接通，經過氣化以後，再行流入反應間及沉澱池，倘認爲無須加以氣化時，卽將接頭處關斷，江水卽直接流入混和間，混水通過沉澱池，經四小時以上之澄清後，卽流入快濾池，惟在未入快濾池以前，如將來製水手續上，有認爲須加以炭化者，卽可於快濾池附近，建設炭化間，以爲補助，清水塔則建於快濾池之旁，以資冲洗沙層；江水旣經快濾，卽注入清水池，於適當之地位，施以氫氣及氯氣之消毒，及去嗅味，然後由清水抽水機將製過之清水，施以高壓，送至水塔(或蓄水池)然後分佈全市用戶。

## 六　水源之選擇

致水源類之種約分兩種，一曰地面水，二曰地下水，屬於第一種者爲雨水，河水，湖水，人工築池水等，屬於第二種者爲泉水，淺井水，深井水，地洞水等，各種水源之水質均有不同，須視乎當地之情形以適合何者而判斷之。河南水廠之水源，自以採用河水爲最便利，卽普通所用之水源，亦必以採用河水爲原則，除非必要時或不得已時，然後採用雨水或地下水。如香港因四面環海之故，其水源乃取用人工築池水以收集年中落下之雨水，惟此爲最無把握之辦法，因每年之旱濕程度不同，設該年天旱無雨，則將索人民於枯魚之肆矣，港地之所以常鬧水荒者，職是故也。

查珠江之水每年因有數月為雨量缺乏期間，河水每為海水所冲入而混和，故水質因之而變鹹，對於飲用上，不無影响，惟幸其時適為天冷時期，用水量較之平時自然減少許多，如能加礬自流井或引用七星崗之礦泉以調劑之，自無不足之虞也。

水質之檢驗為採用水源最先之工作，因水質不良，則雖有甚利便之水源，亦不能使用之也，茲將化驗水質之標準，臚列於下，以供參考。

（甲）　化學及衞生化驗標準

（一）溶化定質總數不得過百萬份之八百

（二）硬度總數不得過百萬份之三百

（三）硝酸鹽中氮質不得過百萬份之三百

（四）鉛不得過百萬份之零一

（五）銅不得過百萬份之零二

（六）鐵不得過百萬份之零三

（七）鋅不得過百萬份之零五

（八）硫酸不得過百萬份之二百五十

（九）鎂不得過百萬份之一百

（十）氯化物不得過百萬份之二百五十

（十一）全固體不得過百萬份之一千

（乙）　渾濁測驗標準

渾濁每立特(litre)不得過10度（矽砂標準）

（丙）　細菌測驗標準

乳糖培養發酵細菌總數每立特不得過10

河水與井水既為普通多所採用之水源，則其利弊自不能不一比較之，以為採用者之認識。

| 兩　種　水　源　之　比　較 | | |
|---|---|---|
| | 利 | 弊 |
| 河　水 | 取　用　不　竭 | 清　濾　費　較　大 |
| 井　水 | 製　水　費　較　廉 | 常有旱涸之虞宜時添設新井 |

## 七　製水之設備

製水之法，除用自流井直接取水外，餘多以明礬混凝沉澱，經過沙濾，沙濾分三種，曰慢性沙濾曰快性沙濾，曰壓力沙濾，就中以快性沙濾為較便而採用亦以此為最多，因其佔地少而出水快故也，茲請分別言之：

自流井　　自流井之設備極簡，祇須開鑿深井一口建設地面池一雙，水塔一座，用氣壓機抽水至地面蓄水池，再由此池用離心力式抽水機，抽水至水塔然後由管線分送至用戶便得，又因地下水泉，已經地層之滲濾，水質較潔，可免沉澱殺菌等費用，惟水質之優劣與水源之旺枯，殊無一定之把握，故自流井之用，只可以之為補助水源則可，如全靠之為出水水源則未免窒礙叢生也。

壓濾池　　用地面水源者，以壓濾池為最廉，因其濾率甚速，佔據地位亦少，可向外洋訂購，如用此種濾池加以抽水氣壓機，加礬機，水塔等，則可由江邊引水，用抽水機打入壓濾池，一面加入礬水，經濾後即藉進水抽水機之壓力而直流上塔，並用氯氣，或用氯經殺菌，即可由管線供送用戶矣，氣壓機乃于反冲濾沙時迫入空氣，以助冲洗污沙者，此種設備，頗為簡便，本市東山水廠即用此種，惟仍須以經過沉澱為好，不然，如遇潮大泥重時，所出之水，難臻上乘，以之供給一地之飲用，實屬不宜。

慢濾池　　慢性沙濾，本屬較瓦之法，惟其佔地過大，出水又慢，在此地價日增時代，殊不經濟，故不比快濾池為好，無怪舊有慢濾池者亦多改用快濾池也。

快濾池　　快濾池之所以較慢濾池為好者，顧名思義，即已知之，蓋其佔地不多而出水又快故也，本計劃中所採用者卽屬此種。

按快濾池設計。擬建沉澱池一個，容量爲五十萬美加侖〔（14′×50′×95′）7.481〕，沉澱時間約四點餘鐘，每二十四小時可沉澱清水三百萬加侖；快濾池四個，每個濾水面積二百六十平方英呎，照每小時平方英呎濾水壹百二十美加侖計算，每個每二十四小時可濾水七十五萬美加侖，四個共計三百萬美加侖；又建清水池一個，容量爲六十萬美加侖；水塔一座，高出地面壹百呎。

## 八　管線之佈置

管線之佈置如圖，從太古貨倉附近之水廠引伸大管經洪德路直至南華東路尾止，復分支各處，於相當地點設置公共龍頭以爲零售者及消防之用，各段管徑之大小列如下表：

| 段 | 長 度 | 擬用管徑 | 段 | 長 度 | 擬用管徑 |
|---|---|---|---|---|---|
|  | （呎） | （吋） |  | （呎） | （吋） |
| B | 2050 | 12 | CH | 1400 | 6 |
| BC | 1480 | 12 | HJ | 1315 | 6 |
| CD | 985 | 6 | GI | 1230 | 12 |
| DE | 490 | 6 | BD | 820 | 12 |
| E | 985 | 6 | CF | 426 | 12 |
|  | 1230 | 12 | IJ | 820 | 6 |
|  | 655 | 6 | IK | 1315 | 6 |

## 九　建設費預算

出水量爲叁

（一）　進水口用二十四吋鋼管引水至混水井，鋼管長約八十呎，需銀約一千六百元，混水井及其他設備約需銀三千四百元，合共五千元。

（二）　混水機及清水機

　　（甲）十二呎水頭四十八匹馬力之混水機壹副連零件電板等，每拾萬美加侖以弍百伍十元廣東毫銀算，則每副出水叁百萬美加侖約需銀七千五百元，連預備機壹副合共壹萬五千元。

(乙)一百呎水頭四百匹馬力之清水機壹副連零件電板等，每拾萬美加侖以三百七十五元廣東毫銀算，則每副每弍十四小時出水叁百萬美加侖約需銀壹萬壹千弍百五十元，連預備機壹副，合共弍萬弍千五百元，一切廠內動力以引用市電廠電力爲原則。

(三)　混水機及清水機室

　　機室(40呎×50呎)共弍拾井，每井以五百元算，約需銀壹萬元。

(四)　快濾池

　　快濾池四個，每池面積弍英井六(13'×20')，四個連機室(35'×60)廿一英井，每井弍千元算，約需銀四萬弍千元。

(五)　快濾池機械及其他設備

　　快濾池機械設備，每百萬美加侖設備費約需銀弍萬五千元，今出三百萬美加侖，則約需七萬五千元。

(六)　沉澱池

　　沉澱池(14'×50'×95')面積四十七井五十方呎，每井壹千四百元算，需銀約六萬六千五百元。

(七)　清水池

　　清水池(14'×75'×75')面積約五十六井，每井以六百元算，約需銀三萬三千六百元。

(八)　混和機及氯氣機設備

　　弍項合共約需銀壹萬元。

(九)　辦公廳

　　壹座弍層樓(25'×35')約需銀壹萬元。

(十)　碼頭

　　壹座約需銀三千元。

（十一）　圍墻

　　　　磚墻八百一十呎約需銀二千六百元。

　　　　鐵欄二百五十呎約需銀四百元。

　　　　二項合共三千元。

（十二）　收地

　　　　七百五十井（英井）每井以三十元算，約需銀二萬二千五百元。

（十三）　水塔

　　　　三合土水塔一個，約需銀一萬元。

（十四）　水管

　　　（甲）　12寸水管約長二萬五千五百七十五英呎，每呎十元算，則需
　　　　　　　銀二十五萬五千七百五十元。

　　　（乙）　6寸水管約長四萬五千五百呎，每呎五元算，則需銀二十二
　　　　　　　萬七千五百元。

　　　（丙）　4寸水管約長四萬六千呎，每呎三元算，則需銀一十三萬八
　　　　　　　千元。

　　（但水管以在外國工廠定造者爲限，如在本國自鑄者，價須另加）

　　　　三項合共需銀六十二萬壹千二百五十元。

（十五）　水表　先備五百個約銀壹萬五千元。

　　以上十五項共需銀九十四萬四千三百五十元。

　　查上項預算，雖爲九十四萬四千餘元，但水管方面可以分期裝設，第一期
可先裝水管三十六萬元左右，又濾水池可以暫從緩造，兩共可暫省去三十三萬
餘元，故河南水廠建設時，倘能籌得六十萬元，以理測之，似可卽行給水於市
民食用矣。

## 十　經常收支預算

（甲）　支出預算

　　（一）　主任一人月支　　　　　　　　　　　　　　　　二百元

　　　　　技士一人　　　　　　　　　　　　　　　　　　一百八十元

　　　　　工目二人（每人八十元）　　　　　　　　　　　一百六十元

　　　　　水管工人廿名每名（五十元）　　　　　　　　　　一千元

　　　　　廠內工人廿名（同上）　　　　　　　　　　　　　一千元

　　　　　辦事員四人（二人各支八十元／二人各支六十元）　二百八十元

　　　　　警察三人（每人廿元）　　　　　　　　　　　　　六十元

　　　　　雜役（守閘連抬選工人／約十名每名廿元）　　　　二百元

　　（二）　電費　每月　　　　　　　　　　　　　　　　一萬二千元

　　　　　滑油等　　　　　　　　　　　　　　　　　　　五百元

　　　　　其他消耗修理　　　　　　　　　　　　　　　　　二千元

　　　　　辦公費　　　　　　　　　　　　　　　　　　　五百元

　　　　　硫酸鉛　　　　　　　　　　　　　　　　　　　　二千元

　　　　　硫酸鋁　　　　　　　　　　　　　　　　　　二百五十元

　　　　　綠氣　　　　　　　　　　　　　　　　　　　　七百元

　　　　　利息及折舊　　　　　　　　　　　　　　　　五千五百元

以上式項每月合共支出式萬六千五百三十元。

（乙）　收入預算

　　（一）　水費（共八千六百戶，每戶以三元半算）每月三萬元（卽每日售出

　　　　　一百二十餘萬加侖）

　　（二）　零售水費　每月　　　　　　　　　　　　　　　式千元

以上二項每月共收入叁萬式千元

　每月營業除支出外，約可獲利五千四百七十元，茲將每月收支比較表列如

下：

14067

| 收　入　項　目 | | | | 支　出　項　目 | | | |
|---|---|---|---|---|---|---|---|
| | 元 | 角 | 分 | | 元 | 角 | 分 |
| (一)水費 | 30,000 | — | — | (一)職員薪金 | 3,080 | — | — |
| (二)零售水費 | 20,000 | ‥ | — | (二)電費，及其他 | | | |
| | | | | 藥雜費利息 | | | |
| | | | | 折舊等。 | 23,450 | — | — |
| | | | | 比對贏餘 | 5,470 | — | — |
| | 32,000 | — | — | | 32,000 | — | — |

## 一　擴充計劃

　　水廠之擴充，自經濟方面立論，當視營業之盈虧而轉移，如以發展市政為政策，則視地方需要而增減，辦水廠之困難，在其創辦時設備不能不照預算當地最高之需要而建設，因此利息及折舊隨以增高，而收入則須視用戶之是否普遍而定，至於消防清道等市政用水，在水廠固出有代價以製成清水，而此項用水之代價，直接無所取償，祗能間接責償於市政之捐稅，然此在廠則為一種損失矣。故為穩健計，只可於初辦時減少開支，於可能的最低範圍內以待營業較盈時再行擴充組織，即廠外設備亦只能待諸異日而後擴充也。茲並將每年擴充之預算計列如下：

　　(甲)擬每年添埋6吋以下水管五千呎約需銀式萬元

　　(乙)擬每年添設高立救火龍頭十處約需銀三千元

　　(丙)擬每年添購水表三百個約需銀九千元

　　(丁)擬每年添購新設備及工具等約需銀四千元

　　(戊)擬每年添聘人員薪俸壹千元

　　以上五項共計每年約需銀三萬七千元

## 十二　水價

本計劃擬完全採用水表制，先沿街裝設公共龍頭若干處，每十加侖水價售銅圓三枚，照現在廣州市價而論，每毫找換銅圓三十枚，每枚可購水三加侖，每元可購水約壹千加侖，如此代價，較之現在河南住戶挑水價目，不尤物美價廉耶，卽由住戶雇夫挑回，每担（約十加侖）仍可減省銅圓四五枚，以視今日，眞不可同日而語矣，玆將河南現在挑水價目採列於下，以資比較。

| 水之種類 | 每担價目（銅圓數） | |
|---|---|---|
| | 樓下 | 樓上 |
| 井水 | 四枚 | 五枚 |
| 河水 | 八枚 | 十枚 |
| 泉水 | 二十六枚 | 三十枚 |

至於住戶請求裝水亦可，惟須繳納水費與水表押櫃，並担負接水各費耳。

## 十三　結論

頃閱報載，河南於三月廿七日又發生大火，地點在龍尾導西市地方，焚舖十三間，損失在五萬元以上，河南向無自來水，且該處距河涌甚遠，又值潮退，取水困難，至夜水漲，始能協同灌救，經三小時始行撲滅云，觀此，地方無自來水之害，愈益明顯，其實河南往者類此之事實甚多，人民之生命財產因此而受損失者爲數實不在小，關心民瘼者，其亦知所注意矣，玆更錄署名謝天君在越華報發表之，河南之食水問題，一文以爲本文之結論：

河南與河北一水相隔，交通不便，故一切建設，均甚落後，及馬路開闢，珠江鐵橋完成，而後河南始漸臻繁盛，畧具城市規模，且因地近鄉村，無都市繁雜聲之嘈擾，頗適於民居，故近日小港與鳳凰崗一帶，建築新屋日多，蓋空氣之清潔，地方幽靜，實非車水馬龍之繁盛地點所能比，然居住河南善則善矣，但令人猶有感覺不安者，則莫如食水問題是，因河南素無自來水之設，飲料全仰給於河水或井泉，近河者自不待說，皆取水於珠江，但居住稍遠者，則不能不取給於內涌或食井，而河南食非甚少，頁好者更不多覯，且皆味帶微鹹，尤非良好飲料，故不得不捨井而取涌，而內涌之面積不廣，沙泥滿積，涌床日淺，年前雖經一度挖掘，但不過畧去浮泥，現在又復堆積如故，且屋背臨涌之住戶，復滅絕公德，擧伸木架於涌上，蓋搭浴室廁所廚房等，亂棄穢物於涌中，水漲時沿涌居民，復携衣服器具或痰盂等，在其中洗濯，更兼設有皮革廠，牛奶廠布廠等，時常放出汚水，由是涌水更不堪聞問，其汚濁處直令人見而毛戴，然因缺乏自來水之故，勢又不能不取作飲料，但祇可設法用沙濾滲，使其稍爲澄清而已，其中雖有水塘之設，如龍尾導坊衆所建之水塘等，但塘邊素爲停泊糞艇之處，淸糞之日，糞艇雲集，黃白纍纍，令人可怕，總之食水在河南已成一絕大問題，致水爲人生日常所必需，不可以片刻缺，今如是，對於人民健康之影响，實至重大，前聞市府有擧辦河南自來水之議，後又因事中輟，現當努力建設之秋，想當軸者爲河南居民康健計，爲市政觀瞻計，諒必有以副河南之渴望也。

讀此其亦有感於中乎，吾知謝天君必爲老於河南者方能爲此言，亦必爲身受其苦者方能言之切，其行文之中肯，所論之痛快，孰有愈於此者耶。

民康寫於黄花節日

# 河南水廠佈置草圖

比例尺: 5吋=20丈
面積七百五十英方

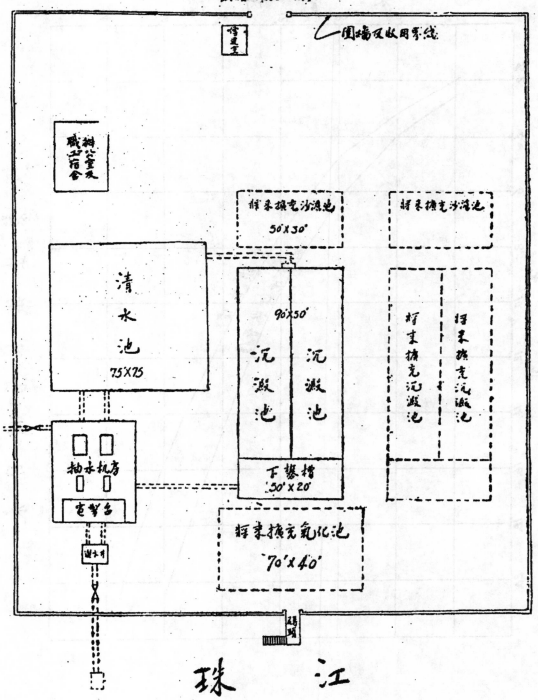

圍墻及收用界線

修理室

抽水室及
職工宿舍

將來擴充沙濾池
50'×30'

將來擴充沙濾池

清
水
池

75×75

90×50'

沉
澱
池

沉
澱
池

將來擴充沉澱池

將來擴充沉澱池

抽水機房

電掣台

下藥槽
30'×20'

將來擴充氧化池
70'×40'

進水井

珠　　江

14071

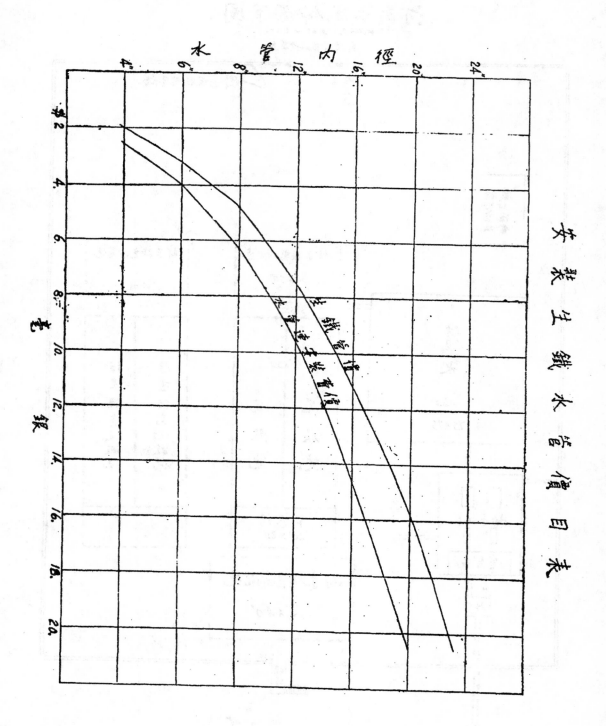

装置铁水管价目表

水 管 内 径

生铁管价

水管连汞装置价

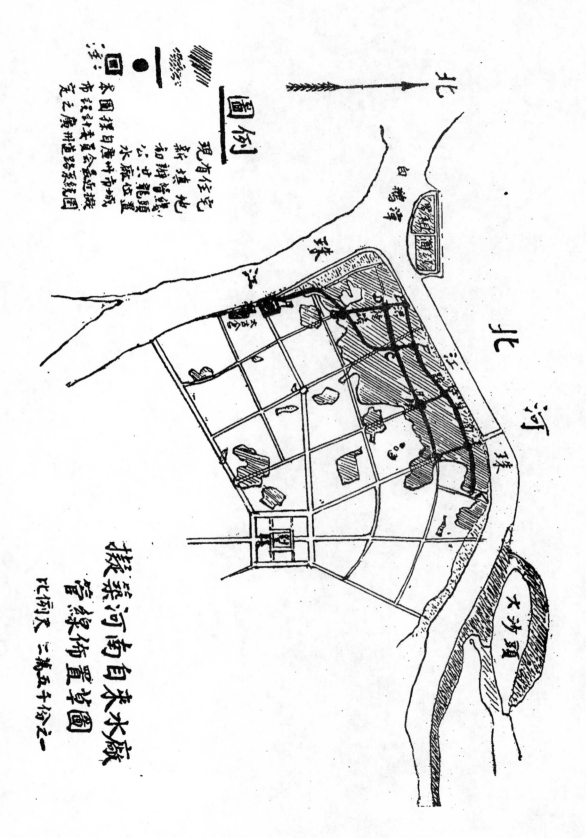

拟築河南自來水廠
管線佈置草圖

圖例

觀有住宅
新填地
初期管線
公共龍頭
水廠位置

注：本圖係據廣州市城
市設計委員會給
定之廣州道路系圖

北

北 河

白鵝潭

珠

江

珠

江

大沙頭

比例尺 二萬五千分之一

14073

# 桿梁撓度基本公式之直接證明及應用法

## 廖安德

## 本 文 所 用 之 符 號

| 符號 | 英文解 | 中文解 |
|---|---|---|
| a b | distance of concentrated load from support. | 由支點至集中重之距離 |
| B | some special breadth. | 特別濶度 |
| D | some special depth. | 特別深度 |
| C | distance from neutral axis to extreme fiber. | 由中和軸至最外纖維線之距離 |
| $c_1, c_2, c_3, c_4,$ | integration constants | 積分常數 |
| $d_1$ | depth | 深度 |
| E | modulus of clastricity | 彈率 |

14075

| | | |
|---|---|---|
| $E_2$ | modulus of elastricity in shear | 剪力彈率 |
| I | moment of inertia | 惰性率 |
| $I_m$ | maximnm moment of inertia of a beam of Variable section. | 變更剖面梁之最大惰性率 |
| $l_1$ | length of beam between two supports. | 間於兩距離中梁之長度 |
| M | moment | 彎率， |
| $M_0$ | moment at origin of co-ordinates | 在坐標原點之彎率， |
| P | concentratod load | 集中重 |
| R | reaction at supports | 在支點處之反力 |
| $R_1$ | reaction at left supports | 在左支點之反力， |
| $R_2$ | reaction at right supports | 在右支點之反力， |
| S | unit- stress | 單位應力 |
| $S_s$ | unit -shearing stress | 單位剪應力 |
| V | total vertical shear | 總垂直剪力 |
| $V_0$ | upward siearing force | 向上剪力 |
| Vx | vertical shear for a sectin distance x | 在距離x之剖面垂直剪力 |
| w | distributed load for unit length | 每單位長度之均等重， |
| W | total load uifromely distributed | 總均等載重， |
| Y | def lection in a beam | 梁中之撓度， |
| $\triangle$ | maxinium deflection in a beam | 梁之最大撓度， |
| $\in$ | unit deformation | 單位變形 |
| P | radius of curvature | 曲率半徑 |
| $Z:\left(\frac{s}{1}\right)$ | section moldulus | 斷面率，剖面率 |

# 第一章　總　　論

建築物與機械之杆樑，凡用以抵抗平定載重者必須富有強硬性與抵抗力，方可無撓度(deflectios)之發現。其撓曲之原理，無非因建築物內部之變化。換言之，因載重之過大，搆造物質之失強硬性，與夫其剖面積之過小有以使然也。

普通建築物之主要部分可分爲三種：即樑(beams)，柱(columns)及坂 (Sias)等是也。此三種建築物中以樑之內部變化最爲複雜，致於柱及坂之撓度計算法，樑之撓度一旦解決，則迎刃而解也。

# 第二章　撓度之基本公式

欲研究樑撓度之大小，必須先將彈曲線方程式，(Elastic Curve Equation)討論之。樑之彈曲線爲受壓力後樑之曲線中量軸。其最大之單位壓應力，不得超過其搆造物質之比例限度 (Proportional limit) 彈曲線旣然位於樑之中和平面(neutral snrface)雖樑之若何撓曲，不影響及也。

茲將普通彈曲線方程式列下。第一圖中表一受載重過大而致撥曲之樑。其理因最大之纖維應壓力少於構造物質抵抗力之比例限度故也。凡一直線形樑，受載重過大而成撓曲者，其纖維線之應力恒與纖維線(fiber)至中和平面之距離成一正比例。圖中GH與E′F′爲樑未撓曲時之上下兩邊平行線，設AB爲間於此二平行邊線之微動長度(differential length)，則用。

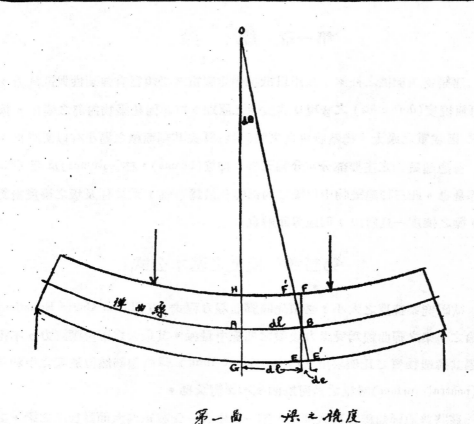

第一圖　　梁之撓度

$dl$ 表之，$l$ 則爲彈曲線之長度，劃一直線EF經過B點，與GH平行（卽與E'F'之原線平行），若梁撓曲時，則在上線HF之長度顯然縮短 F'F，致於下線則伸長 E'E. 命 $de$ 而代 EE' 所伸長之數，由此觀之，其餘纖維線所伸張度數均與其與中和平面之距離爲正比例，所以下線變形後之單位應力爲

$$E = \frac{de}{dl}$$

圖中之弧形三角OAB與BEE'互相似形，由此

$$\frac{BE}{OA} = \frac{EE'}{AB}$$

但OA爲彈曲線之曲率半經，其距離爲由O至A，今以 $\rho$ 表之，BE爲中和平面至纖維線之距離，其所變形之數爲de，以c表之，由撓曲公式（flexure formula）求得，

故
$$\frac{c}{\rho} = \frac{de}{dl} = \epsilon \; ; \; \rho = \frac{c}{\epsilon} \qquad （1）$$

但C與E均與外力(external force)有關係。材料之強硬度與樑剖面積均據以下之方程式得來：

$$M = \frac{SI}{C} \quad 及 \quad E = \frac{S}{E}$$

以此值代入方程式（1）則得

$$\rho = \frac{EI}{M} \quad 或 \quad M = \frac{EI}{\rho} \quad\quad (2)$$

在上之方程式中，$\rho$ 為彈曲線之曲率半徑，位在樑之任何一部當其灣率為，M時；E為材料彈性率係數；I 則為該樑與中和軸正交之截面之撓曲率（假定其數值在樑之各部均等）若E以每平方吋若干磅表之，I以 $(inches,^4)$ 吋 $^4$，$\rho$ 以吋，M則以吋磅表之。

　　若樑之不變剖面如此載重，由上述方程式觀察起來，灣率M在樑之任何一部不變，則在此一部之彈曲線之曲率半徑亦將不變（既然 E 與 I 均不變），因此之故，在此部之彈曲線成一圓形之弧弓；換言之，若樑之曲度，成一圓形之弧弓，在此樑各部之灣率均等。除此以外，在上列之方程式，若M等於零時，$\rho$ 必等於一無限數；故在點曲點（Inflection point）（M＝O）處，由樑至曲率之中心，成一無定限之距離。

　　曲率半徑式 P 在微積分課本內，吾人常見之：

$$\rho = \frac{\left[ 1 + \left( \frac{dy}{dx} \right)^2 \right]^{\frac{3}{2}}}{\frac{d^2 v}{dx^2}}$$

　　樑在未撓曲前，均為直綫形，建築件及機械件恒多見其撓曲，蓋用其構造材料超過其最大應力值故也，因撓曲而致有傾斜度(slope)$\frac{dy}{dx}$ 之值與單位比較起常來為微細數目，故 $\left( \frac{dy}{dx} \right)^2$ 可減省之而無重要之差誤，因此，上列$\rho$之值，可寫為下式

14079

$$\rho = \frac{1}{\dfrac{d^2 y}{dx^2}} \qquad\qquad (4)$$

由此觀之，灣率方程式　$M = \dfrac{EI}{\rho}$　(2)又可寫爲

$$M = EI \frac{d^2 y}{dx^2} \qquad\qquad (5)$$

方程式(5)爲梁之彈曲線基本公式上列之方程式，M 爲梁一分部之灣率其距離由坐標之原點爲x，而 y 則爲同此分部之彈曲線撓度，

　　欲由 c 知數x求撓度 y 之值，M.則以 x 數表之。以上列式(5)之微分方程式，運用二次積分法則求得梁之撓度公式，致於公式之標記，則藉梁之種類若何(小梁或飄梁等)與何種載重(集中重或均等重)而定之

　　應用彈曲線方程式 $M = EI \dfrac{d^2 y}{dx^2}$ 時，吾人務要明白 M 與 $\dfrac{d^2 y}{dx^2}$ 之記號關係，E 與 I. 在若何時均是正數，故不必注意，所注意者則當一水平梁，在其下邊之纖維線發生牽應力時，M 則爲正號，若所受之力爲壓應力時，M 則爲負號，至於 $\dfrac{d^2 y}{dx^2}$ 之記號則藉軸線之正負選擇。

## 第三章　各種梁撓度之計算法

　　(甲)運用二次積分法，( double integrationm.cthod)

　　(1)　均等重小梁之撓度，

　　　　第二圖內 A.P.B. 代表一小梁之中和軸，假定該梁每呎受w磅時發生外加灣率 (bendingmoment) 以致中和軸撓成 AP' B之曲線，又假定其跨度(span)爲 p呎，彈率 (modulus of Efasticily) 爲E.隋性率爲I. 已知數，除 w 與 l 外，E 與 I 均能得之（E 在材料力學書內可得 I 則由梁之剖面求得，今梁之剖面，旣爲矩形，命 b ＝矩形之濶度 d＝高度，

　　則 $I = \dfrac{bd^3}{12}$ )

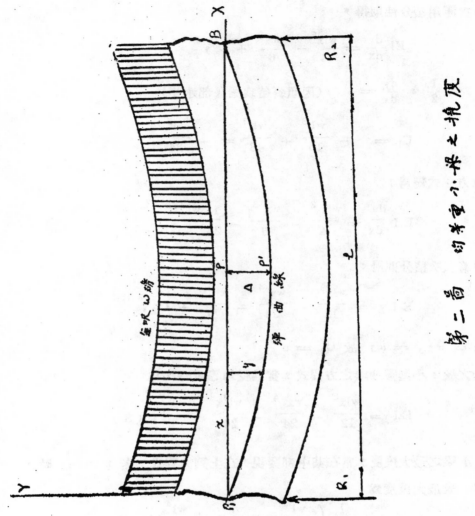

第二篇　切考量小梁之撓度

今假定 y 軸線爲上向，故其號爲正，彈曲線之基本公式爲 $M = EI \dfrac{d^2y}{dx^2}$ 但 M 值改變時，x 亦變，故 M 值可由 x 數內求之因此，無論在樑之任何一部，由外加灣率至左支力之距離爲 x 時，其値爲

$$M_x = R_1 x - w \cdot x \cdot \frac{x}{2} = \frac{wlx}{2} - \frac{wx^2}{2}$$

以此值代入彈曲線公式內之 M，則得

$$EI \frac{d^2y}{dx^2} = \frac{wlx}{2} - \frac{wx^2}{2} \qquad (6)$$

第一次運用積分法則得，

$$EI \frac{dv}{dx} = \frac{wlx^2}{4} - \frac{wx^3}{6} + C_1,$$

若 $x = \frac{l}{2}$ , $\frac{dy}{dx} = 0$ （因傾斜值與梁底部水平）

故　　　　$C_1 = -\frac{wl^3}{16} + \frac{wl^3}{48} = -\frac{wl^3}{24}$

上列方程式變爲：

$$EI \frac{dy}{dx} = \frac{wlx^2}{4} - \frac{wx^3}{6} - \frac{1}{24}wl^3 \qquad (7)$$

運用第二次積分則得：

$$EI y = \frac{wlx^3}{12} - \frac{wx^4}{24} - \frac{wl^3x}{24} + C_2,$$

若 $x = 0$ , $y = 0$ , 故 $C_2 = 0$

因此之故，小梁彈曲線之方程式，當其受均等重時，爲

$$EI y = \frac{wlx^3}{12} - \frac{wx^4}{24} - \frac{wl^3x}{24} \qquad (8)$$

小梁之最大撓度，常在其中部發現，在上列方程式，若 $x = \frac{l}{2}$ 時，

$y = \Delta$. 故最大撓度爲

$$\Delta = \frac{1}{EI}\left( \frac{wl^4}{96} - \frac{wl^4}{384} - \frac{wl^4}{48} \right)$$

$$\Delta = -\frac{5}{384} \cdot \frac{wl^4}{E} = -\frac{5}{384} \cdot \frac{Wl^3}{EI} \qquad (9)$$

（W爲全梁之總載重。）

方程式(9)之負號，表示撓度與 $y$ 軸線之正向相反。若全梁之總載重爲W磅，l 爲若干时，E每平方时若干磅 (Pounds per square inch) I 爲时 $^4$，所求得之 $\Delta$ 則爲时。

(II)集中重在小梁中部之撓度。

在第三圖中：假定所選之軸線在梁之左方，梁之左半部，任一處

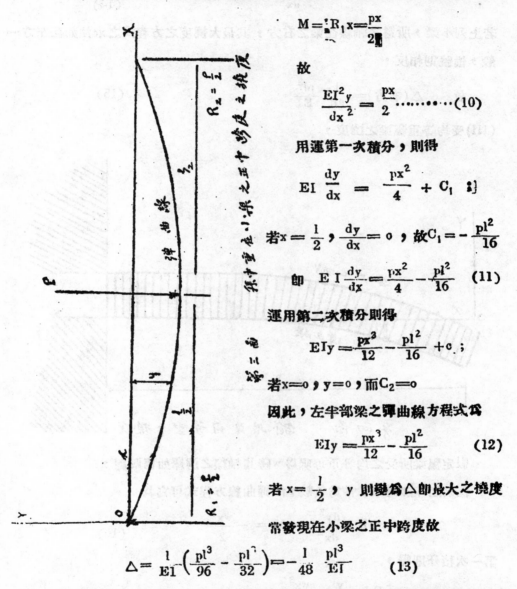

$$M = R_1 x = \frac{px}{2}$$

故

$$EI\frac{^2y}{dx^2} = \frac{px}{2} \cdots\cdots(10)$$

用運第一次積分，則得

$$EI\frac{dy}{dx} = \frac{px^2}{4} + C_1$$

若 $x = \frac{l}{2}$，$\frac{dy}{dx} = 0$，故 $C_1 = -\frac{pl^2}{16}$

即 $EI\frac{dy}{dx} = \frac{px^2}{4} - \frac{pl^2}{16}$　(11)

運用第二次積分則得

$$EIy = \frac{px^3}{12} - \frac{pl^2}{16} + c_2$$

若 $x = 0$，$y = 0$，而 $C_2 = 0$

因此，左半部梁之彈曲線方程式爲

$$EIy = \frac{px^3}{12} - \frac{pl^2}{16}$$　　(12)

若 $x = \frac{l}{2}$，$y$ 則變爲 $\triangle$ 即最大之撓度

常發現在小梁之正中跨度故

$$\triangle = \frac{l}{EI}\left(\frac{pl^3}{96} - \frac{pl^2}{32}\right) = -\frac{l}{48}\frac{pl^3}{EI}$$　　(13)

若所選之軸線在梁之右方下部，則最大之撓度成爲正號；因左方原有傾斜，雖爲正號，但當 x 數增加時，其數值則減少，故 $\frac{d^2y}{dx^2}$，變爲負數，M 既爲正號則方程式寫可爲，

$$M = - EI\frac{d^2y}{dx^2} \tag{14}$$

若上列小梁，所選之軸線在梁之右方，其最大撓度之方程式之求法如在左方一般，惟號則相反，

$$故 \quad \triangle(右方)= \frac{1}{48}\frac{pl^3}{EI} \tag{15}$$

(III)受均等重飄梁之撓度，

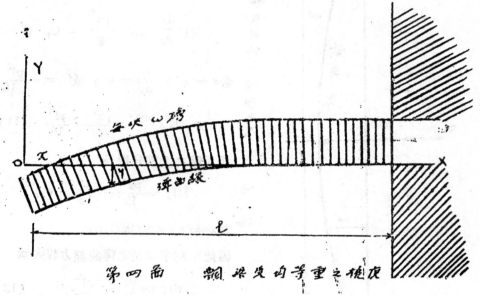

第四圖　　飄梁受均等重之撓度

假定飄梁所受之均等重每呎為 w 磅其軸線之選擇如第四圖，

飄梁之外加彎率，常為負數，故彈曲線方程式可寫為

$$EI\frac{dy^2}{dx^2} = M = -\frac{wx^2}{2} \tag{16}$$

第一次積分則得，

$$EI\frac{dy}{dx} = \frac{wx^3}{6} + C_1$$

若 $x=l$，$-\frac{dy}{dx} = o$，故 $C_1 \frac{wl^3}{6}$

$$即 \quad EI\frac{dy}{dx} = \frac{wx^3}{6} + \frac{wl^3}{6} \tag{17}$$

再次積分求得，

$$EIy = -\frac{wx^4}{24} + \frac{wl^3x}{6} + c_2,$$

若 $x = l$，$y = 0$，故 $c_2 = -\frac{1}{8}wl^4$

彈曲線方程式為

$$EIy = -\frac{wx^4}{24} + \frac{wl3x}{6} - \frac{1}{8}wl^4 \tag{18}$$

當 $x = 0$ 時，其最大撓度 y 發現，故

$$\triangle = -\frac{1}{8}\frac{wl^4}{EI} = -\frac{1}{8}\frac{Wl^3}{EI} \tag{19}$$

(IV) 若飄梁之不固定端 (free end) 加集中重 P 時，其彈曲線方程式則為

$$EI\frac{d^2y}{dx^2} = M = -Px \tag{20}$$

第一次積分來得，

$$EI\frac{dy}{dx} = \frac{px^2}{2} + c_1 ; \tag{20a}$$

若 $x = l$；$\frac{dy}{dx} = 0$，故 $c_1 = \frac{p.l^2}{2}$

即　$$EI\frac{dy}{dx} = \frac{px^2}{2} + \frac{pl^2}{2} \tag{21}$$

第二次積分則得，

$$EIy = \frac{px^3}{6} + \frac{pl^2x}{2} + c_2 ; \tag{21a}$$

若 $x = l$，$p = 0$，$c_2 = \frac{pl^3}{6} + \frac{3pl^3}{2} - \frac{pl^3}{3}$

故　$$EIy = -\frac{px^3}{6} + \frac{pl^3}{3} + \frac{pl^2x}{2} \tag{22}$$

當 $x = 0$，其最大撓度為

$$\triangle = \frac{pl^3}{3EI} \tag{23}$$

14085

（V）任意載集中重飄梁之撓度。

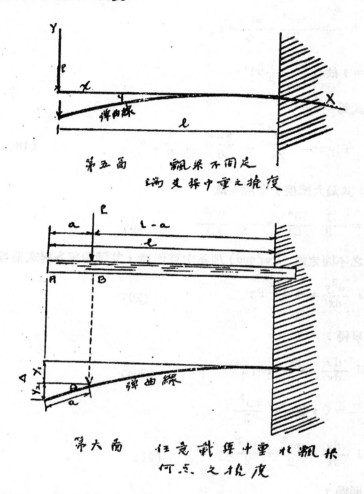

第五圖　　飄梁不固定
端支集中重之撓度

第六圖　　任意載集中重化飄狀
何点之撓度

第六圖中之飄梁其右端是固定者，集中重 P 與不固定端（即左端）之距離爲
a 若此飄梁本身重量不計，載重 P 之左部仍爲直線形，此種飄梁之撓度，可分
爲二節計算，（1）載重 P 之右部仍爲一飄梁計法，其長度 $l - a$，其末端則受
集中重 P 此部之撓度，由方程式（23）求得爲。

$$y_1 = -\frac{P(l - a)^3}{3\,EI} \qquad (24)$$

（2）集中重 P 之左部，其撓度爲 $y_2 = -a\,\sin\theta$，此處 θ 爲載重後，飄梁與水平綫
所成之傾斜角，既然 sinθ 爲一角小，sinθ 可寫爲 $\tan\theta = \dfrac{dy}{dx}$ 由方程式（20a）載

重下之傾斜值爲

$$\frac{dy}{dx} = -\frac{Pa(1-a)^2}{2EI}$$  (25)

$$故\ y_2 = -\frac{Pa(1-a)^2}{2EI}$$

$$\triangle = -\frac{P(e-a)^2}{3EI} - \frac{Pn(1-a)^2}{2EI}$$

$$= -\frac{p}{6EI}(2l^3 - 3l^2a + a^3)$$  (26)

(VI)懸梁(overhanging beamss)受均等重過大之撓度•

第七圖所示爲一懸梁•兩端所懸之距離均等每呎梁載重 w 磅重量均佈於全梁，今所求者爲梁之正中部之彈曲線及其最大撓度，

軸線之選擇如第七圖，運用力之平衡公式，則求得反力R₁如下

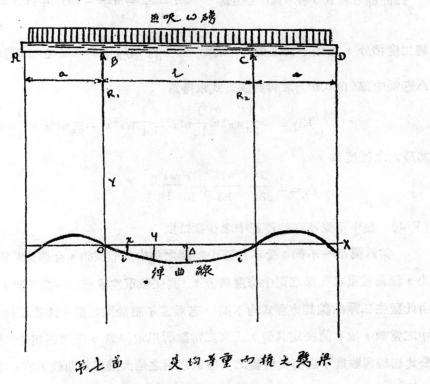

第七圖　受均等重過大而撓曲之懸樑

對於$R_i$之灣率

$$\left(-\frac{a.w\ a}{2.}+(l'\div a)w\frac{(l\div a)}{2}\right)\times\frac{1}{l}=R_2$$

$$=\left(-\frac{a^2w}{2.}+\frac{wl^2+2wal+a^2w}{2.}\right)\times\frac{1}{l}$$

$$=\frac{wl^2\div 2awl}{2l}$$

$$\therefore R_2=\frac{wl}{2}\div aw$$

間於B與C之任何分部，其外加灣率爲

$$Mx=R_1x-\frac{w(a\div x)^2}{2}$$

$$=-\tfrac{1}{2}wx^2\div\tfrac{1}{2}wlx-\tfrac{1}{2}wa^2 \qquad (27)$$

彈曲線方程式，在B與C之間爲　　　$EI\dfrac{d^2y}{dx^2}=M=-\tfrac{1}{2}wx^2+\tfrac{1}{2}wix-\tfrac{1}{2}wa^2$ (28)

經二度積分，運用下文之要件：若$x=\dfrac{l}{2}$，$\dfrac{dy}{dx}=0$；若$x=0$，$z_0=$；若$x=\dfrac{l}{2}$，$y=$

△懸梁中部（由B至C)之彈曲線公式求得爲

$$Ely=-\frac{1}{24}wx^4+\frac{1}{12}w^{3}x^3-\frac{1}{4}Wa^2x^2-\frac{1}{24}wl^3x+\frac{1}{4}wa^2lx, (29)$$

其最大之撓度爲

$$\triangle=-\frac{5}{384}\frac{wl^4}{EI}+\frac{1}{16}\frac{wl^2a^2}{EI} \qquad (30)$$

**(V:J)　集中重受不在跨度正中之少梁撓度**

　　第八圖示一小梁，受不在正中跨度之集中重而撓曲。今假定載重P壓於梁上，無論載重之在梁之正中跨度與否，其在載重左或右二端之M數，均不同由此發生二彈曲線其方程式均不同，若載重不壓於梁之正中跨度用積分求得式中之常數，故不能決定其值，上文之常數所以求得者，則藉運用此二彈曲線之公共切線與載重下之公共縱線之眞理兼以梁之最大撓度爲曲線方程式中 y 之最大值。

第八圖所示為一受集中重P之小梁，集中重并不在梁之正中跨度集中重P與左支點(support)之距離為a，與右支持為b，假定a數大於b數，今所求者為小梁左部之彈曲綫方程式及其最大撓度軸綫之選擇如第八圖，在P左方任何分部之外加灣率為

$$M = B_1 \cdot x = \frac{pb}{l} x \qquad (31)$$

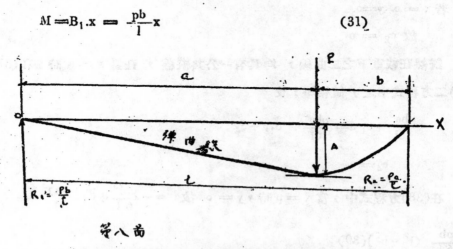

第八圖

小梁之撓度，其載重是集中重在樑上之何點

x 之值可由o增至a在p右方任何分部之外加灣率為

$$M = \frac{pb}{l} x - p(x-a) \qquad (32)$$

在此處x之值不能小於a或不能大於l

在載重左方之各點　　　　　在載重右方之各點

$$EI \frac{d^2y}{dx^2} = \frac{pbx}{l} \qquad (33) \qquad EI \frac{d^2y}{dx^2} = \frac{pbx}{l} - p(x-a) \qquad (35)$$

$$EI \frac{dy}{dx} = \frac{pbx}{2l} + C_1 \quad (34) \qquad EI \frac{dy}{dx} = \frac{pbx^2}{2l} - \frac{l(x-a)^2}{2} + c_3 \quad (63)$$

既然上述之二曲綫在載重之下者具有公共切綫，若命 x值

在方程式(34)與(36)等於 a時，

在(34)之$\frac{dy}{dx}$之值則等於在　(36)之$\frac{dy}{dx}$之值

故　　$\frac{pda^2}{2l} + C_1 = \frac{pba^2}{2p} - p\frac{(=)^2}{2} + C_3$

14089

由此點　　$c_1 = e_3$

在方程式(36)處以 $c_1$ 代 $e_3$ 及將(36)，(34)求其積分則得

$$EIy = \frac{pbx^3}{bl} + c_1 x + e_2 \quad (37) \qquad EIy = \frac{pbx^3}{bl} - \frac{p(x-a)^3}{b} + c_1 x + e_4 \quad (38)$$

若 $x = o$. $y = o$.

故 $c_2 = o$

　　既然在載重下之二曲線，均具有一公共縱線，在當 $x = a$ 時，在(37)與(38)二方程式中之 $y$ 值相等，故

$$\frac{pba^3}{6l} + c_1 a = \frac{pba^3}{6l} + c_1 a + e_4$$

$$e_4 = o$$

　　在(38)方程式中，當 $x = p$ 時，$y = o$. 故 $c = -\frac{pbl^3}{6l} + \frac{p(l-a)^3}{6l} =$

$$-\frac{pb}{6l}(l^2 - b^2) \quad (39)$$

　　將 $c_1$ 之值代入方程式(37)中，小梁左方之彈曲線方程式所求得為

$$EIy = \frac{pbx^3}{6l} - \frac{pb(l^2 - b^2)x}{6l} \qquad (40)$$

$x$ 值，能介 $\frac{dy}{dx} = o$ 時即 $x$ 值能介在方程式(40)之 $y$ 值最大，而此 $y$ 值，即所求之最大撓度也，惟 $\frac{dy}{dx}$ 之值已在方程式(34)求得故將其等於零時則得

$$x^2 = \frac{l^2 - b^2}{3} = a\frac{(a+2b)}{3}$$

以 $x$ 之值代入方程式(40)中，則求得最大之撓度

$$A = -\frac{pb(l^2 - b^2)\sqrt{3(l^2 - b^2)}}{27EIl} \qquad (41)$$

$$A = -\frac{pba(a+2b)\sqrt{3a(a+2b)}}{27EIl} \qquad (42)$$

在載重下之撓度為

$$y_a = -\frac{\mathrm{r}a^2b^2}{3EI\,l} \qquad (43)$$

在上公式，如 a 與 b 均等於 $\frac{1}{2}$ 時，換言之，載重壓於梁之正中跨度A 之

值為 $\frac{1}{48}\,\frac{pl^3}{EI}$，與第二種所求得之結果無異也。

B 灣率面積法　　(moment area method)

用灣率面積法而求梁之撓度，在數種情形中曾顯其利點尤以載重集中及已知某點斜度為更便。

由方式 $M = EI\,\frac{d\theta}{dl} = EI\,\frac{d\theta}{dx}$，當 $\theta$ 為一小角度時．

$$d\theta = \frac{M}{EI}\,dx; \qquad (44)$$

$$\theta = \int \frac{M}{EI}\,dx + C = \frac{1}{EI}\int Mdx + C， \qquad (45)$$

當 1 不變時

既然 $\int Mdx$ 為灣率圖之面積，在一不變剖面梁之二點成傾斜之微數為間於此二點中之灣率圖之面積，以 EI 除之，若其惰性率變更時傾斜度之微數 $\frac{M}{I}$ 圖之面積除以 E 數。

在第九圖中，$A_0B_0$梁中之一部$A_1B_1B_0$綫受灣率，撓曲後，由$A_1$至$B_1$為一直綫，惟由$B_1$至$B_0$則為一曲綫，間於$B_1$與$B_2$之小部，受灣率M撓曲時，$A_1$點 則移於$A_2$點，間於$A_2B_2$切綫與$A_1B_1$切綫中之角度(或間于$B_1$ 與$B_2$法綫之角度) $d\theta$（角度之值，有如是小，實實際上 $\theta$ 等於 $\tan\theta$ 而$A_0A_1A$ 各點成一直綫幾為垂直)由$A_1$至$A_2$當最微長度 $B_1B_2$彎曲時，撓度$y_a$為$A_2B_2d\theta$（或$A_1Bd\theta$，既然$B_1B_2$之長度是極微)既然 B 為一小角，$A_2B_2$ 實際上等于水平投影 (horizontal Projection) $A_0B$，其長度為 $x-x_a$。

$$dya = (x-x_1)d\theta ;\qquad\qquad (46)$$

$$dya = \frac{M}{EI}(x-xa)dx\qquad\qquad (47)$$

第　九　圖

A 點之總撓度爲　　　$ya = \int \frac{M}{EI}(x-xa)dx$　　　(48)

在一不變剖面梁之撓度爲　　　$EIya = M(x-x_1)dx$　　(49)

當縱坐標(co-ordinates)之起點在A點算時

$$EIya = \int Mxdx\qquad\qquad (50)$$

　　既然Mdx爲灣率圖之一要部 (element)，(x-xa)Mxdx爲根據 $A_0A_1A$ 綫此要部之灣率運用積分而求公式(49)與(50)則得由A至$B_0$，根據A點之全灣率圖之率灣，距離 ya爲由在$B_0$切綫之A點撓度，此之謂灣率面積法，傾斜值撓度法，或Mxdx積分法。

　　對於集中載重或反力，其灣率圖爲一三角形；對於佈均重，則爲一拋物綫形，既得知此種圖形之面積及其重心點之位置，其灣率則恒以幾何上法求之，不必用積分也，其餘之各種載重，其灣率則可由積分求出，當惰性率不變時，方式(48)則可用爲求　$\frac{M}{EI}$　之灣率，或　$\frac{M}{1}$　圖之灣率，在此情形積分之採用，更爲利便。

（1）運用灣率面積法求載重不固定端飄梁之撓度。

第十圖中之飄梁，其載重在不固定端，此圖將彈曲綫與放大之撓度，剪力圖，及灣率圖表出，灣率圖爲一負數之三角形，最大蹤距爲 −pl，此數爲剪力圖之面積，灣率三角形之面積爲 $-\dfrac{pl^2}{2}$　由左至右之重心點爲 $\dfrac{2l}{3}$，由右端水平切綫起算左端之撓度。

第十圖　　　用灣率面積法求飄梁之撓度

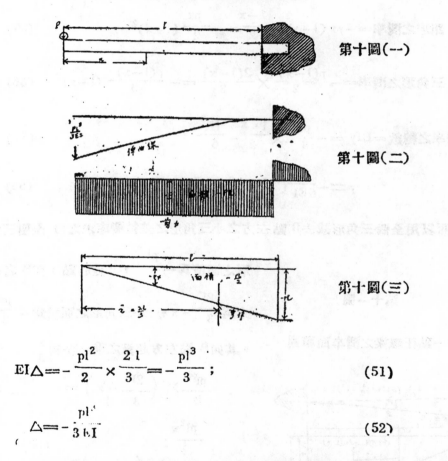

第十圖（一）

第十圖（二）

第十圖（三）

$$EI\triangle = -\frac{pl^2}{2} \times \frac{2\,l}{3} = -\frac{pl^3}{3} ; \qquad\qquad (51)$$

$$\triangle = -\frac{pl^3}{3\,EI} \qquad\qquad (52)$$

由不固定端至固定端(fixed end)傾斜值之變更爲灣率圖之面積以 EI 除之，旣然此樑之固定端爲水平，在不固定端之傾斜值爲

$$\theta = -\frac{pl^2}{2EI} = 0 , \qquad\qquad (53)$$

14093

$$\theta = \frac{pl^2}{2EI} \tag{54}$$

第十一圖爲灣率圖用以求由不固定端起之x 距離之撓度，在 B點左方之面積可分爲一距形，其底線爲 $-p(l-x)$，高爲$-px$及其下方一三角形，其底線爲$l-x$高爲$-p(l-x)$，距形之灣率臂爲$\dfrac{l-x}{2}$，三角形之重心距則爲$\dfrac{2(l-x)}{3}$

$$距形之灣率 = -px(l-x) \times \frac{l-x}{2} = -\frac{px}{2}(l-x)^2 \tag{55}$$

$$三角形之灣率 = -\frac{p(l-x)^2}{2} \times \frac{2(l-x)}{3} = -\frac{r(l-x)}{3}(l-x)^2 \tag{56}$$

$$灣率之總數 = EIy = -\frac{pl^3}{3} \times \frac{pl^2x}{2} - \frac{px^3}{6} \tag{57}$$

$$y = -\frac{p}{6EI}(2l^3 - 3l^2x + x^3) \tag{58}$$

此法亦可以用全個三角形減去B點左方之小三角形之差數灣率求之，全個三角形之面積爲$-\dfrac{pl^2}{2}$，其重心點，在B 之右方爲$\dfrac{2l}{3} - x$， 小三角形之面積爲$-\dfrac{lx^2}{2}$，其向B 點左方起算之重心點爲$\dfrac{x}{3}$

$$-\frac{pl^2}{2} \times \left(\frac{2l}{3} - x\right) = -\frac{pl^3}{3} + \frac{pl^2x}{2}\ ; \tag{59}$$

$$-\left(-\frac{px^2}{2}\right) \times \left(-\frac{x}{3}\right) = -\frac{px^3}{6} \tag{60}$$

$$y = -\frac{p}{6EI}(2l^3 - 3l^2x + x^3) \tag{61}$$

第十一圖

任何一點在飄梁之灣率面積圖

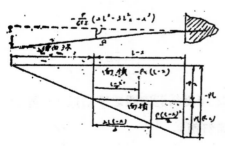

其餘各種靜定樑（determina'e）及載重不同之公式，亦屬大同小異，均可由此法算出限於篇幅無庸再求，閱者諒之，以上所述，均是靜定樑，其餘不靜定之樑則在後篇再行討論

設有一兩端支持之矩形樑例題，三吋濶，二吋高，十呎長，載重４５磅於距左端六尺處，求其最大撓度，載重下之撓度，及正中部之撓度，假定 E＝1，500，000 并/''

解：　例題爲一小樑任意圖十二載重在一點，由第一節 A，第七段，公式（40）（42）及（43）求得其正中部撓度爲　　(i)$y = \dfrac{1}{EI}\left(\dfrac{pbx^3}{6l} - \dfrac{pb(l^2-b^2)\times}{6l}\right)$.　　　（40）

樑之惰性率爲 $\dfrac{1}{12}\times bd^3 = \dfrac{3\times2}{12} 2 + 2 = 2$ 吋 4

將 a＝6呎，b＝4呎，x＝5吋（middle）代入公式（40）則得

$$y_5 = \dfrac{45\times48\times60}{6\times1500000\times2\times120}\left(\overline{120}^2 - \overline{48}^2 - 60\right)$$

$$y_5 = \dfrac{6}{100000}(14400 - 2304 - 3600) = \dfrac{50976}{100000} = 0.50976 吋$$

第　十二圖

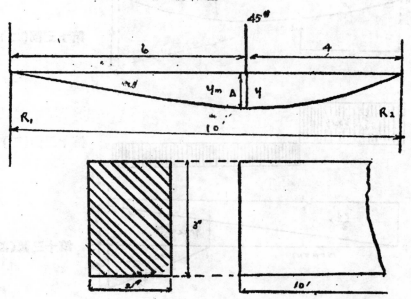

(ii)　由公式(42)求得其最大撓度

$$\Delta = - \frac{pb\tau\,(a+2b)\,\sqrt{3a(a+2b)}}{27\,E\,i\,l} \qquad (42)$$

將巳知數代入公式(42)得

$$\Delta = \frac{45\times48\times72(72+96)\,\sqrt{3\times72(72+96)}}{27\times1500000\times2\times120}$$

$$\Delta = \frac{26127360\,\sqrt{36288}}{972\times10^{7}} = \frac{26127360\times191}{972\times10^{7}}$$

$$\Delta = -\frac{499.032576}{972} = -\ 0.512 \text{吋}$$

(iii) 由公式(43)求得其載重下之撓度

$$y\ \text{載重下} = -\frac{pa^2b^2}{3EIl} = -\frac{45\times72\times72\times48\times48}{3\times150000\times120\times2}$$

$$= -\frac{248832}{500000} = -0.4976 \text{吋} \bullet$$

第十三圖(一)

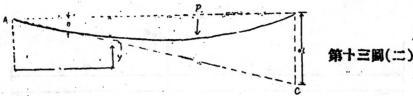

第十三圖(二)

第十三圖(三)

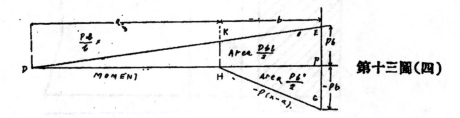

第十三圖(四)

運用灣率面積法，其結果不異，在第十三圖中灣率圖所包含者爲一正數之
三角形，其底線爲 l，與一負數之三角形其底線爲 b，在左端之傾斜值用長度除
以 CB 則求得，

$$EI \times CB = \frac{pbl}{2} \times \frac{l}{3} - \frac{pb^2}{2} \times \frac{b}{3} = \frac{pb}{6}(l^2 - b^2) \qquad (62)$$

$$CB = \frac{pb}{6EI}(l^2 - b^2) \qquad (63)$$

$$C = \tan \theta = \frac{CB}{l} = -\frac{pb}{bEI}(l^2 - b^2) \qquad (64)$$

在任何點之撓度 y 爲在任何點切線之撓度（其值爲負數）及由切線與彈曲
線所成撓度之代數和。

在載重下之撓度

$$EIy' = \frac{pba^2}{2l} \times \frac{a}{3} = \frac{pba^3}{6l} \qquad (65)$$

$$y = a\theta + y' = -\frac{pba}{6EIl}(l^2 - b^2) + \frac{pba^3}{6EIl}; \qquad (66)$$

$$y = -\frac{pba}{6EIl}(l^2 - b^2 - a^2) = -\frac{pa^2b^2}{3EIl} \cdot \qquad (67)$$

由支左持至某點其距離爲 x（若 x 少於 a），

$$EIy^1 = \frac{pbx^2}{2l} \times \frac{x}{3} = \frac{pbx^3}{6l} \qquad (68)$$

$$y = -\frac{pbx}{6EIl}(l - \ ) + \frac{pbx^3}{6lEI} \qquad (69)$$

$$y = -\frac{pbx}{6EIl}(l^2 - b^2 - x^2) \qquad (70)$$

在最大撓度處，傾斜值則等于零，既然灣率圖之面積除以 EI 則算出傾斜值之

變更。

$$-\frac{pb}{6EIl}(l^2-b^2)+\frac{pbx^2}{2EIl}=0 ; \qquad (71)$$

$$x = \frac{l^2-b^2}{3} ; x = \sqrt{\frac{l^2-b^2}{3}} \qquad (72)$$

為最大撓度點之橫距，當此值代入方程式(69)時

$$\wedge = -\frac{pb(l^2-b^2)\sqrt{3a(l^2-b^2)-}}{27EIl}$$

$$= -\frac{pb(a+2b)\sqrt{3a(a+2b)}}{27E\,_Il} \qquad (73)$$

由此觀之，所求得之公式與積分法無異，將已知數代入，則得一樣之答數。

## 第四章　靜定杆梁因受剪力而致之撓度

前章所述梁之撓度經甚明晰，惟因受剪應力而致之者均從畧。實際言之，對於厚度畧大之梁，撓度之由剪力而致者，吾人亦須考慮之。當梁之撓曲也，除非灣率不變，撓度之一部，亦有因剪力而使然者，在圖十四中， dys 為梁中一小部之剪力變形，長度dx之剪力變形為$\frac{Ss}{Es}dx$，長度 l 之總撓度為，

$$y_s = \frac{l}{Es}\int_0^l Ss\,dx \qquad (1)$$

若Ss在全梁之長度不變時，上式可寫為

$$y_s = \frac{Ssl}{Es} \qquad (2)$$

在 I 字形剖面之梁，假定其單位剪應力為不變，運用上列公式，所得之結果為一大約數，

例題 （1）

設有一十吋，25磅 I 字形剖面梁，其支持之距為12吋，在跨度正中之載重

爲49,600磅，$E_s=12,000,000$，$E=29\,000,000$. 求其撓度。

（解法）　垂直剪力爲24,800磅，既然桁腹（web）面積爲3.1方吋，單位應壓力每平方吋爲8,000磅，假定中部爲固定，任一端之向上剪力爲

$$y\,s=\frac{8000\times6}{12000\,000}=6.004吋$$

因灣力而致之撓度爲

$$y=\frac{49600\times\overset{-3}{12}}{48\times29000000\times122.1}=0.0005吋。$$

在上例題，因剪力而致之撓度，比因灣力而致之者爲大，若題中梁之長度改爲二倍，灣力撓度將爲8倍之大，惟剪力撓度則只增二倍，對於長度比剖面顧大之梁，撓度之由剪力而致者，均可從畧。

梁之剪應力，不是均分。當分佈剪應力得知時，梁之眞確剪力撓度，則能算出，短形剖面梁之撓度用（Method of work and energy）工與能法，以公數1.2.乘之平均單位應力，亦可算出。

例題　（2）

設有一鋼造飄梁，剖面爲二吋方，長度爲40吋，在不固定端之載重爲240磅，求其剪力撓度，

由公式（2）得，

$$y\,s=\frac{1.2\times60\times40}{12,000,000}\quad0.00024吋$$

通常$S_s$在剖面上變值，惟若用$S_s$之平均數於公式（2）中，因受剪力而致之撓度之大約數值，均可求得。

既然$V\,dx=dM$（從灣率與剪力之關係）平均單位應剪力$S_s=\dfrac{V}{u}$公式（2）可寫爲

$$y_2=\frac{M}{aE_s}$$

14099

但以垂直剪力 V 在全長度 l 處不變爲合。

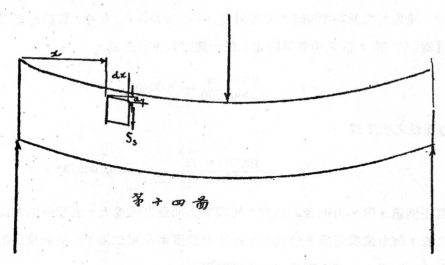

第十四圖　因受剪力而致之撓度

## 第五章　不靜定性杆梁

　　前章所討論之梁，均當作以力支持平衡能令造成一組平行力在一平面上，所求得支點之反力，均運用在此組力之二平衡方程式；旣然梁之支點，不能超過二處，則壓于梁上之外力未知數，亦不能超過二數，故所用之二平衡方程式，可將各外力未知數算出，換言之，壓在小梁，飄梁，與懸梁之力組，在前章所研究者均爲靜定性梁。

　　雖然嵌筒梁與連續梁亦以在一平面之平行力，而致平定，但其支點之反力，不能只用二平衡方程式求得，蓋反力之未知數，多於二數故也，此種梁謂之不靜定性梁。運用力學之澍率與普通之解法，不能將其反力算出。彈曲線方程式，必須運用，因此，除最簡單情形外，必須先討論撓度，然後方可計算應力，旣然單位應力爲工程論點上之最重要事實，其對於撓度方程式之理由之顯著更明矣。

　　（1）一端固定，一端支持之梁。

　　第十五圖示右端固定左端支持之梁，在右端梁底之切線，直過左端之支點

，載重爲均等式，用　R 代以左端支點之反力未知數。由左支點，　在距離 x，
當作坐標之原點用，彎率爲

$$M = Rx - \frac{wx^2}{2} \qquad\qquad (1)$$

若R 得知，運用積分法，由題中條件，則可算出其值。

$$E I \frac{d^2y}{dx^2} = Rx - \frac{wx^2}{2} \; ; \qquad\qquad (2)$$

$$E I \frac{dy}{dx} = \frac{Rx^2}{2} - \frac{wx^3}{6} + \left[ C_1 = -\frac{Rl^2}{2} + \frac{wl^3}{6} \right] ; (3)$$

$$E I y = \frac{Rx^3}{6} - \frac{wx^4}{24} - \frac{Rl^2x}{2} + \frac{wl^3x}{6} + \left[ C_2 = 0 \right] \quad (4)$$

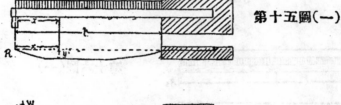

第十五圖（一）

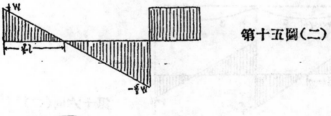

第十五圖（二）

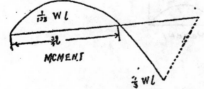

第十五圖（三）

積分內之常數，由下列之條件可求得；

當 x = l，則 $\frac{dy}{dx} = 0$ ； y = 0，則 x = 0

其餘之條件：

　　當 $x = l，y = 0$

由此，反力之未知數可算出

$$R = \frac{3wl}{8} = \frac{3W}{8} \qquad (5)$$

$$y = -\frac{w}{48EI}(2x^4 - 3x^3 + l^3 x) \qquad (6)$$

此為彈曲線之方程式，灣率方程式為

$$M = \frac{3wlx}{8} - \frac{wx^2}{2} \qquad (7)$$

$$\frac{Rl^3}{3EI} = \frac{Wl^3}{8EI} \; ; \; R = \frac{3W}{8}, \qquad (8)$$

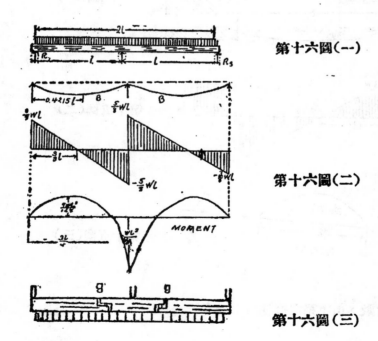

第十六圖（一）

第十六圖（二）

第十六圖（三）

反力與灣率均可由第三章之結果求得，其法更為簡短。若移去左支點，此梁則成爲飄梁，其向下左端之撓度將爲$\dfrac{Wl^3}{8EI}$，反力R，當作在飄梁末端之載重，必須能令此梁向上撓曲之數相等，

(2) 兩跨度相等，均等重之梁，

第十六圖爲一兩相等跨度之連續梁，每跨度爲 l 長，若將中部支點移去，則變成一兩端支持之 2l 長度之梁，在正中部撓度爲$\dfrac{5\infty(2l)^4}{384\ EI}$，令欲將此梁中部提起與兩端支點成一直線，所用之力必與中部致撓之載重相等，

$$\frac{R_2(2l)^3}{48EI} = \frac{5w(2l)^4}{384\ EI}\ ; \qquad (1)$$

$$R_2 = \frac{10w\,l}{8}. \qquad (2)$$

既然總載重爲 2wl，$R_1 + R_3 = \dfrac{6wl}{8}$ 由均等而論，$R_1 = R_3 = \dfrac{3wl}{8}$ 明矣。梁之中支點上，顯明爲水平，左半部與第十五圖同樣，右半部與左半部均等。所算出之末端反力與一端支持，一端固定梁之末端反力同樣，其彈曲線方程式，剪力，剪力圖亦同樣，第二支點之最大彎率爲$-\dfrac{wl^2}{8}$，與兩端支持，受均等重梁中部之彎率之數目相同，超過三支點之連續梁比較同長跨度，自由安放於支點上之梁爲弱，若在此梁中部分割爲二份，每半份梁均安放於中支點上，剪力圖之值，當其經過每分跨度中部時，必等於零，經過每跨度全長之彎率爲一正數，彎力圖之最高點，必在每跨度之中部上。

圖十六之剪力圖，由末端至$\dfrac{3l}{8}$處，則等於零數，在$\dfrac{3l}{4}$處，由每分部末端，正剪力面積之數與負剪力面積之數相等，彎率則等於零，B與B'點即爲曲點，在此點之間，梁則向下回落，彎率爲一負數，間於左端與B點，與間於右端與B'點，梁則向上凸出，彎率則爲一正數，每一曲點，梁則爲分二部，一部簡直放在別一部上，若梁之分配如圖十六(三)部，在各分部之彎率，剪力與曲點，將與圖十

八上部之連續梁相同，例如 $\dfrac{3}{8}$ 之跨度重量放在中部 B 點上，在中支點之彎率為

$$-\frac{3wl}{8} \times \frac{1}{4} - \frac{wl}{4} \times \frac{1}{8} = -\frac{wl^2}{8} \qquad (3)$$

梁中之不論何處，若發生曲點時，此梁則可分為數部，各部貫以釘扣，或連以輕小凸筍，則可抵抗剪力。

（3）一端支持，一端固定，及受集中載重之梁。

第十七圖為一右端固定，由左端起，至距離長度 a 處載重 P 之梁，左端因受支點，所施之反力 R 而致提高至梁之切線，因 P 載重而致向下之撓度與因反力而至向上之撓度相等，此二撓度做均可由第三章方程式(26)求得，或直接由灣率面積法求得。

$$\frac{Rl^2}{2} \times \frac{2l}{3} = \frac{p(l-a)^2}{2}\left[a + \frac{2(l-a)}{3}\right] ; \qquad (1)$$

$$\frac{Rl^3}{3} = \frac{p(l-a)^2}{6}(2l+a) = \frac{p}{6}(2l^3 - 3l^2a + a^3) ; \qquad (2)$$

$$R = \frac{p(l-a)^2(2l+a)}{2l^3} = \frac{p}{2l^3}(2l^3 - 3l^2a + a^3) ; \qquad (3)$$

$$R = \frac{p}{2}(2 - 3K + K^3),$$

此處 $K = \dfrac{a}{l}$

彈曲線方程式可由因在末端反力致向上撓曲之值加因載重 P 致向下撓曲之值求得

（4）兩端固定受均等重之梁

第十八圖為一兩端固定受均等重之梁，普通灣率方程式為

$$M = M_0 + V_0 x - \frac{wx^2}{2}, \qquad (1)$$

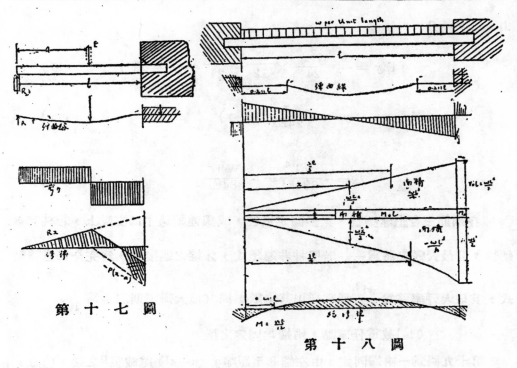

第 十 七 圖

第 十 八 圖

$M_0$ 與 $V_0$ 均為現時未知之常數

$$EI\frac{d^2y}{dx^2}=M_0+V_0x-\frac{wx^2}{2};\qquad(2)$$

$$EI\frac{dy}{dx}=M_0x+\frac{V_0x^2}{2}\frac{wx^3}{6}+\left(c_1=0\right)$$

由以下之條件，若 $x=\frac{l}{2}$，$\frac{dy}{dx}=0$，

$$\frac{M_0l}{2}+\frac{V_0l^2}{8}-\frac{wl^3}{48}=0$$

由以下之條件：當 $x=l$，$\frac{dy}{dx}=0$ 等

$$M_0l+\frac{V_0l^2}{2}-\frac{wl^3}{6}=0\qquad(4)$$

由方程式(3)與(4)，$M_0=-\frac{wl^2}{12}$，$V_0=\frac{wl}{2}$

由　二次積分

$$EIy = -\frac{wl^2x^2}{24} \times \frac{wlx^3}{12} - \frac{wx^4}{24} + [e=o] ; \quad (5)$$

$$y = -\frac{wx^2}{24EI}(1-x)^2 \quad (6)$$

$$\triangle = -\frac{wl^4}{384EI} = -\frac{Wl^3}{384EI} \quad (7)$$

在鋼筋三合土建築物，梁多固定於柱，或與連續過中部支點上，若柱完為硬性，其最大彎率將為 $\frac{wl^2}{12}$ 若樑排非連續式，末端之連接處，為完全任意轉動式，其最大彎率將為 $\frac{wl^2}{8}$ 通常採用其中數，與其最大彎率則假定為 $\frac{w\cdot l^2}{10}$

（乙）載重任意點，兩端均固定之梁。

第十九圖為一兩端固定，由左端起至距離a（a=kl）處載重P之梁，剪力，彎率圖，彈曲線均表明於第二十圖，由左端至載重處，其彎率為Mo＋Vox 由右端至載重處，其彎率為 Mo ＋ Vox-P（x—a）。此三項數均以第二十圖中之矩形與二三角形代之，今欲求第二十圖中在右端，由切線成左端之撓度，EIy＝0

$$Mol \times \frac{l}{2} + \frac{Vol}{2} \times \frac{2l}{3} - \frac{pb^2}{2}\left(1-\frac{b}{3}\right), (1) \quad 3 Mol + 2 Vol^3 - pb^2(3l-b)$$

$=0(2)$求在左端由切線成右端之撓度，

$$EIy=o = Mol \times \frac{l}{2} + \frac{Vob}{2} \times \frac{L}{3} - \frac{pb^2}{2} \times \frac{b}{3}, \quad (3)$$

$$3Mol^2 t Vol^3 - pb^2 = o \quad (4)$$

由方程式（2）與（4）

$$Vo = \frac{pb}{l^2}\left(3-\frac{2b}{l}\right) = p(1-k)^2(l+k), \quad (5)$$

$$M_o = -\frac{pb^2}{l^2}(l-b) = -\frac{pb^2a}{l^2} = -pk(1-k)^2 l. \quad (9)$$

由左端起，在距離x之撓度求得爲

$$EIy = Mox \times \frac{x}{2} + \frac{Vox^2}{2} \times \frac{x}{3} = \frac{Mox^2}{2} + \frac{Vox^3}{6}, \quad (7)$$

x 必要不大於a. 遠離載重，數項

$$\frac{p(x-a)^2}{2} \times \frac{x-a}{3} \quad 則減去，與$$

$$EIy = \frac{Mox^2}{2} + \frac{Vox^3}{6} - \frac{p(x-a^3)}{6} \quad (8)$$

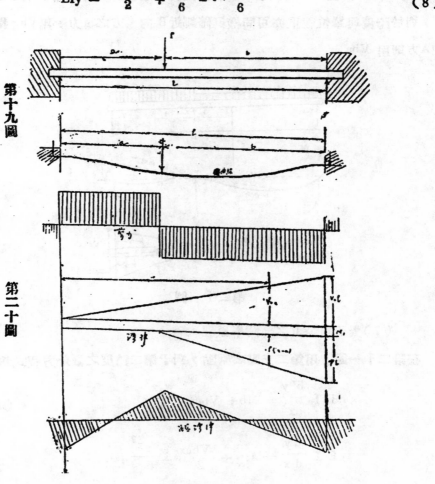

第十九圖

第二十圖

（6）三彎率之理論

　　無論分爲若干集中載重與若干跨度之梁，均可運用由前法算出，然程序非常煩勞；蓋必須得多於二彎率方程式解爲相對之常數故也。欲求彎力，反力，與剪力，而不需求得撓度者，如平常法一般，三彎率之原理，用途極大矣，

　　三彎率之理論爲一代數方程式，用中部跨度與其所載之重量數項解明在連續梁之連續支點之彎率關係。第二十一圖中，在支點上之彎率均代以Ma，Mb，Mc，由支點A至支點B之跨度之長爲$l_1$，與由B至C爲$l_2$第二十一圖中，第一跨度之均等重亦以每單位長度爲w磅代之，以$w_2$磅代第二跨度之單位長度均等重，下面書之a，b，c，代由左至右之次序，對於無論何三連續點均可應用，下面書之1與2，對於跨度與單位載重亦可同樣眞確鄰近B向（方之剪力，用Vbc 指表之，向A方則用 Vba

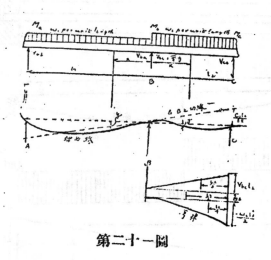

第二十一圖

（7）對于均等重之三彎率原理

　　在第二十一圖，用第二支點之原點，對于第二跨度之微分方程式爲

$$E I \frac{b^2 y}{dx^2} = Mb + Vbcx - \frac{w_2 x^2}{2} \qquad (1)$$

$$E I \frac{dy}{dx} = M_{bx} + \frac{Vbcx}{2} - \frac{w_2 x^3}{6} + {}_1 \qquad (2)$$

當 $x=0$，旣然 $\dfrac{C_1}{EI}$ 爲 $\dfrac{dy}{dx}$ 之值，此爲在梁中支點之切線。

$$EI\,y=\frac{Mbx^2}{2}+\frac{Vbcx^3}{6}-\frac{w_2x^4}{24}+c_1x \times (c_2=0)。\qquad(3)$$

當 $x=l_2$，$y=0$，當此值代入方程式（3）時，其結果用 $l_2$ 除之。

$$\frac{Mbl_2}{2}+\frac{Vbcl_2^2}{6}-\frac{w_2l_2^3}{24}+c_1=0\qquad(4)$$

方程式（4）用跨度之長度與其所支持之重量數項解釋灣率，剪力，與在第二跨度左端斜度之關係。在跨度左方之剪力代以右端之灣率則更便，由普通灣率方程式得：

$$Mc=M_b+Vbcl_2-\frac{w_2l_2}{2}\qquad(5)$$

由方程式（4）與（5）消去 Vbc，

$$2Mbl_2+Mcl_2+\frac{w_2l^2}{4}+6c_1=0\qquad(6)$$

對於第一跨度，微分方程式現在可與 B 原點及由右至左之 x 正數寫出，旣然其解法與第二跨度之解法完全相同，故不須逐一計算也，最後之方程式由方程式（6）可寫爲。

$$2Mbl_1+Mal_1+\frac{w_1l_1^3}{4}+6c_2=0\qquad(7)$$

由右至左 B 切線之斜度爲 $\dfrac{C_3}{EI}$，因此 $C_3=-C_1$ 當方程式（6）與（7）加入，此等常數可消去

$$Mal_1+2Mb(l_1+l_2)+Mcl_2=-\tfrac14 w_1l_1^3+l^3_2)\qquad(8)$$

方程式（8）謂之對於均等重之三灣率理論，當各跨度相等時與在二連續跨度每單位長度之載重相同時；三灣率之方程式變爲

$$Ma+4Mb+Mc=-\frac{wl^2}{2}\qquad(9)$$

（8）對於均等重灣率之計算

　　三彎率之理論爲超過三連續支點，剖面不變，之梁中彎率之代數式關係。還要受載重後各支點仍爲一直線，對於用三支點之梁，一方程式可由此理論寫出，欲解決此題，必須求得其中之二彎率，（或求得別二獨立關係）對於四支點可寫爲二方程式，第一對於支點 1.2.3. 在次序上如理論之A,B,C, 第二對於支點 2,3,4 對於五支點，閱寫三方程式：在各情形中，二彎率多於獨立方程式

　　第二十二圖爲四支點與三跨等度之梁，兩端并無懸飄，每單位長度載重爲 w. 支點上之彎率，皆用 $M_1$，$M_2$，$M_3$，與 $M_4$ 代之，當三彎率理論用於第一與第二跨度時，$M_a$ 爲 $M_1$，$M_b$ 爲 $M_2$ 與 $M_2$ 爲 $M_3$，

$$M_1 + M_2 + M_3 = -\frac{wl^2}{2} \qquad (1)$$

當三彎率之理論用於第二與第三跨度時，$M_a$ 爲 $M_2$，$M_b$ 爲 $M_3$ 與 $M_c$ 爲 $M_4$

$$M_2 + 4M_3 + M_4 = -\frac{wl^2}{2} \qquad (2)$$

旣然此梁末端支點并不是懸飄，$M_1 = 0$ 與 $M_4 = 0$. 當此值代入時，方程式 (1) 與 (2) 爲

$$M_2 = M_3 = -\frac{wl^2}{10}$$

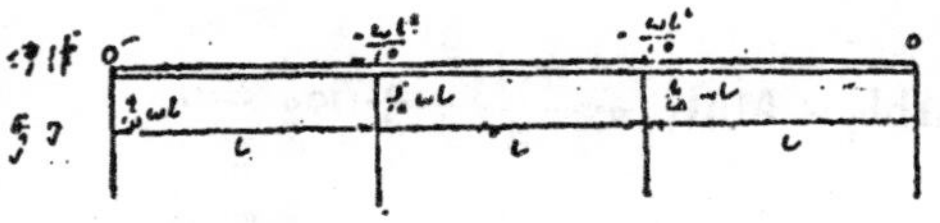

第二十二圖

　　（9）用彎率求反力之計算。

　　支點上之彎率經用理論計出後，在每支點之反力可用普通上鄰近支點之彎率求得，

　　　　　　　　　例　　題

　　用四支點成三個等跨度之梁，如圖二十二，但在左支點懸飄 $\frac{4}{10}$ 之跨度，與在右支點飄懸 $\frac{2}{10}$ 之跨度，求每支點之反力（見二三圖）

今欲求左反力$R_1$，必須在第二支點上運用彎率原理，

$$R_1 l - 1.4wl \times 0.7l = -0.08wl^2 ;　　　　　(1)$$

$$R_1 l = 0.90wl^2 ; R_1 = 0.00wl　　　　　(2)$$

欲求$R_2$必須在第三支點上運用彎率原理，

$$0.90wl \times 2l + R_2 l - 2.4wl \times 1.2l = -0.10wl^2　　　　　(3)$$

$$R_2 l = 0.98wl^2 ; R_2 = 0.98wl.　　　　　(4)$$

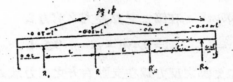

第二十三圖

在第四支點上運用同樣之彎率理論，$R_3 = 1.10wl$，欲求R4，梁之第三支點向右梁之一部用以作不固定體計，R4 = 0.62wl。

(10)運用總垂直剪力求反力之計算法。

當梁之超過四跨度時用上法求反力則極煩勞。當梁之末端爲固定時，此種解法，不應實用。茲有更普通法，此法靠用右方與左方支點之差數。

若第二十一圖中之支點A，用以作坐標之原點，運用普通彎率方程式以求在B之彎率。

$$Mb = Mc +_1 Vabl - \frac{w_1 l_1^2}{2} ,　　　　　(1)$$

$$Vab = \frac{Mb - Ma}{l_1} + \frac{w_1 l_1^2}{2} -　　　　　(2)$$

Vab 爲無論何支點正向右方之剪力。

Ma 爲在彼支點彎率，與$Mb$爲鄰近之彎率；$w_1 l$，爲間於此支點之總均等載重，對於第二十二圖之梁，截有四支點，三相等跨度，幷無飄縢，在左支點之右方剪力爲，

$$V_{12} = \frac{-\frac{wl^2}{10} - 0}{l} + \frac{wl}{2} = 0.4wl = 0.4We$$

在第二支點之右方．

$$V_{23} = \frac{\dfrac{-wl^2}{10} + \dfrac{wl^2}{10}}{l} + \frac{wl}{2} = 0.5\,W$$

用同樣之法，V34＝0.6wl＝0.6W，

第二十二圖表出在每支點上之彎率與每支點向右方之剪力。

在每支點之左方剪力，可由總垂直剪力定義求得。旣然第二十二圖之在第一支點在右方剪力爲 0.4wl，在第二支點左方之剪力爲

$$V_{21} = V_{12} - wl = 0.4wl - wl = -0.6wl.$$

在第二十二圖中，第二支點之反力爲在支點右方之剪力減去左方之剪力。

$$R_2 = V_{23} - V_{21} = 0.5wl - (-0.6wl) = 1.1wl.$$

(10) 對於集中載重之三彎率理論

第二十四圖爲一連續梁，載重P 在距離 a，由第二支點起，在左跨度上與別一載重Q，在距離 c，由第二支點起，在右跨度上，虛線與水平成一 θ 角均切線於第二支點上之曲彈線，（圖中此切線水平於第二支點右方之上及水平於彼支點左方之下者將斜度相調，其最後結果幷無差異）。

由左支點向下，此切線之撓度爲 θl₁，由直線向上，此直線在第二支點上成線切，在左支點，彈曲線之撓度爲其彎率，對於第一跨度之全彎率圖以EI除之。

在圖二十四，對於跨度之彎率圖，經用在左支點坐標之原點畫出。普通彎率方程式其與此圖相符者經用 Ma 之數項表明，此爲在左支點彎率；Vab, 在右方左支點之剪力；及由第二支點，在距離a之載重p，關於左支點，圖之彎率爲

$$M_0 l_1 \times \frac{l_1}{2} \times \frac{Vadll^2}{2} \times \frac{2_1 l}{3} - \frac{1 a^2}{2}\left(l_1 - \frac{a}{3}\right) ; \qquad (1)$$

旣然在左支點之總撓度與在該二支點切線向下之撓度相等，

$$EIy = 0 = -EI\theta l_1 + \frac{Mal_1^2}{2} + \frac{Vabl_1^3}{3} - \frac{pa^2 l_1}{2} + \frac{pa^3}{6}, \quad (2)$$

以 6 乘方程式（2）然後以 l₁ 除之，結果爲 $-6EI\theta + 3Mal_1 + 2Vabl_1^2 - 3pa^2 +$

$$\frac{pa^3}{l_1}=0. \qquad\qquad (3)$$

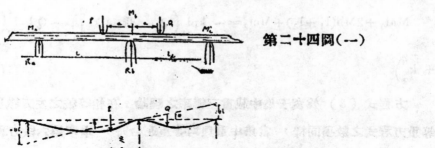

第二十四圖（一）

第二十四圖（二）

由普通灣率方程式

$$Mb.=Ma+Vabl_1-Pa;$$

$$Vabl_1=Mb-Ma+Pa. \qquad\qquad (4)$$

當以剪力但代入方程式(3)結果為 $-6EI\theta+Mal+2(Mb-Ma)l_1+2Pal_1-{}^3Pa^2$

$$(+\frac{Pa^3}{l_1}=0); \qquad\qquad (5)$$

$$-6EI\theta+Mal_1+2Mbl_1=-2Pal_1+3Pa^2-\frac{pa^3}{l_1} \qquad\qquad (6)$$

對於第二跨度，切線之撓度，$\theta l_2$ 為正數由與方程式（6）相類之數，對於此，跨度之方程式可寫為，

$$6EI\theta+Mcl_2+2Mbl_2=-2Qcl_2+3Q^2-\frac{QC^3}{l^2} \qquad\qquad (7)$$

當方程式（6）與（7）相加，$\theta$ 則可消除，與

$$Mal_1+2Mb(l_1+l)_2+Mcl_2=-Pa\left(2l_1-3a+\frac{a^2}{l_1}\right)-Qc\left(2l_2-3c+\frac{c^2}{l_2}\right) \qquad\qquad 8)$$

14113

若 $\dfrac{a}{l_1} = k_1$ ，與 $\dfrac{c}{l_2} = k_2$ ，方程式（8）變爲

$$Mal_1 + 2Mb(l_1+l_2) + Mcl_2 = -_1kpl_1^2\Big(2-3k_1+k_1^2\Big) - Qk_2l_2^2\Big(2-3k_2+k_2^2\Big)\qquad (9)$$

方程式（8）爲對于集中載重三變率之理論，在相等號之左方數項與受均等重方程式之數項同樣， 當集中重與均等重連合時， 本章第六段方程式（8）之第二節與本章 第十段方程式（8）或（9）之第二節 相加則 得三變率方程式。

(11)當數集中載重在每跨度上時，三變率之理論爲

$$Mal_1 + 2Mb(l_1+l_2) + Mcl_2 = -\Sigma Pk_1l_1^2\Big(2-3k_1+k_1^2\Big) \lessgtr Qk_2l_2^2\Big(2-3k_2+k_2^2\Big)\qquad (10)$$

在上式 $Pk_1l_1^2\Big(2-3k_1+k_1^2\Big)$ 爲 $l_1^2 p\Big(_1\Big(2k_1-3k_1^2+k_1^3\Big)+p_3\Big(2k_3-3k_3^2+k_3^3\Big)+\cdots\Big)$ 式之數項之級數總數，在此式中 $p_1p_2\cdots$ 爲在第一跨度上， 由中支點在 $K_1l_1$ ， $K_2l_2$ ，等距離之載重，

## 例　　題

一剖面不變之梁，長37呎，兩端支持，由左端至10呎及由右端至12 呎，一載重爲1.000磅在左端至7呎處。又一載重800 磅在左端至16呎處，又一載重540磅 在右端起至 8 吋處，又一載重800磅在右端起至 6 呎處， 求每支點上之澣率及每支點之反力，

對於第一與第二跨度，$k_1=0.3$ ，$k_2=0.4$ ，$p=1,000$ ，$Q=800$ ，$l_1=10$呎，$l_2=15$呎，

$$0+50M_2+15M_3 = -1,000 \times 100 \times 0.3(2-0.9+0.09) - 800 \times 225$$

$$\times 0.4(2-1.2+0.16)，50M_2+15M_3 = -104,820.$$

由第二與第三跨度

$$15M_2 + 54M_3 = -800 \times 225 \times 0.6(2 - 1.8 + 0.36) - 540 \times 144 \times$$

$$\frac{1}{3}\left(2 - 1 + \frac{1}{9}\right) - 800 \times 144 \times \frac{1}{2}\left(2 - \frac{3}{2} + \frac{1}{4}\right)$$

$$15M_2 + 54M_3 = -132,480.$$

由此等方程式，$M_2 = -1,484.$ $M_3 = -2,041$ 呎磅，

在每支點之右方剪力(除第四外)可用普通彎率方程式求得，與反力則可由在每支點上對面剪力之差數求得，反力又可用在每支點上彎率計算，在第二支點

$$10R_1 - 3,000 = -1,48,4$$

$$R_1 = 151.6磅，$$

(12)撓度當彎力不平行於惰性之主要軸，

當彎力不平行於惰性之主要軸時須先求得彎率，或求得力之平行於此等軸計然後算纖維線應力，

在同樣法，欲求撓度，力必須博為分力，所算出之撓度平行於此二軸之每一軸，合力撓度，無論在何點為分力之方經示線(Vector)之和數

## 例　題

一二吋濶三吋高之木瓢梁，長度十呎，三吋面與水平成$35^0$角求在末端撓度之大小與方向。假定此撓度因載重20磅在末端若 E 為1,200,000 非/口"，

載重之分力為 $20\cos w35^0$ 與 $20\sin 35^0$

相符之彎率為 2吋$^4$ 與 4.5吋$^4$ 垂直於三吋面上之撓度為 $4.8 \times 0.8192 = 3.932$吋。

平行於三吋面撓度為 $\frac{3}{1}\frac{2}{5} \times 0.5736 = 1224$吋。

合力撓度與二吋面構造成之∅角為

$$\tan \cancel{\emptyset} = \frac{1,224}{3.932} = \frac{32\sin 35^0}{15 \times 4.8\cos w35^0} = \frac{2}{4.5}\tan 35^0 = 0.3112.$$

14115

$$\varnothing = 17^0 17'$$

合力撓度＝3.932 sec $\varnothing$ ＝4.118吋，與垂直成 $17^0 43'$

# 第六章　特種杆梁

## 不變力之梁

　　不變力梁中之在外纖維線之單位應力，在各分部上均不變其值旣然 $S = \frac{Mc}{I} = \frac{M}{Z}$（若 $Z = \frac{c}{I}$）當斷面率變更如外加灣率一般時，應力仍不變．今以載重在一端之飄梁爲例．灣率是直接與由一端之距離成比例，若深度不變，濶度就由不固定端至固定端有定之增加，斷率則直接變更如灣率一般，惟在外纖維線之單位應力則不變，若不需補償其在不固定端之剪力及壓力，則此梁將爲一不變剖面之相等力梁之半重，甚致增加材料以應剪力與壓力之需求，然利用不變力之梁，則重量可大慳矣。

## 不變力梁之撓度

　　旣然在不變力梁之惰性率與x而變更，其撓度之計算，與剖面不變之梁大有差別．在關於中和平面均分之梁。

$$M = \frac{2SI}{d}$$

　　在此式中，S爲在全長度之不變數，d則可變或不變．在研究上欲分別變與不變者，不變之深度則用大楷D代之，不變之濶度則以大楷B代之。

　　1)　不變深度梁之撓度

$$M = EI\frac{d^2 y}{dx^2} = \frac{2SI}{D} \tag{1}$$

### 運用二次積分法

方程式（1）用 I 除之。

$$E\frac{d^2 y}{dx^2} = \frac{2S}{D} \tag{2}$$

$$E\frac{dy}{dx} = \frac{2Sx}{D} + C1 \tag{3}$$

若 x 軸之方向，如此選擇致令 $\dfrac{dy}{dx}=0$，當 $x=a$ 時，$c_1$ 則 $=-\dfrac{2Sa}{D}$

$$E\,y = \frac{Sx}{D} - \frac{2S_a x}{D} + c_2 \tag{4}$$

若坐標之原點如此選擇致令 $y=0$，當 $x=a$ 時，則 $c_2 = \dfrac{Sa^2}{D}$

故

$$E\,y = \frac{S}{1}(x^2 - 2ax + a^2) = \frac{S}{D}(a-x)^2 , \tag{5}$$

在原點處

$$Ey = \frac{Sa^2}{D} \tag{6}$$

### 運用灣率面積法

當慴性率變更時，灣率面積之原理為 $Ey = \displaystyle\int \dfrac{Mx}{I} dx^3$ 或

$E\,y = \dfrac{M}{I}$ 圖之灣率。$\dfrac{M}{I} = \dfrac{2S}{D}$ 當 S 與 D 皆不變時，$\dfrac{M}{I}$ 亦為不變，則 $\dfrac{M}{I}$ 圖為一矩

形，欲求由原點，在距離 a 所成之切線之原點之撓度。

$$Ey = \frac{2Sa}{D} \times \frac{a}{2} = \frac{Sa^2}{D} \tag{6}$$

由原點，在距離 x，矩形之底線為 $a-x$。其重心，由某一點，其橫線為

x 時為 $\dfrac{a-x}{2}$

$$E\,y = \frac{2S(a-x)}{D} \times \frac{a-x}{2} = \frac{S}{D}(a-x)^2 \tag{5}$$

方程式(5)與(6)對於深度不變，若何載重之不變力梁為有效。致於飄梁，

$a=1$，其灣率為一負數，因此

$$E\,\triangle = -\frac{sl^2}{D} \; ; \; E\,y = -\frac{S}{D}(l-x)^2 \tag{7}$$

不固定端上載重之飄梁，

14117

對於不變深度 D 之飄梁，載重在不固定端上，$S = \dfrac{PlD}{2Im}$，$Im$ 爲式中之最大惰性率，用此 $S$ 值代入方程式（7）中則得

$$E \triangle = -\frac{Pl^3}{2Im} \qquad\qquad (8)$$

在不變力飄梁末端之撓度，其深度不變，載重在不固定端時，其值爲剖面不變之飄梁，其剖面等於不變力梁之最大剖面之撓度一倍又半。不變力梁之體積爲剖面不變梁之半數

均等載重之飄梁。

對於不變深度，均等載重之飄梁

$$S = \frac{wlD}{4Im}$$

及

$$E \triangle = \frac{-Wl^3}{4Im} \qquad\qquad (9)$$

此值大於不變剖面，其剖面等於不變力梁之最大剖面，之飄梁二倍，不變力梁之體積爲不變剖面梁之三分一數

一端支持，中部載受重 P 之梁。

在梁中部之彎率爲 $\dfrac{pl}{4}$ 與 $S = \dfrac{plD}{8Im}$ 在方程式（6），$a = \dfrac{1}{2}$，在中部，由切線向上末端之撓度求得爲

$$E \triangle = \frac{Pl^3}{32Im} \qquad\qquad (10)$$

此值爲不變剖面梁之半數，此數亦可直接由載重在不固定端飄梁之結果求得

兩端支持及均等載重之梁

在梁中部之彎率 $Mf = \dfrac{Wl}{8}$ $S = \dfrac{WlD}{16Im}$ 與 $a = \dfrac{1}{2}$

$$E \triangle = \frac{Wl^3}{64Im}$$

此值爲不變剖面樑之撓度之 $\frac{5}{6}$ 數

（2）不變闊度矩形樑之撓度。

$$M = \frac{2S}{d}，此處 d 爲 x 之函數，$$

載重在不固定端之飄樑

$$d^2 = \frac{6Px}{SB}，與 \frac{M}{I} = 2S\sqrt{\frac{SB}{6P}} x^{-\frac{1}{2}} \tag{1}$$

$$E\triangle = \int \frac{M}{I} x\,dx = 2S\sqrt{\frac{SB}{6P}} \int_0^l x^{\frac{1}{2}}\,dx = \frac{2}{3}\times 2S\sqrt{\frac{SB}{6p}} l^{\frac{3}{2}} \tag{2}$$

既然 $\frac{M}{Im} = 2S\sqrt{\frac{SB}{6P}} l^{-\frac{1}{2}}$，　與 $M = -Pl$，

$$E\triangle = \frac{2Ml^2}{3Im} = -\frac{2Pl^3}{3Im} \tag{3}$$

此撓度爲不變剖面樑之二倍。

### 中部受載重，兩端支持之樑。

矩形剖面及不變闊度之樑，其兩端受支持，其中部則受載重，此樑之計算，等於二飄樑。

$$E\triangle = \frac{pl^3}{24Jm} \tag{4}$$

### 均等重之飄樑

$$\frac{M}{I} = \frac{2S}{d}；\quad d^2 = \frac{3wx^2}{SB}；\quad \frac{M}{I} = \frac{2S}{x}\sqrt{\frac{SB}{3w}}$$

由變率面積得，

$$E\triangle = \int \frac{M}{I} x\,dx = 2S\sqrt{\frac{SB}{3w}} \int_0^l dx = 2Sl\sqrt{\frac{SB}{3w}} \tag{5}$$

旣然 $\dfrac{M}{Im}=\dfrac{2S}{1}\sqrt{\dfrac{SB}{3w}}$，與 $M=-\dfrac{wl^2}{2}=-\dfrac{Wl}{2}$ ，

$$E y=\dfrac{Ml^2}{Im}=-\dfrac{wl^4}{2Im}=-\dfrac{Wl^3}{2Im} \quad , \qquad (6)$$

**此值爲不變剖面梁之四倍•**

彈曲線可程式求得（以二次積分法更佳）爲

$$E y=-2S\sqrt{\dfrac{SB}{3w}}\left(x\log\dfrac{x}{1}-x+1\right) \qquad (7)$$

均等載重—5兩端支持之梁

$$M=\dfrac{w}{2}(lx-x^2)\ ;\ d^2=\dfrac{6M}{SB}=\dfrac{3w(lx-a^2)}{SB}\quad ;\qquad (8)$$

$$\dfrac{M}{I}=\dfrac{2S}{d}=2S\sqrt{\dfrac{SB}{3w(lx-x^2)}} \qquad (9)$$

$$E\triangle=\int\dfrac{M}{I}xdx=2S\sqrt{\dfrac{SB}{3w}}\int\dfrac{xdx}{\sqrt{lx-x^2}} \qquad (10)$$

$$\int\dfrac{xdx}{\sqrt{lx-x^2}}=\int\dfrac{xdx}{\sqrt{\left(\dfrac{1}{2}\right)^2-\left(\dfrac{1}{2}-x\right)^2}}=-\dfrac{1}{2}\int\dfrac{dz}{\sqrt{\left(\dfrac{1}{2}\right)^2-z^2}}+$$

$$\int\dfrac{zdz}{\sqrt{\left(\dfrac{1}{2}\right)^2-z^2}}\ ; \qquad (11)$$

當 $Z=\dfrac{1}{2}-x\ ;\ dz=-dx$

$$E\triangle=2S\sqrt{\dfrac{SB}{3w}}\left[-\dfrac{1}{2}\sin^{1}-\dfrac{2x}{1}-\sqrt{\left(\dfrac{1}{2}\right)^2-Z^2}\right]_{Z=\frac{1}{2}}^{Z=o} \quad (12)$$

（當 $x=o,Z=\dfrac{1}{2}$ ； 當 $x=\dfrac{1}{2}$ ； $Z=o$ ）

$$E\triangle=Sl\sqrt{\dfrac{SB}{3w}}\left(\dfrac{\pi}{2}-1\right) \qquad (13)$$

既然　　　　　　$S = \dfrac{3wl^2}{4BD^2}$,

$$E\triangle = \dfrac{3wl^4}{8BD^3}\left(\dfrac{\pi}{2}-1\right) = \dfrac{wl^4}{32Im}\left(\dfrac{\pi}{2}-1\right) = \dfrac{6.85wl^4}{384Im} \qquad (14)$$

31　不變力與剖面相似梁之撓度．

$I = kc^4$ 此處K為一常數，根據各剖面之幾何法而得，c為中和軸至外纖維線

之距離　　$Z = \dfrac{I}{c} = kc^3$

$$S = \dfrac{M}{Z} = \dfrac{M}{kc^3} ; c^3 \quad \dfrac{M}{kS} ;$$

$$\dfrac{M}{I} = \dfrac{M}{kc^4} = M^{-\frac{1}{3}} k^{\frac{1}{3}} S^{\frac{4}{3}} \qquad (1)$$

均等載重飄梁之撓度．

$$M = \dfrac{wx^2}{2} ; \dfrac{M}{I}xdx = w^{-\frac{1}{3}} 2^{\frac{1}{3}} k^{\frac{1}{3}} S^{\frac{4}{3}} x^{\frac{1}{4}} dx$$

$$\int_0^1 \dfrac{M}{I}xdx = \dfrac{3w^{-\frac{1}{3}} 2^{\frac{1}{3}} k^{\frac{1}{3}} S^{\frac{4}{3}} l^{\frac{4}{3}}}{4} \qquad (4)$$

既然　　$S = \dfrac{wl^2}{2kc^3m}$, $S^{\frac{4}{3}} = \dfrac{w^{\frac{4}{3}} l^{\frac{8}{3}}}{2^{\frac{4}{3}} k^{\frac{4}{3}} c^4 m}$, 　與

$$E\triangle = \dfrac{3wl^4}{8kc^4m} = \dfrac{3wl^4}{8Im} = \dfrac{3Wl^3}{8Im} \qquad (3)$$

此值為剖面不變梁之撓度之三倍

飄梁載重在不固定端之撓度

$$M = px_1 與 \dfrac{M}{I}x = p^{-\frac{1}{3}} k^{\frac{1}{3}} S^{\frac{4}{3}} x^{\frac{2}{3}} ;$$

$$\int_0^1 \dfrac{M}{I}xdx = \dfrac{3P^{-\frac{1}{3}} S^{\frac{4}{3}} k^{\frac{1}{3}} l^{\frac{5}{3}}}{5} \qquad (4)$$

然旣　　$S = \dfrac{p \, l}{kc^3 m}$ ，此處 Cm 爲 c 之最大值；

$$E\triangle = \frac{3pl^3}{5kc^4 m} = \frac{3pl^3}{5 \, I \, m} \qquad (5)$$

此值爲剖面不變梁撓度之 $\dfrac{9}{5}$ 。

## 第八章　杆梁撓度之正確公式

前章所述各種不易梁之撓度，均由以下之彈曲線公式算出

$$M - EI \frac{d^2 y}{dx^2} \qquad (1)$$

此公式間便于計算而採用，實際言之，其完備之公式爲

$$M = \frac{EI - \dfrac{d^2 y}{dx^2}}{\left(1 + \left(\dfrac{dy}{dx}\right)^2\right)^{\frac{3}{2}}} \qquad (2)$$

　　通常所建築之梁，其發生之撓度，實際工作，以大約公式（1）計算則已完善蓋此大約公式，不獨用以推出之彈曲線，抑亦柱曲線之所由來也。雖大約公式與正確公式之差數爲極微，然當撓度極大時，其所差之微數亦隨之而變，大故公式（2）之研究，吾人不可忽視之也，蓋實際工作，絕不如理論之完善，複雜情形亦週易於計算時假設之簡單，故爲免避破壞危險起見，工程師之數值，莫不計算從寬，或假定一安全率（factor of safety）取其約數，而公式（1）之採用，未免無因也。

　　撓度之基公式爲下列公式推出

$$M = EI \frac{d\theta}{dl} \qquad (3)$$

上式亦可寫爲

$$M = EI \frac{d\theta}{dx} \times \frac{dx}{dl} = EICos \, \theta \frac{d\theta}{dx} \qquad (4)$$

方程式（4）之積分爲

$$EI \sin \theta = \int M dx + C_1 , \qquad (5)$$

又可寫爲

$$EI \frac{dy}{dx} = \int M dx + C_1 , \qquad (6)$$

方程式（1）之積分爲

$$EI \frac{dy}{dx} = \int M-dx + C_1 , \qquad (7)$$

$$EI \tan \theta = \int M dx + C_1 , \qquad (8)$$

由正確式求得之方程式（5）內載 $\sin of = \left(\text{或} \dfrac{dy}{dx}\right)$ 由 大 約 式求得之方程式

（8）內載 $\tan gent of = \left(\text{或} \dfrac{dy}{dx}\right)$ ，當灣率不變時，$\int M dx = Mx$，若坐標之起

點所選擇當 $x = 0$ ，$\theta = 0$ 時，則 $C_1 = 0$ 當灣率不變時，方程式（5）爲

$$EI \frac{dy}{dx} = Ex ; \qquad (9)$$

$$\frac{EI \, dy}{\sqrt{dx^2 + dy^2}} = Mx ; \qquad (10)$$

$$\left(\frac{EI}{M}\right)^2 dy^2 = x^2 dy^2 + x^2 dx^2 ; \qquad (11)$$

$$dy = \frac{x \, dx}{\sqrt{\left(\dfrac{EI}{M}\right)^2 - x^2}} \qquad (12)$$

$$y = - \sqrt{\left(\frac{EI}{M}\right)^2 - x2} \qquad + C_2 \qquad (13)$$

若X軸所選擇為$y = \dfrac{EI}{M}$ 當$x = 0$ · $c_2 = 0$

則 $$y^2 = \left(\dfrac{EI}{M}\right)^2 - x^2 ; \qquad (14)$$

$$x^2 + y^2 = \left(\dfrac{EI}{M}\right)^2 \qquad (15)$$

方程式(15)為圓形之方程式，當其半徑之值為$\dfrac{EI}{M}$ 此結果與第二章中方程式
（2）相同•

今以飄梁為例，其載重 p 在不固定端上

$$M = - \mathrm{l}x ,$$

$$M dx = -\dfrac{px^2}{2} + \left[ c_1 = \dfrac{\mathrm{p}l^2}{2} \right]$$

當起點在不固定端算時，l 則為全梁之水平投影，不是全梁之真長度•

$$\dfrac{EI\,dy}{\sqrt{dx^2 + dy^2}} = \dfrac{p}{2}(l^2 - x^2) ; \qquad (16)$$

$$\left(\dfrac{2EI}{p}\right)^2 dy^2 = (l^2 - x^2)^2 (dx^2 + dy^2) \qquad (17)$$

$$\left[\left(\dfrac{2EI}{p}\right) - (l^2 - x^2)^2\right] dy^2 = (l^2 - x^2)^2 dx^2 ; \qquad (18)$$

$$\dfrac{dy}{dx} = \dfrac{l^2 - x^2}{\sqrt{\left(\dfrac{2EI}{p}\right)^2 - (x^2 - x^2)^2}} \qquad (19)$$

方程式(19)之份數，用二項式展開得

$$\left(\dfrac{2EI}{p}\right)^{-1} + \tfrac{1}{2}\left(\dfrac{2EI}{p}\right)^{-3}(l^2 - x^2)^2 + \tfrac{3}{8}\left(\dfrac{2EI}{p}\right)^{-5}(l^2 - x^2)^4 + etc \qquad (20)$$

當此級數用子數$(l^2 - x^2)$乘之，方程式(19)變為

$$\frac{dy}{dx} = \frac{p}{2EI}(l^2 - x^2) + \frac{1}{2}\left(\frac{p}{2EI}\right)^3(^2l - x^2)^3 + \frac{3}{8}\left(\frac{p}{2EI}\right)^5(^2l - x^2)^5 + etc(21)$$

$$y = c_2 + \frac{Bl^2x}{2EI} - \frac{px^3}{6EI} + \frac{1}{2}\left(\frac{p}{2E}\right)^3\left(l^6x - l^4x^3 + \frac{3l^2x^5}{5} - \frac{x^7}{7}\right) + \frac{3}{8}\left(\frac{p}{2EI}\right)$$

$$^5\left(l^{10}x - \frac{5l^8x^3}{3} + 2l^6x^5 - \frac{10l^4x^7}{7} + \frac{5l^2x^9}{9} - \frac{x^{11}}{11} + etc\right) \qquad (22)$$

方程式(22)中右方之首三項與第二章飄梁之方程式(21a)絕對相同，由此等項

$c_2$ 值算出爲 $-\dfrac{pl^3}{3EI}$

加入方程式(22)中之餘項：

$$c_2 = -\frac{pl^3}{3EI} - \frac{1}{35}\left(\frac{p}{EI}\right)^3l^7 - \frac{1}{231}\left(\frac{p}{EI}\right)^5l^{11} - etc - \qquad (23)$$

今舉例題以證明之

### 例　　題

設有一六吋闊，一吋高，100 吋長之木製飄梁，載重10磅在不固定端處，

若 $E = 2.000.000 \#/\square''$ 時，求其末端之撓度。

$$EI = -1.000\,000, \quad \frac{p}{EI} = \frac{1}{100.000} = \frac{1}{10^5}, \quad l = 10\overline{l}^2$$

$$C_2 = -\frac{10}{3} - \frac{1}{35} \times \frac{10^{14}}{10^{15}} - \frac{1}{231} \times \frac{10^{22}}{10^{25}} - etc ;$$

$$C_2 = -3.333333 - 0,002857 - 0.000004 - 3.336294 \bullet$$

由第二項至第三項結果之變更爲 $\dfrac{1}{1,200}$

若載重改爲50磅(此數造成最大單位應力，每平方吋5.000磅)

$$\frac{p}{EI} = \frac{1}{2 \times 10^4}\,^5$$

$$C_2 = -\frac{50}{3} - \frac{1}{35} \times \frac{\overline{10}^{\,4}}{8 \times \overline{10}^{3}} - \frac{1}{2\,3\,1} \times \frac{\overline{10}^{22}}{32 \times \overline{10}^{20}} - \text{etc} \; ;$$

$$C_2 = -16\,6667 \times .3571 - 0.0135 - - 17.0373$$

通常公式所算出之最大撓度，其差誤多於百分之二•

方程式(23)所算出載重在不固定端飄梁之真確撓度似大於以下之公式，

$$\triangle = \frac{pl^3}{3EI} \tag{24}$$

雖然，其差誤并不在此點，方程式(24)之 l ，爲通常用以代梁之長度，既然灣率臂 x 爲由載重至剖面之水平距離，在固定端 x 之值（在方程式(16)爲受載重梁之水平投影，其數少於真確長度，今欲求其真確撓度，，必須將灣率轉爲確已知數之長度（actuat element of leudyh）或求其水平投射之真確長度•後法覺爲簡便，故採用之•

今爲簡便計，長度之已知數可用ds代以dl

$$\frac{EIdy}{dx} = \frac{p}{2}(l^2 - x^2) \; ; \tag{16}$$

$$\left(\frac{2EI}{p}\right)^2 dy^2 = (l^2 - x^2)ds^2 \; ; \tag{25}$$

$$\left(\frac{2EI}{p}\right)^2 (ds^2 - dx^2) = (l^2 - x^2)ds^2 \; ; \tag{26}$$

$$ds = \frac{d\,x}{\sqrt{1 - \frac{p^2}{2EI}(l^2 - x^2)}} \; ; \tag{27}$$

$$ds = dx\left[1 + \frac{1}{2}\left(\frac{p}{2EI}\right)^2 (l^2 - x^2)^2 + \frac{3}{8}\left(\frac{p}{2EI}\right)^4 (l^2 - x^2)^4 + \dots\right] \tag{28}$$

$$S = (c = o) + x + \frac{1}{8}\left(\frac{p}{EI}\right)^2\left(l^4 x - \frac{2l^2 x}{3} + \frac{x^5}{5}\right) + \frac{3}{128}\left(l^8 x - \frac{4l^6 x^3}{8} + \right.$$

$$\left.\frac{6l^4 x^5}{5} - \frac{4l^2 x^7}{7} + \frac{x^9}{9}\right) + \dots \tag{29}$$

當 x＝;1全長度可稱為li

即　　　$li = l + \frac{1}{8} \left(\frac{p}{EI}\right)^5 l^{\cdot} \left(1 - \frac{2}{3} + \frac{1}{5}\right) + \frac{3}{128} \left(\frac{p}{EI}\right)^4 l^9 \left(1 - \frac{4}{3}\right.$

$$+ \frac{6}{5} - \frac{4}{7} + \frac{1}{9}\Big) + \dots \tag{30}$$

$$li = l + \frac{1}{15} \left(\frac{p}{EI}\right)^2 l^5 + \frac{1}{105} \left(\frac{p}{EI}\right)^4 l^9 + \dots \tag{31}$$

在上例題，若水平投影爲100吋，當載重爲10磅時，

$$li = 100 + 0\ 0667.$$

若將此長度代入方程式(24) 中之100 吋長度，算得之結果爲

當其載重爲5⁰磅時，

$$li = 100 + \frac{1}{15} \times \frac{\overline{10}^{10}}{4 \times \overline{10}^8} + \frac{1}{105} \times \frac{\overline{10}^{18}}{16 \times \overline{10}^{\ 6}},$$

$$li = 100 + 1.667 + 0.059 = 10i.726\text{吋},$$

若將此長度代入方程式(24)中之100吋長度，其結果爲

$$\triangle = 17.557\text{吋},$$

方程式(23) 用以求載重在末端，飄樑之撓度，長度1爲受載重樑之水平投影。若用原有之長度，方程式(23)所算示之差誤大於方程式(24)。

當一樑放於固定支持上，中部則載重，反力之乖直分力之灣率仍爲不變，同時，反力亦有一水平分力，此分力則更增大其撓度。由大約微分方程式(1)可易求得彈曲線方程式。而方程式(2)之解法則甚困難也，明矣。

　　　在此節中所算出之公式，雖能將其差誤顯出，然在建築界中，對於大約方程式之微差數，若其撓度不甚大時，吾人固可畧之也。

　　　除去當M數不變，或 $\frac{M}{I}$ 不變外，用積分求得方程式，(2)之數，爲一級

數若同樣灣率方程式與方程式(2)并用時，如平常與方程式(1)并用一般(即者

灣率因撓度致變更而無補償時），則左方之數項內載有在一元式（1st pouer）之
EI者必等於全部解法與方程式（1）并用，差誤之因用，方程式（1）而代方程式
（2）者，通常必少於因變更灣率臂所致之差誤也。

## 第八章 結論

各種梁之撓度公式，經於上文求之，不靜定梁之計算法，比靜定梁爲煩難
然一經明其理，從一而推二，雖最煩難之公式，亦可隨之解。總之，下文之公
式，任何種梁與梁之受何種載重，均可算出。

$$\delta = \int_0^l \frac{Mm}{EI} dx$$

此表式內之M爲所求撓度之灣率，m則爲指數灣率（Index bending moment），此
項指數灣率由是明於撓點上受外力F＝1而發生之灣率也，

# 建 築 材 料 的 研 究

### 廖 安 德

　　建築上最要緊的問題，就是材料，欲得建築物堅固，必須用良好的材料，所以選擇材料，爲建築界最重要的問題，我們建築房屋樓宇的宗旨，求所建築的物件堅固，耐用，美觀，和經濟，以上的問題，缺了一件，就不算是模範的建築物，倘若對於材料，不認眞選擇，雖然美觀和經濟，其結果未必良好，致於建築物本身的堅固和耐用，尙存疑問！甚或發生危險的狀態呢！故我們欲建築物堅固，耐用，美觀，和經濟，非悉心研究建築材料不爲功，建築材料的研究，在今日的建築料，實不容緩呢。

　　建築材料的變遷，隨世界的進化而不同，一時代有一時代的建築材料，我們從歷史上得知道上古時代的人，利用天然物爲避身所，如利用山洞爲住所是也，有巢氏構木爲集，人民起自經營房屋，再後，利用坭和土，而建築成我們夢想不到，鄙陋不堪的小坭屋，但到了現代，就大不同了，由山洞而巢居而坭屋！又由坭屋而變爲石和磚建築成的屋，直到而今，世界的科學，一天天進化起來由磚瓦木石而至夢想不到的鋼筋三合土，將來難免有一新建築材料比鋼筋三合土要堅固和耐用出現來建築數百層的巍峨高廈，登入雲霄，那麼，建築材料的研究更重要了！

　　建築材料的進化，大約分爲五時代卽（一）原始時代，（二）木材時代，（三）木石合用時代，（四）石材時代，〔五〕鐵石混用時代，以上的五時代，我們雖然沒有精確地來分別它，然亦不出乎那次序了。

　　建築材料的選擇，旣然要堅固，耐用，美觀，和經濟，往往有許多人，當建築房屋時，寄選材料，以求華麗，徒壯觀瞻；對於實際，則不甚考究，這是一件很不對的事情了！因爲建築物，不特要美觀，還要求其堅固，耐用，和經濟的實際的應用，不要徒費金錢來購得金玉其外，敗絮其中的建築物呢：購選材料時，不得不注意着下列數點。

(一)材料務選十分乾燥的。

(二)材料須無臭惡味發生的。

(三)材料最好向總出產地直接購買，

(四)材料務求其堅固，耐用，平直和無裂歪情形的，

(五)材料宜採購國貨，不得已時，方可酌量選購外貨，

　　(一)石材。

　　建築工程裡，採用石材的，時期極平。我們從羅馬，埃及，希臘的遺跡上觀察，就得到十分的確的証明了。中國裡的石室和石碑，又是別一個証明。因爲用石來建築的物，不獨壯麗美觀，還是千分堅固和耐用呢。在中世紀的建築物，就多數利用起石材。尤其是教堂，皇宮和貴族住宅，無不用石來建築。到了現在的時候，採用石材來建築的屋宇，還是不少，申江外灘一帶的建築物，多用石建築。香港爲產石的富區，稍大的樓宇，亦多用石甚致小小的住宅的地脚，無不用石建築，蓋取其堅固。現代所用的石材雖比中世紀少用一些；然在建築界裡，有很好的地位。雖鋼筋三合土，有時亦不及它的美觀，莊嚴，和經濟。石的量度，分體積，面積，和長度三種，論面積者如十方尺。或百方尺計的。每一方尺的價格，須以石還的品質和厚度來佔定。其餘如工作的難易，輸運的路程。直接和間接均影響及價格的貴賤。故在佔算石作工程之前，最好先令石工作精密的計算，庶不致吃虧了。

　　石的種類甚多，由構成方面來分別，可總括分爲三種。

（1）Arqillaceous Stone 黏土質之石，其結合的以鋁質爲最重要（$Al_2O_3$）

（2）Calcareous Stone 帶灰之石，其最重要的結合物爲石灰（$CaCO_3$）

（3）Siliceous Stone 硅質石，其重要的結合物爲硅質（$SiO_2$）

　　最普通的黏土質石爲石版；帶灰之石，爲灰石和雲石；硅質石，爲沙石和花崗石，以上的石爲建築上最重要的石材。

　　花崗石（Granites）主要的成分爲石英，雲母和長石所組成，副成分爲輝石

和角閃石質堅而耐用，頗貴重，上海外灘的滙豐銀行，海關等，係用此類花崗石來建築，在申江生色不少，香港的高等裁判署，歐戰紀念碑，紐約國家銀行和很多偉大的建築物，採用石材，廣州市內的石室天主堂，海關，念碑等亦是石的建築物，此等建築在各地均佔有相當的形勢，在中國蘇州和香港所產的花崗石亦佳，常有一二十尺的大料，這是難能可貴的天然石礦呢。

上海普通所用的石爲蘇石，蘇石更分爲二種產，枝金石地方，就叫做金山石產於焦山地方的，就叫做焦山石金山石色帶黃紅質地頗良，產量不多，焦山石質稍次，色青白，產量多向較金山石貴，均係火成岩花崗石，是謂硬石，此外尚有寧波綠石，紫石，質較嫩，便於雕刻，是謂軟石，均用於建築，致於雲南所產的大理石，則用以裝飾，但極少用於建築

焦山石价表　國幣算　魯班尺

| 工　　　料 | 體積及面積 | 價　　　　格 | 備　　　　註 |
|---|---|---|---|
| 毛　坯　石 | 一至十立方尺 | 每立六尺一元至一元二角 | 以上海蘇州河岸交貨爲標準 |
| 毛　坯　石 | 十立方尺以外 | 每過十立方尺加洋二角至三角 | 仝　　　　上 |
| 毛　坯　石 | 一百立方尺以外 | 另　　　議 | |
| 鑿工及裝置 | 一平方尺 | 洋一元二角至一元五角 | 祗鑿平面 |
| 雕刻脚線及裝置 | 一方 | 洋一百八十元至二百元 | 雕鑿花草人物另議 |

此種焦山石可用於重量撝壓的建築，如過梁和法圓等，亦有用於踏步，勒脚及外牆專建築，

焦山石爲花崗石的一種，色呈青灰，是年晶体的火成巖石，重要的成分爲石英和酸性鉀，長石碳和其他的主要附屬品所凝成，質堅硬，惟不及金山石的頁好，

花崗石於建築界用途極廣的，惟少禦火的能力，遇熱度高過時，則分裂爆碎，蓋其最大的關係，因其組織和構造物的複雜。每一小粒，各有不同的膨眼性，但其中含有小水泡和流質炭氣，也不無相當的關係。九龍亦爲產石的區域

●石色潔白，含有電毋石黑點，極美觀●上海滙豐銀行，麥堅利銀行，廣州中山紀念堂和南京的總理陵園，皆採用那種石●

香港石價表

| 尺　　　　　　寸 | 每方尺價格 | 備　　　　　　註 |
|---|---|---|
| 一方尺至三十方尺 | 港幣四毫 | 此價在九龍碼頭交貨 |
| 三十一方尺至四十方尺 | 港幣六毫 | 仝上 |
| 四十一方尺至五十方尺 | 港幣七毫 | 仝上 |
| 五十一方尺至六十方尺 | 港幣八毫 | 仝上 |
| 六十一方尺至七十方尺 | 港幣九毫 | 仝上 |
| 七十一方尺至八十方尺 | 港幣一元二角 | 仝上 |
| 八十一方尺至九十方尺 | 港幣一元三角 | 仝上 |

註港尺一尺合英尺十四寸六分每方尺合港尺一尺方三寸厚

　　由建築工程上觀察，最適用的石材，首推沙石(Sandstone)其抵抗風力極強，幷不受火的影響●質料係沙所膠結而成，此外還有一種石灰石(Lime Stone)顏色極美觀，適合建築物的裝飾材料，其餘如大理石(Marble)亦爲裝飾石的一種，多爲炭酸鈣的岩石●

　　(二)木材

　　在現在建築界裏，木材似乎不如背日的重要●但是實際上言之，雖然它的用途，一天比一天少下去，但我們子細地想想，建築物沒有了木材，可以到底成功嗎？其所少的理由，却因現時所建築的牆，地板，多代以磚和鋼筋三合土了●然建築物裡，未必樣樣可用鋼筋三合土做起來夠美觀和經濟呢●那麼，木材現時還在建築界裡佔了一個相當的地位●

　　我國所出產的木材，以杉木爲最大宗，出產地以福建，兩湖，廣西爲最多●長度以中國的木尺計算●每木尺合英尺十一寸二分●它的長度尺碼大槪是一樣的，長梢的大小，均以排計算●共分四種(一)大鎊，每排約二十六根，大小以木行普通用的圍木尺計算。每圍木尺約合英尺一尺一时二分左右致於舶來的材木，皆用英尺 F.B.M. 計算。每一英尺 F.B.M. 爲百四十四立方寸，即一尺長，一尺濶，一时高。無論何種木材，皆可用此法推算。這是一個計算材木節省的方法。

我國民居，所需的木料，均以杉木爲多。但門，窻，地板，樓，欄，棚各種裝修，近今亦多採用舶來品的柚木(Tenkwood)，因其堅固，耐用和美觀，門窻亦間有用洋松（花旗松），呂安，麻粟等，地板也有用本松或企口洋松，麻粟等。

木材的價格，固時而異，然下列的價，也可爲一種定準。

| 名　　　稱 | 造材分類 | 長度或面積 | 單位價目 |
|---|---|---|---|
| 洋松 | 板材 | 八尺至三十二尺 | 每千尺一百二十元 |
| 圴甸 | 圓材 | 一尺二寸長尾長八尺 | 六十七元八角一八十七元 |
| 半寸洋松 | | | 每千尺一百二十七元 |
| 洋松二寸光板 | | | 每千尺八十九元 |
| 俄紅松方 | | | 每千尺八十七元 |
| 俄麻粟光邊板 | | | 每千尺一百五十六元 |
| 柚木 | 頭號（僧帽牌） | | 每千尺七百三十五元 |
| 柚木 | 甲種（龍牌） | | 每千尺五百八十五元 |
| 柚木 | 乙種（仝上） | | 每千尺五百八十六元 |
| 柚木段 | （仝上） | | 每千尺五百八十五元 |
| 硬木 | | | 每千尺二百六十元 |
| 硬木 | 火介方 | | 每千尺二百四十七元 |
| 柳安 | | | 每千尺二百八十六元 |
| 紅板 | | | 每千尺一百五十六元 |

| | | | |
|---|---|---|---|
| 抄板 | | | 每千尺一百八十二元 |
| 皖松 | 十二尺三寸68 | | 每千尺七十八元 |
| 柳安企口板 | 一二五四寸 | | 每千尺二百六十元 |
| 皖松 | 十二尺二寸 | | 每千尺七十八元 |
| 建松 | 片 | | 每千尺七十八元 |
| 樟木 | 圓材 | 一尺尾長丈二 | 五元半至六元二角 |
| 甌松板 | 八尺寸 | | 每丈五元二角半 |
| 台松板 | | | 每丈五元三角 |

　　此價表錄自建築月刊二十二年六月份廣東銀毫仲我們選擇木材時，應注意其乾燥和少節瘤，風食，白身的，不貳現象。木材顏色愈深，年輪愈密。其質地亦愈堅固。以外木材強度，亦當注意，總之，當選擇木材時，我們務要細心考察，以免吃虧。　　茲將木材的應力，以表列下

| | 木材應力 | | 每方吋……磅 | |
|---|---|---|---|---|
| | 極力<br>Ultimate Stress | | 工作應力<br>Working stress | |
| 木材名稱 | 拉力<br>Tension | 壓力<br>Compression | 拉力<br>Tension | 壓力<br>Compression |
| 槐Ash | 10.000 | 8.000 | 1.200 | 1.000 |
| 黃楊Box | 16.000 | 8.500 | 2.000 | 1 100 |
| 柏樹Cedar | 6.000 | 4.000 | 800 | 500 |
| 榆Elm | 10.500 | 5.000 | 13.00 | 600 |
| 紅松Red pine | 10.000 | 5.000 | 1.200 | 600 |
| 白松White Pine | 6.000 | 4.000 | 800 | 500 |
| 黃松Yellow Pine | 7.500 | 4.500 | 950 | 600 |
| 橡樹Oak | 10.000 | 6.000 | 1.200 | 750 |

（三）　磚　瓦

　　磚亦爲建築重要材料的一種，大多用爲牆壁的建築材料，瓦，普通用以蓋屋，那兩種材料實有極大的效用，磚色揀青，敲之音高釘鐺的爲佳，倘若是新磚，須埋窰中一二十天，去其燥性，才可砌牆，否則砌上的灰水，一刻即乾，不能耐久，堅固，選擇時須注意其平面，角銳，及大小一律，其邊互相成平行，組織須成均勻，瓦色棟白黃者爲下，倘購舊瓦來建築更妙，因爲久經風霜，而不破裂的瓦，其堅固性必倍於常，且購買舊瓦，亦合經濟原理，這是一舉兩得的良好方法。　　　　　　　　茲將磚瓦價目表列後

| 磚的種類 | 單　位　價　格 | 備　　　　　　　　　　　　　　註 |
|---|---|---|
| 上明企 | 二百五十元至二百六十五元 | 廣東銀毫計算俱以一萬爲單位 |
| 中明企 | 二百二十元至二百三十元 | 仝上 |
| 地　河 | 二百十元至三百十五元 | 仝上 |
| 大　青 | 六百五十五元 | 古代建築所用形狀比常的大而扁 |
| 東莞縣大青 | 六百八十二元 | 仝上 |
| 上寸半 | 二十元至二十一元 | 以每百塊計 |
| 中寸半 | 十七元至十八元 | 仝上 |
| 中寸方 | 六十元至十八元 | 仝上 |
| 上寸方 | 十八元至二十元 | 仝上 |
| 灰沙磚 | 一百八十元至二百元 | 以萬塊計 |
| 空心磚（甲） | 三百十元至三百二十元 | 大中磚公司　12″×12×10″用以間格能受力每千計車挑力在外。 |
| 空心磚（乙） | 一百十元至一百十五元 | 9¼″×9¼″×6″（大中出品）每千計 |
| 空心磚（丙） | 二十八元至三十元 | 9¼″×4½″×2″（大中出品）每千計 |
| 白瓦連筒 | 一百三十元至一百八十元 | 四成瓦筒，六成瓦片 |
| 淨白瓦片 | 一百九十元止二十二十元 | 全是瓦片 |

| | | |
|---|---|---|
| 綠瓦連筒 | 三百五十元至<br>三百七十元 | 訂製的則或高或低 |
| 大中瓦 | 七十九元至八十二元 | 以千計15"×9¼"(大中出品) |
| 西班牙瓦 | 七十元至七十二元 | 每千計16'×5¼"(大中出品) |
| 英國式灣瓦 | 四十元至四十二元 | 每千計11"×6¼"(大中出品) |
| 脊　瓦 | 一百五十八元至<br>一百六十二元 | 每千計18"×8"(大中出品) |
| 瓦　筒 | 八角至一元 | 每只計十二寸(義合出品) |
| 瓦　筒 | 一元至一元三角 | 每只計大十三號(義合出品) |
| 瓦　筒 | 九角至一元一角 | 每只計小十三號(義合出品) |
| 青水泥花磚 | 二十五元至二十七元 | 每方計(義合出品) |
| 白水泥花磚 | 三十五元至三十六元 | 每方計(義合出品) |

　　(四)生鐵

生鐵為現代建築工程中最重要的材料，其原料為

( 1 )Hematite $Fe_2O_3$ 赭鐵鑛純淨時含有百分之七十鐵質

( 2 )Limonite $Fe_2O_3nH_2O$ 水質殺鐵鑛純淨時含有百分之六十鐵質

( 3 )Magnetite, $Fe_3O_4$ 磁鐵鑛純淨時含有百分之七十二鐵質

( 4 )Siderite $FeCo_3$ 攝鐵鑛，純淨時含有百分之四十八鐵質

　　製造方法將鐵鑛置於鎔鐵爐混合煤或燃料中鎔化即為生鐵 (Pig-iron) 用煤或燃料均與鐵鑛成一比例，爐中熱度均華氏表千四百度左右，時間約二小時，氣服為由千五至三千磅每平方吋，其程序如下

$$C+O_2=CO_2$$

$$CO_2+C=2CO$$

$$2Fe_2O_3+8CO=4Fe+7CO_2+C$$

$$3Fe_2O_3+CO=2Fe_3O_4+CO_2$$

$$Fe_3O_4+CO=3FeO+CO_2$$

$$FeO+CO=Fe+CO_2$$

製成的生鐵含有百分之三至五的炭和少量的硅，硫，磷，等．其斷面呈炭色．再將生鎮運至翻砂廠，投入熔鐵爐中，熔化變爲流質，傾入各種模型內，即可鑄種種鐵條，鐵管，鐵柱，等建築所上應用的材料．

生鐵富於脆性．牽引力甚低，故受衝擊的建築物，不宜應用，致於它的伸長度亦極微，沒有彈性的作用．但生鐵的價極廉，故在建築工程上用途也很廣的．

（五）熟　鐵

將生鐵置反射爐中加熱使熔，幷通空氣，使其中的碳及其他的雜物，因氧化而除去，或將生鐵埋在氧化的粉末中，赤熱數日，則其中的炭量減至百分之三．五以下。此種鍊出的鐵，稱爲熟鐵，亦稱鍊鐵，質硬不脆，富有展性和延性，可供鍛　之用．能抵抗外來的衝擊力，牠的發明頗早，在中國周朝已經有了．——從古代所用的兵器，可以知道．在建築工程上，也是一件最重要的建築材料．

（六）　鋼

將熟鐵埋入木炭粉中，而加強熱，使增加碳量，即爲鋼鐵．製鋼之法不一，有西門子，馬丁法和拍塞麥法二種，致於大間爐法則漸淘汰了．此處限於篇幅，不能一一細述．

鋼因製法的不同，故其物理性質，要以化學成分爲定．普通鋼中碳的成分，自百分之五至六，其炭之多寡。和鋼強度及硬度，極有關係．如熱至通紅時，忽投於水，使其遇冷，則得質堅而脆之鋼．如徐徐而冷，則得恢而富有彈性．鍛鍊的鋼質，至於它的種類頗多．有罐鋼，柏塞麥鋼，及露焰爐鋼等．罐鋼多用以機機．柏塞麥鋼多用於製造鐵路的軌條．露焰爐鋼的功用頗大，如鎗炮，鐵甲板，以及各種武器，和近代建築工程上多用之，故此類鋼爲最佳，功用最大．

建築裡所用鋼來做的甚多．如鋼筋，鋼窗，鋼橋，門等．普通所用鋼筋之牽力每平方時爲一萬六千磅至二萬餘磅不等．

　　　　茲將鋼所含炭分量的牽力列左

| 含炭的百分數 | 變形點 每方吋…磅 | 極牽力 每方吋…磅 |
|---|---|---|
| 0●00 | 三　　萬 | 52500 |
| 0●20 | 39500 | 68400 |
| 0●31 | 46500 | 80600 |
| 0●37 | 50000 | 85200 |
| 0●57 | 55000 | 117400 |
| 0●81 | 70000 | 149600 |
| 0●97 | 79000 | 152600 |

大約計算炭質鋼的牽力公式爲

牽力＝(40,000 至45000)＋1000C.

此處C爲鋼含炭之點數。一點的炭等於百分之一炭。

鋼筋的大約價格列左

| 貨　　名 | 尺　　　　寸 | 數　　量 | 價　　格 | 備　　　　　註 |
|---|---|---|---|---|
| 鋼　　條 | 四十尺長二分及二分半光圓 | 每　噸 | 九十二兩 | |
| 竹　　節 | 四十尺長三分至一寸圓 | 每　噸 | 九十六兩 | |

現時所建築的樓宇，所用的鋼筋，多爲外貨，時價忽漲忽下，故無從查得真確，從畧。

（七）石　灰

石灰也是建築材料的一種，將石灰石放在爐中加熱，即放出二氧化炭氣而成石灰。其原料爲$CaCo_3$及$MgCo_3$　$CaCo_3$＋熱度＝$CaO$＋$CO_2$ 生石灰即一養化鈣如注水於其中，則發生劇熱，而變成消石灰

$$CaO \times H_2o = Ca(OH)_2$$

$$75.7 \times 24.3 = 100 \text{（灰漿重）}$$

　　即氫氧化鈣，消石灰爲白色粉末，略能溶解於水稱爲石灰水，如放在空氣中，則漸失去水份，幷吸收空氣中的二氧化炭，以結成很硬的固體，故用此種石灰，在建築工程上，用以粉刷牆壁，或配合灰泥，能在空氣中凝結堅固，且石灰有膠性，吸潮力，故極合粉飾牆壁之用，

　　石灰的價格分爲二種，單燒灰每担值一元六角，煤灰每担值一元二角，最低也值一元左右發高亦不能超過二元，蜆灰和蠔灰每担約值十五六元不等草根灰則最平，每担約值四五角而已。

　　（八）三合土

　　三合土名稱，因其色含坡崙士敏士泥，細沙，和小石混合和以相當的水份，受化學的作用而成的緣故，其最主要的物質，則爲坡崙士敏土，泥沙石的限制，只求其合度和潔淨則可，坡崙士敏土泥的製法，恒取含泥和石灰的物質，按適宜的成分，密切混合，幷煆燒至初溶之時，然後將此初溶的渣，研成粉末，但煆燒之後，除水和已煆或未煆的石膏外，不得再加入他種物質，方成良土，坡崙士敏泥的大約成分列下：

石灰　　　Cao　　　　　　　　　　　　　　　　　　5 6 %

硅　　　　Sio₂　　　　　　　　　　　　　　　　　2 0 — 2 5 %

鐵和鋁　　Fe 及 Al　　　　　　　　　　　　　　　5 — 1 2 %

　　天然士敏土，係用較低的熱度，將富有膠質的石灰（廣東省英德縣所產的黑石亦宜）煆燒成細末，前一種則適合各種受力的建築件，後一種則不然，只適於厚大的建築物，如橋躉，地脚等•

　　士敏土的色澤，以青灰色的爲最佳，致若黃黑棕色，或淺藍灰色的，皆用原料不良，或製練不精之故，白色士敏土，則用以裝飾外，其餘少用之，因其價格大昂•

　　士敏土的幼度，對於建築物，最爲重要•其幼度以200號之篩（每一英方寸，縱橫均有200線相間的）篩之，其合格度，以所存留於篩的士，僅佔百分之二十至二十五爲標準

三合土的能成一堅固物質者，除以上述的士敏土，淨細沙（南崗沙），小石外，水量的多寡，亦爲重要，近世現研究三合土的，無不以水量爲要務，蓋水量適中，則所成的三合土，價廉而堅固，此法謂之水泥比

（Watercementratio）設以 W 爲水的體積，C 爲士敏土的體積，X 爲士敏土的體積與水的體積之比，S 爲三合土混合，經二十八天後，每平方英寸能受的最大壓力，經無數的實驗，而得下式

$$X = \frac{W}{C} \qquad (1)$$

$$S = \frac{14000}{c^x} \qquad (2)$$

由以上二式，X 和 S 爲反比例，卽水量愈大，則所成三合土力量愈細，假如每平方英寸，須受二千磅的最高壓力，則每一立方尺的士敏土須和水量幾何，由以上（1）式得

$$2000 = \frac{14\,0}{c^x}$$

$$c^x = 7 \qquad 則 x \log 9 = \log 7$$

$$X = \frac{(0.846)}{(0.954)} = 0.886$$

由（1）式 C＝1，W＝0.886立方尺

卽每一立方尺的士敏土須用0.886立方尺水以勻和之

士林（Slump）和幼度常數（Fineness Modulus）亦爲造三合土的要件，士林爲試驗三合土凝結度的方法，士林器爲一上心下大的圓柱形鐵筒，上邊直徑爲四英寸，下邊直徑爲八英寸，高度爲十二英寸，法將已勻和的三合土，分三次傾入筒中，每次約四寸高，傾入後，則用¾直徑，二英尺長的鐵筆，揷三數十次，使其黏貼，然後將筒隨隨抽起，則已傾入三合土凝結成一鐵筒形，其高度必小於鐵筒其缺高度則爲士林，純淨三合土的士林，不得過三英寸，鐦筋三合土薄企身部份及柱，士林不得過六英寸，厚身部份，不得過三英寸薄平面部份，不得過八英寸等，

幼度常數—粗幼混合物(沙，小石等)依次用各標準篩之，得其存留篩中的物料，分別量其重量或體積計算爲全量百分之幾，將其各百分數之和，用一百除之，其所得之數，謂之幼度常數•設有兩種混合物用篩篩之，其留存在各篩的百份量如下

| 篩號 | 100 | 50 | 30 | 16 | 8 | 4 | ⅜" | ¼" |
|------|-----|----|----|----|---|---|----|----|
| 第一種混合物 | 9c | 94 | 75 | 70 | 54 | 50 | 36 | 15 |
| ”二‘ ” ” | 100 | 97 | 93 | 88 | 83 | 82 | 65 | 20 |

則第一種混合物的幼度常數爲

$$(96+94+75+70+54+50+36+15) \div 100 = 4\cdot9$$

第二種混合物的幼度常數爲

$$(700+97+93+88+83+82+65+20) \div 100 = 5\cdot28$$

總之幼度常數愈高，則三合土之力愈大，然過一定的規制，其力反弱；故幼度常數，必須適宜

每方三合土的詳細分析　一•三•六成分

| | | |
|---|---|---|
| 水泥三•八五桶或一五•四〇立方尺 | 每桶洋六元半 | 洋二五•〇二五元 |
| 南崗沙　一•九三三頓 | 每頓三元三 | 洋六•三七九元 |
| 石　子　三•八三頓 | 每頓洋四元半 | 洋一七•二三五元 |
| 搗　工 | | 洋三•〇〇〇元 |
| 水 | | 洋〇•〇五〇元 |
| 共計　洋五一•六八九元 | | |

成分：一，二，四

| | | |
|---|---|---|
| 水泥五‧五五桶‧或二‧二二立方尺 | 每桶洋六元半 | 洋三六‧〇七五元 |
| 南崗沙二‧〇八噸或四九‧九二立方尺 | 每噸洋三元三 | 洋六‧八六四元 |
| 石　子　三‧六六六噸 | 每噸四元半 | 洋一六，四九七元 |
| 搗　工 | | 洋三‧〇〇〇元 |
| 水 | | 洋〇‧〇五〇元 |
| 共計　　洋六二‧四八六元　均以國幣算 | | |

以上的價格，因時價或工價的不同而差異，石子每立方尺重九十八磅，恒以二十立方尺為一噸，南崗沙為良好的沙平均重每一立方碼有二千四百磅至三千五百磅，通常以二十四立方尺作一噸算，一方三合土即一百平方尺

試例：設某地屑為二百方原五吋半，用一，三六，三合土，上粉一，三合半寸厚細沙

$$20000\text{平方尺} \times \frac{11''}{2} \times \frac{1}{12} = 110,000 \times \frac{1}{12} = 91.666\text{方}$$

| 91,666方 | 依上列表 | 每方用水泥 | 三•八五桶 | 結需三五二•九四四桶 | 每桶六元半 | 洋二，二九三•九四一元 |
|---|---|---|---|---|---|---|
| ,, | | 每方黄沙 | 一•九三三頓 | 結需一七七•一九○桶 | 每頓三元三 | 洋五八四•七二七元 |
| ,, | | 每方石子 | 三•八三頓 | 結需三五一•○八○頓 | 每頓四元半 | 洋一•五七九•八六○元 |
| ,, | | 每方搗工 | 每方三元 | | | 洋二七四•九九八元 |
| ,, | | 每方水 | 每方五分 | | | 洋四五•八三三元 |

共計　洋四，七七九•三五九元正•

14143

　　致於各種士敏土的種類價格和拉力等請參觀本報第一卷第一期莫朝豪君的建築材料調查報告表，此處限於篇幅從畧。

　　末了，建築材料的性質和選擇，上文經已畧述之，其餘各項材料，因限篇幅，未能說及，閱者諒之。

# 廣東國民大學工學院

# 土木工程學系課程內容

## 各院共同必修課目

黨義——(一)總論(二)總理史畧及中國國民黨史(三)民族主義，民權主義，民生主義，(四)政治建設—建國大綱及五權憲法(五)物質建設—實業計畫，(六)社會建設—中國國民黨孫文學說

國文——選講：論，辨，書，說，序，記，狀，碑，誌，辭，賦，諸模範文，

第一外國語——讀本及文法

第二外國語——讀本及文法

軍事訓練——學課方面分(一)步兵操典(二)野外勤務(三)射擊教範(四)軍隊內務等項

術課方面分(一)制式教練(二)野外教練等項

## 土木工程學系必修課目

普通物理及實驗——物理之原理，定律，及其應用，

微積分及微分方程——微積分及微分方程之原理及其對于一個及多個之函數或方程之應用

建築畫——習字，及樓宇基本建築物：如牆壁，塑型，窗，門，陰影，拱頂，屋頂樓梯，建築欸式等之繪畫。

投影幾何學　Descriptive Geometry

投影幾何之基本原理；點綫及平面問題，相交及開展，投影等講授及習題

透視學——透視學之原理，及其對于繪畫樓則之應用。

高級建築畫——普通樓宇之平面，立面，剖面，及透視圖之繪畫。

平面測量及實習——各種測量儀器及計算機之應用，測量地方，繪畫平面圖，及計算面積，定綫及測平水。

陸地測量及實習——用經緯儀，測距器，及平板儀等，測量地形，及繪畫形圖，

鐵路測量及實習——鐵路曲線，路父，路線之初測及定測，製地形圖，側面曲
　　　　　　　　線圖，體積表示圖，土方及預算。

經界測量及實習——三角網，距離及角度之核算，經界位置之測定，經界水平
　　　　　　　　，天文之測量，經界地圖之繪畫。

水文測量及實習——錘測，流速測量，水位觀測，水體積及流量之測量，潮汐
　　　　　　　　之研究，海平面之決定，及水文圖之繪畫。

工程力學——力系統，平衡，重心，磨擦，靜力，及動力，

材料力學及實驗——材料之力，材料之性質，及其在建築上之要件，材料規範
　　　　　　　　及其標準試驗，

構造材料——構造材料之種類，性質，用途，製造，來源及價格之調查，

混凝土學——士敏土之歷史，及其製造法，士敏土，沙，石之試驗，材料之分
　　　　　　配，混凝土製造之學理及方法，三合土之試驗，材料及混凝土之
　　　　　　價格，

鋼筋混凝土——鋼筋混凝土之基本原理，塊面，陣，柱，薹，等之力量計算及
　　　　　　　設計，

水力學及實習——水壓力及流動，水的原動力之利用，水之量度，水之能力，
　　　　　　　　及效率，應用係數之求法，

熱力學及實習——熱，初級熱力原理，水蒸氣之性質，蓄熱器及機械混合器燃
　　　　　　　　，及燃料，鍋爐等，

結構學——計算靜力學範圍內各種結構體之內應力，

結構計劃——計劃鋼鐵及木建築物，製圖，

鋼鐵樓宇結構計劃——計劃鋼架樓宇或工廠製圖，

土石結構及基礎——磚石結構，基礎，橋薹，水墩，禦墻涵洞及拱橋等，

鋼筋混凝土計劃——計劃鋼筋三合土禦墻，基礎，水池，合併柱薹，涵洞等，

鋼筋混凝土樓宇計劃——計劃鋼筋三合土樓宇，力量表，及建築圖。

鋼筋三合土橋樑計劃——計劃鋼筋三合土塊面橋，丁樑橋，大陣橋，張臂橋，
　　　　　連續橋，拱橋，翼牆，及橋臺等。

道路工學——道路之經濟原理，路線之測勘，泥路，花沙路面，碎石路面，水
　　　　　結麥加當路面，三合土路面，及柏油路面等之建造。

電機學及實習——電力之發生及傳達，直流及交流電機之應用，發電機，發動
　　　　　機，變壓機等之管理及試驗。

工程契約及規範——契約及規範對於工程之關係，契約在應用上之法律，規範
　　　　　應用之名詞，契約與規範之格式及舉例。

渠工學——渠道系統，污水量之推算，雨量及潦量之推算，渠管水力學，渠管
　　　　　系統之計劃，渠工附屬物之設備，渠管之建築及保養。

都市給水——地面及地下之水源，水井之理論，河道之流量，蓄水池，給水管
　　　　　之系統，及其工程之計劃。

建築設計畫——設計及繪劃近代式之樓則。

建築學史——討論各種建築形式，由埃及時代以至現在之演進，及其將來之趨
　　　　　勢，

營造學——各種樓宇及橋樑之建築方法，其與建築需用之器具，

高級結構原理——研究彈性原理，及該原理對于靜力學所不能計算的建築之應用

樓宇計劃及設備——樓宇對于住用方面之計劃，電燈，冷熱水供水管及去水管
　　　　　，化糞池，煖爐，蒸氣管，氣流，電話，聲學，避雷，防火，
　　　　　防濕等設備，

鋼橋計劃——計劃公路或鐵路需用之鋼板橋及鋼架橋，製圖，

市政管理學——市政制度及其比較，都市組織及其管理，

都市設計——都市設計之歷史，世界著名都市輿圖及計劃圖之研究，城市測量
　　　　　，計劃之原理，運輸系統，道路系統園林系統，分區制度，市中
　　　　　心及廣場公共建築物之佈置，等，

市政工程學——城市之觀測，城市之衛生，街道之建築，交通之設備，街道之

　　　　　清潔，市政府公用估價，及其他市內物質上之建設問題，

橋樑計劃——計劃鋼筋三合土塊面橋，丁樑橋，大陣橋，鋼板橋，及鋼架橋等。

道路計劃——計劃公路系統，選擇路線，計劃路面，計算土方，預算及製圖。

道路建築——路基建築方法及器具，各種路面之建築方法，及其比較，建築章
　　　　　　程，建築費用。

道路保養——道路之巡察，各種路面之毀壞，及其保養與修整之方法，管理及
　　　　　　其保養之費用。

清　濾　學——清濾之原理及其方法，清濾廠之計劃及其建築，食水清潔度之標
　　　　　　準及其試驗。

污水處理學——污水之性質及其試驗，污水處理之原理及其方法，各種處理廠
　　　　　　之計劃及其建築。

氣　象　學——風向及其風力，雨量，蒸發，滲透及流量，氣象觀測，河流水力
　　　　　　力學等。

灌　溉　學——灌溉需要水量灌溉之方法，水溝系統及其建築，蓄本池，及水塔
　　　　　　泵水工程。

防潦工學——中國及廣東之水患問題，潦水輪廻之推算，防潦之方法，防潦計
　　　　　　劃及工程。

水電力學——雨量及流量之記錄，發電能力之估算，

水力機及水輪之原理及試驗，水塔及水力廠之計劃及建築，

水工計劃——計劃自來水廠或清濾廠。

鐵路工學——鐵路之經濟原理，測量，建築，及管理等概論，

鐵路及道路建築——鐵路及道路建築方法及器具，土方之計算，路基，路面，
　　　　　　　　路渣，枕木，鐵帆等之建築，

鐵路及道路管理——鐵路及道路之管理方法，

鐵路及道路保養——鐵路及道路之保養方法，

鐵路計築——選擇路線，改良路線，或坡度，改良交點，計用車站，停車塲，
　　　　　　或械車終站，

# 工學院土木工程學系職教員表

| 姓名 | 性別 | 年齡 | 籍貫 | 學歷 | 經歷 | 所授學科 | 本學期每週授課時數 | 本校兼任職務 | 到校年月 |
|---|---|---|---|---|---|---|---|---|---|
| 盧頤芳 | 男 | 四十九 | 廣東東莞 | 北京大學工學士 | 曾任中山大學教授廣東高等師範學校教導主任教員黃埔中學校校長等職 | 物理學微積分等 | 20 | 工學院院長兼總務長 | 十四年八月 |
| 李文邦 | 男 | 三十一 | 廣東台山 | 美國伊利諾大學土木工科學士美國丹佛大學土木工科碩士工程師 | 歷任廣州市政府工務局廣東省政府建設廳廣東治河委員會委員土木工程師 | 都市設計污水管理法 | 6 | 土木工程學系主任 | 二十年九月 |
| 伍夢衛 | 男 | 二十七 | 廣東台山 | 美國普渡大學土木工科學士美國哥倫比亞大學研究院土木工科碩士 | 歷任高雄國工程公司及世界工程公司工程師新華職業學校教員廣東工程處建設廳建築西村士敏土廠校士 | 混凝土學工程契約及規範 | 4 | | 二十三年三月 |
| 黃汝光 | 男 | 二十五 | 廣東南海 | 美國加省大學土木工程科碩士 | 美國加省大學土木工程科碩士曾任美國廣省公路部工程師 | 橋樑設計劃 | 4 | | 二十二年九月 |

| 姓名 | 性別 | 年齡 | 籍貫 | 學歷 | 經歷 | 擔任學科 | 週時數 | 到校年月 |
|---|---|---|---|---|---|---|---|---|
| 曾學厚 | 男 | 三十一 | 廣東台山 | 美國士丹佛大學工程學碩士 佛大學高壓輸電研究所 | 電機工程師 助理員 | 根據學及實習熱力學及實習 | 6 | 二十二年九月 |
| 劉爐鈿 | 男 | 三十一 | 廣東中山 | 美國包利大學土木工程學士 | 嶺南大學副教授 廣州市工務局路軍務處文主任 | 道路工程 道路建築及保管 | 4 | 二十二年六月 |
| 金鑾組 | 男 | 三十七 | 廣東 | 比國崗城大學造船系畢業唐山交通大學木科畢業 | 曾任南京市政府自來水廠廠長現任廣州市政府設計工程師 自來水總工程師 | 工程計劃法 | 6 | 二十二年九月 |
| 梁歐疇 | 男 | 三十二 | 廣東番禺 | 美國米西根大學土木工程科學士 | 美國橋路公司畫則師 | 鋼筋泥凝土計劃 | 3 | 十九年十月 |
| 羅濟邦 | 男 | 三十一 | 廣東中山 | 美國闌斯烈工科大學土木碩士 | | 結構學 | 5 | 二十二年三月 |
| 黃燊光 | 男 | 三十七 | 廣東台山 | 美國米西根大學建築工程學士 | 開平工務局技士 廣州市工務局按省採城工務局技士 設計員廣州市收府工程顧問 交通鐵路夜學等建築 教員廣州市建築工程師審查委員 | 建築讀建築讀 | 9 | 二十年九月 |

| 姓名 | 性別 | 年齡 | 籍貫 | 學歷 | 經歷 | 科目 | 時數 | 到職年月 |
|---|---|---|---|---|---|---|---|---|
| 紫木林 | 男 | 三十三 | 廣東中山 | 美國米西根省立大學工程科學士 | 現任廣東省政府建設廳技士新華職業學校教授 | 示地測量 | 4 | 二十三年二月 |
| 張金德 | 男 | 三十 | 廣東廣寧 | 美國華盛頓大學政治學博士 | 國際局專員第一軍軍部參議兼市政管理學教官 | 學 | 2 | 二十二年二月 |
| 楊兆薰 | 男 | 三十四 | 廣東中山 | 美國米西根省立大學市政科碩士 | | 英　文 | 4 | 十八年九月 |
| 許論博 | 男 | 五十四 | 廣東開安 | 法國巴黎大學商科 1 | 充兩廣高等學堂方言學堂學法文會議員歐席 | 法　文 | 2 | 二十二年九月 |
| 方濟開 | 男 | 四十 | 廣東東莞 | 日本帝國大學慶科畢業 | | 日　文 | 2 | 十四年九月 |

# 工程學報第二卷第二期

| | |
|---|---|
| 出版期 | 中華民國廿三年六月一日 |
| 編輯者 | 廣東國民大學工學院土木工程研究會 |
| 發行者 | 廣東國民大學工學院土木工程研究會 |
| 分售處 | 廣州各大書局 |
| 印刷者 | 廣州市惠福西路宏藝印務公司 |
| 會　址 | 廣州市惠福西路　　自動電話一〇七一五 |

14153

# 工程學報

第伍號

西南出版物審查會發給審字第壹壹伍號許可證

中華郵政特准掛號認為新聞紙類

廣　東
國民大學
土木工程研究會印行

——本報介紹——

# 民鐘季刊

## 第一卷　第二期　民國二十四年六月出版

### 廣東國民大學文法學院學術研究社編印

# 工 程 學 報 目 錄

## 第 五 號

### （第三卷　第一期）

14157

# 寫 在 篇 前

　　本學報出版不覺已屆三週年。已往成績。不敢自滿。今後改進。還須努力。同人等處此學術飢荒時代（尤其是科學）能以堅苦之精神。渺少之力量。繼續奮鬥。以迄於今。其間雖或因環境關係。以致出版或有愆期。然能延續微弱無拯之生命。而有三年之歷史。以附驥於我粵中工程界先進之「工程季刊」之後。捫心自問。亦覺嫣然也。

　　本報宗旨。素以立論大衆化，計算簡易化，設計精確化，學術通俗化，圖表顯明化爲號召。是以歷次出版。均未嘗稍遠此旨。本期內容。尤爲顯著。如「首都市政建設之鳥瞰」一文。乃作者苦心調查所得。其心思之縝密。目光之遠大。立論之精瞻，迥非率爾操觚者可比。且作者爲一女性。爲本屆畢業生中之唯一女性。其能有此成績。殊堪贊美。本會會員之優秀。於此可見。至如「總理之陵園工程」及「上海市中心區之道路」等篇。均屬此次國內攷察歸來所得之結果。亦即作者以心血與精神爲交換之結晶品。故內容審慎周詳。無敢苟且。「廣州市之美化問題」亦爲作者根據立論大衆化之宗旨而下筆。以一般市民之觀感。寫出廣州市現在美化建設之情狀與將來市政改進之需要。並附以廣州美化照片若干幀。一以增進讀者閱讀本報之興味。並可以將現在之廣州介紹於一般未與本市謀面之讀者。一舉數善。意卽在此。他如「堤勘工程概論」一篇。乃作者發揮其豐富經驗之大文章。其中佳妙。還希讀者自加領略。此間不再多贅。至於工程設計欄內各篇。亦不能一一加以介紹。總而言之。不外計算簡易化。設計精確化而已。其有翻譯而來者。亦都以此爲選擇之標準。

　　去年暑假。本校工學院曾商准廣東建設廳派有學生五人往羅浮山實習測量。五君均爲本會優秀會員。故結果成績甚好。且蒙該廳深加贊許。「羅浮一個月測量實習之回憶」一文。即爲此事始末之紀載。編者並將其測量所得之結晶九幅。一並刊入。以示不忘。

　　最再後聲明。本報從本期起將出版期數改爲第幾號。先定每學期出版一號。以使統計。

編者寫於工程學報編輯室。

# 工程學報徵稿啟事

　　本報爲南中國工科大學學報之前鋒。五年前。各校尚未有工學院之設立。關於此類刊物。更未之見。有之。惟本報而已。本報之特點。在於維持者始終爲在校之學生與離校之畢業生。艱苦支持。以迄於今。現在爲擴充篇幅與充實內容起見。特公開徵求稿件。如有特殊之研究。不論譯述與專著、如建築，道路，市政，水利，計設圖案以及其他之與土木工程有關者。如爲佳作。一律歡迎。俾研究學術之發表機關。得爲壹般工程學者所共有。此啓。

上海百老滙大廈

# （說　　　明）

1. 屋　　名　Broadway Mansion

2. 高　　度　255'—0"

3. 層　　數　念層

4. 面　　積　22,100平方尺

5. 性　　質　下層店舖上層都作公寓

6. 地　　點　百老滙路與蘇州路交界

7. 設計者　B. Fraser F. R. &. B. A.

8. 承造者　新仁記營造廠

9. 業　　主　上海業廣公司

10. 建築費　弍佰萬元 ($2,000,000.00)

11. 建築日期　15/6/33——15/$_{11}$/34

# 一之爪鴻泥雪團察考科工

→ 上海四行貯蓄會（廿二層）

← 南京譚延闓墓道

無錫惠山公園↓

蘇州獅子林花園↓

個↑與厦大校長林文慶博士之影

14163

↑杭州中山公園

↑杭州白沙泉

宋牛皋墓道→

↑西湖前岳王廟

考察團雪泥鴻爪之二

↓荷池內岳王廟

↓西湖三潭印月

# 三之爪鴻泥雪團考察

（1）南京紫金山總理陵墓

（2）南京國民會議大禮堂

（3）上海商辦閘北水廠

（4）上海市政府合署

（5）西湖蘇堤春曉

（6）廈門大學植物室

# 西湖景色在杭州

（1）藝術學院　（2）劉莊風景　（3）陳英士紀念埠　（4）陣亡將士紀念塔　（5）忠烈祠　（6）秋瑾墓　（7）博覽會橋　（8）斷橋殘雪

# 首都市政建設之鳥瞰

吳　燦　璋

## 一、　首都之形勢：

　　南京位於長江下游，與浦口隔江相對，一衣帶水，距離約一千公尺，由路達上海，約三百一十餘公里，環以城垣，城內人煙稠密，城外山谷甚多，東有紫金山，北有八卦山，南有雨花臺。河流則以長江爲最大，城垣有護城河環繞，爲內地水路交通總滙，南部有秦淮河，西北有惠民河，其他小湖，著名者如莫愁湖玄武湖等，皆具優美風景。南京建都始於吳，歷東晉南朝，南唐明初，皆曾建都於此，以其虎踞龍蟠，山川優秀，又爲全國交通中心故也。民國十六年，革命軍底定全國，中國國民黨，遵奉總理孫中山先生遺教，奠都於此，爲政治上之重要地位焉。

## 二、　市行政組織：

　　南京爲國民政府所在地，故市行政組織較他市爲嚴密，市設市長一人，現任市長爲石瑛，市政府設市政會議，每星期開會一次，下分參事室，秘書處及各科，直轄機關有社會局，財政局，工務局，衛生事務所等。

　　社會局所附屬機關有體育委員會，健康教育委員會，救濟院，旅民管理所，度量衡檢定所，糧食管理所，合作事業指導委員會，市立圖書館，實驗民衆教育館，下關辦事處等。
全市教育事務，統由社會
局辦理，故局務頗繁，其
組織亦頗大。

財政局所附屬機關有
營業稅徵收處，大小黃洲
管理處，八卦洲管理處，
市民銀行等。全市稅捐每
月約收入二十餘萬，另財
部協款每月約五萬，鐵道

南　京　市　政　府

附捐每月約十萬，共計每月收入約三十六萬，支出每月約需四十餘萬，不敷之
數仍鉅，現市政府採緊縮政策，以期收支適合。

工務局所附屬機關有自來水工程處，土地徵收審查委員會，土地評價委員
會，築路攤設審查委員會等。全市基本測量，業經完竣，現正舉行地籍測量，
去年以全市房屋不敷分配，更於大方巷老菜市一帶，籌建宏大之新住宅區，許
人民備價承領及租賃。又工務局對於各種工料，均規定齊一價格，以便購用，
茲將最近價目，附表如下：

## 南京市工務局材料價目表

| 料　　　名 | 說　　　明 | 單位 | 單價 | 產地 |
|---|---|---|---|---|
| 二　石　片 | | 立公 | 2.75 | 龍潭 |
| 寸　石　子 | 一吋至一吋半 | ,, | 3.15 | ,, |
| 四六八分子 | | ,, | 3.70 | 鼓樓 |

| 三　分　子 | | ,, | 4.20<br>4.60 | 老虎山 |
|---|---|---|---|---|
| 二　分　子 | | ,, | 5.70<br>6.10<br>6.60 | ,, |
| 青　石　粉 | | ,, | 6.80 | 杭　州 |
| 柏　　　油 | | 百　磅 | 3.00 | 英　　國 |
| 冷　柏　油 | | ,, | 5.36 | 美　　國 |
| 水　柏　油 | | 大　桶 | 13.00 | ,, |
| 通　　沙 | | 立　公 | 3.40 | 滁　州 |
| 白　　沙 | | ,, | 5.60 | ,, |
| 煤　　灰 | | ,, | 1.85 | 龍　潭 |
| ,, | | ,, | 1.12 | 下關電廠 |
| ,, | | 英　方 | 1.00 | ,, |
| 青　　磚 | 晒 | 坯萬塊 | 130.00 | |
| 青　石　條 | 3" | 6" 公　尺 | 0.38 | |
| 溝　　眼 | 厚二时長一时寬六时 | 個 | 0.14 | |
| 洋　灰　溝　眼 | 六 | 时 ,, | 0.20 | |
| 溝　　頭 | | ,, | 0.80 | |

| | | | | |
|---|---|---|---|---|
| ″ | 十　三　號 | ″ | 0.60 | |
| 溝　　板 | | 公尺 | 0.57 | |
| 溝　　管 | 四吋（八分厚） | 個 | 3.31 | |
| ″ | 六吋　″ | ″ | 0.40 | |
| ″ | 九吋　″ | ″ | 0.60 | |

| 南 京 市 工 務 局 材 料 價 目 表 | | | | |
|---|---|---|---|---|
| 料　　名 | 說　　明 | 單位 | 單價 | 產　地 |
| 溝　　管 | 十二吋（八分厚） | 個 | 0.65 | |
| ″ | 十八吋　″ | ″ | 1.50 | |
| ″ | ″　（含鐵筋） | ″ | 1.80 | |
| 洋　　松 | 普　通　尺　寸 | 千尺 | 82.50 | |
| 長行松板 | 長六尺五吋　寬八九吋 | 丈 | 3.20 | |
| 大　　煤 | 中　興　煤　塊 | 噸 | 16.50 | |
| 炭　　頭 | | 担 | 1.20 | |
| 石　　灰 | | ″ | 0.88 | |
| 洋　　灰 | 塔牌（二袋一桶） | 袋 | .291 | |

| 洋　　　　灰 | 泰山牌(三袋一桶) | ，， | 4.00 | |
| 紙　　　　筋 | | 梱 | 0.30 | |
| 鐵　　　　筋 | 1/2" | 噸 | 125.00 | |
| 　　，， | 1/4" | 担 | 5.60 | |
| 洋灰蓋鐵圈 | | 個 | 0.12 | |
| 60公里鐵陰井蓋 | | 磅 | 0.054 | |
| 棕　　　　繩 | | 斤 | 0.44 | |
| 陰　井　踏　步 | | 磅 | 0.054 | |
| 平　白　鐵 | | 張 | 1.30 | |
| 橙　　　　水 | | 担 | 2.80 | |

　　除上述各機關外，其他尚設有鐵路管理處，公園管理處，衛生診療所，市立傳染病院，清潔隊，屠宰塲，購買材料審查委員會，提倡國貨委員會，鬪蠻委員會，特種建設公債基金委員會等機關，皆隸屬市府範圍。

　　全市治安，由首都警察廳掌理，廳設廳長一人，現任爲陳焯，下設秘書處，偵察處，及總務，保安，司法三科，全市治安甚佳。最近破獲日領藏本失踪一案，尤得國際公譽。

## 三、　市各種建設：

　　1. 工商業建設——南京全市工商業，統計工廠約有一百二十餘家，其中印刷業三十家，資本約四十餘萬元，機米業三十九家，資本約一百一十餘萬元，機械製造業十六家，資本約五萬餘元，其他粉麵業，電器業，紡織業，鐵器製造業，電鍍電刻業等約三十餘家，資本約四百餘萬元。全市非工商業中心，故公營事業絕少，私立公工廠規模宏大者亦不一覩，在昔南京緞爲全國有名出品，業此者十萬餘人，今則一落千丈矣！外貨以商埠之故，充斥市場，近自提倡國貨委員會成立，積極宣傳，漏巵漸塞，惜生產建設，市政當局，倘無力及此，不能爲根本之救濟耳！

2. 衞生建設——南京衞生事業，由市政府第三科及衞生事務所處理，不設衞生局，其掌理衞生事務機關，除分區設衞生事務所外，尚有清潔隊，屠宰場，市立醫院等。

清潔隊：其職務爲洒掃道路，處理垃圾及糞池便所，清理河池，溝渠，及水船，糞船之檢查與取締等。

屠宰場：其職務爲檢查牛，羊，猪及其他獸類之屠宰事項。

醫院醫師及藥房：醫院設有市立傳染病院，市立診療所，私立醫院及診療所頗多，均爲收留病人及療治病人之所。至於中西醫師之開業，則由市政府聘定醫理精深，經驗閎富之醫師，組織審查委員會，經審查委員會審查合格，發給執照，方得開業。西藥房及中藥店頗多。

中央衞生設施實驗處：南京中央衞生設施實驗處，在南京中山路黃浦路角，爲建築師范文照計劃建築，建築費約四十萬元，衞生之設備，極爲充足。

公園——全市公園有五洲公園，莫愁湖公園，中央公園等，園內均設有音樂亭及各種娛樂場等，市民工作之暇，咸視公園爲唯一遊息場所。

3. 道路建設——

(1) 鐵路——南京鐵路，計有京滬鐵路，津浦鐵路，京杭鐵路三線。京滬鐵路係由上海北站至京市，長凡三一一・零四公里。津浦鐵路係由天津至浦口，北與北甯鐵路相接，南與京滬鐵路相連，爲南北交通樞紐，長凡一〇〇・四八公里。京杭鐵路係由南京至杭州武松門，爲蘇浙皖三省聯絡之路線，長凡三二六公里。南京市內鐵路，自城內中正街起，至下關口止，長凡八英里半。

（2）公路——京蕪公路，爲蘇浙皖三省聯絡公路之一，該路線由南京雨花臺至安徽蕪湖，長凡九十二公里。所經區域，有南京市及蘇皖兩省，現行使長途汽車。

（3）市內道路——南京全市道路，其主要路線爲中山路，中正路，太平路，漢中路，中華路，國府路，玄武路等，全市多用柏油路面，碎石及彈石路面亦有。市內路線之長濶度，以中山路爲最，計長一，二〇〇，一九四公尺，濶四十九公尺，人行路各濶五公尺，建築費一〇七〇一一四‧七二元。此路線由下關江邊至中山門，聯貫鼓樓，新街口，明故宮，及擬定之中央政治區之重要地點，并與市內各路線相接，爲市內一主要幹路也。

（4）橋樑——南京市橋樑，有中山橋及逸仙橋，鎮淮橋，長干橋等，中山橋及逸仙橋位於中山路，鎮淮橋及長干橋位於中華路。

（5）水道——南京水道交通，以下關爲長江商埠之要樞，輪船之灣泊，均設碼頭於此。行走各埠之輪船，以招商局爲最多，近則招商局一蹶不振，內河航行權，已完全操之外商手上矣！

A. 生產建設——

（1）農業品——南京氣候温和，夏不甚熱，冬不甚寒，土壤可分二種：一爲冲積坭，一爲肥土，肥土適宜種植，故南京農產品頗多，最著者如東鄉出產之圍顆米，南鄉出產之黑稻，孝衛陵出產之馬鈴瓜，堯化門出產之瑤棗，沙洲壩之菱藕，玄武湖之櫻桃，和平門之石榴等。

（2）工業品——南京雖非工業區，但工業出產往昔尚多，如玄緞，雲錦，甯綢，扇業等，皆有名於全國，惜近年製造，仍墨守舊法，不知改良，受舶來品之排擠，各業均一落千丈！

5. 教育事業——

（1）學校教育——全市大學二所，一爲國立中央大學，一爲私立金陵大學，中學公私立凡二十餘所，小學公私立八十餘所。全市學齡兒童約五萬人，在校肄業者僅一萬三千餘人，約佔百份之二十六，此外民衆學校肄業者僅二百餘人，在私塾肄業者一千三百餘人，失學兒童約二萬三千餘人，誠爲市政上一極大問題。

（2）社會教育——社會教育，設有民衆學校，婦女職業補習學校，民衆教育館，圖書館，游泳塲等，惜經費無多，規模均不甚大，計全市每年支出教育經費七十三萬元，社會教育經費佔八萬餘元，僅及百份之十一。

（3）中央體育塲——中央體育塲位置於總理陵園之東，靈谷寺之南，由中央建築，本不列市政範圍，惟因位置於市內，市民多以此爲鍛練體育之唯一塲所，故併誌之。中央建此塲，用意在鼓勵國民注重體育。塲爲基泰工程司及建築師關頌聲等計劃建築，分田徑賽塲，國術塲，網球塲，足球塲，棒球塲，游泳池等，面積約一千畝，能位六萬餘人，完全用鋼骨混凝土建築，土木工程費用，共八十餘萬元，其他道路，橋樑，涵洞，植樹佈景，停車塲，還墳整地，電話，電燈，電鐘，播音機，衛生工程，暖汽機器，自來水，鐵絲圍欄等設備，共用費六十餘萬元，約經七月之時間始竣工。

6.公用事業——

（1）自來水——自來水關係公共衛生至大，於市內消防亦爲重要，南京以前無自來水之設備，全市飲用水，皆取河水，河水固不合衛生，且輸運不便利。民十八年時，市政府成立自來水籌備處，以二百萬元爲設備國都自來水之用。定長江爲水源，以長江之水滔滔不絕，用之不竭，又含天然清潔作用也。計劃京市自來水者昔爲本校教授金肇組先生，經數年之經營，於去年四月卽有自來水之供給。水之檢驗，每日由市工務局送往內政部衛生署，中央衛生設施實驗處檢驗。

（2）電力廠——建設委員會首都電廠，位於西華門，分廠位於下關，規模不甚大，現正積極改良，增購偉大之發電機。

　　（3）車輛——市內交通車輛，除長途車外，有小汽車，馬車，人力車，自行車及驢馬等，價格由工務局規定，不准需索酒錢，本稱便利，惟車夫仍往往額外需索，行旅頗以為苦。

## 四、　陵園概況：

　　1.中山陵園概況——中山陵園位置於南京紫金山，左鄰有明孝陵，右為靈谷寺，為建築師呂彥直設計建築，墓室如覆釜形，直徑四十餘尺，鋪以香港石面，用鋼骨混凝土結構其中，室內作穹條式之圓頂，圓頂中央砌以磁質黨徽，四週以人造石粉飾，以大理石鋪地，墓室中央，用大理石圍石欄壙，壙

中　山　陵　園　全　景

之中部，設長方形墓穴，穴上蓋以總理臥像，墓門二重，內重為機關門，上刻「孫中山先生之墓」字，外重為雙扉門，外框用黑大理石建築，上有總理手

書「浩氣長存」字，墓門之外，則爲祭堂，長九十餘尺，濶七十餘尺，堂外均用香港石建築，門爲三拱，全堂用大理石鋪地，其他廣塲，爲停放車馬之用，附近均植樹頗多。全部工程宏大，面積凡四萬五千八百餘畝，建築融會中國古代與西方藝術精神，堅樸壯麗，氣像雄偉，爲現代世紀所僅見之闊大陵墓。

　　2. 譚院長陵墓槪況——譚院長陵墓，在總理陵之東南，靈谷寺之鄰，全部以水坭鋼骨建築，外則覆以厚石，極爲堅固，墓前有平臺二面，週圍以欄杆，階完爲雲石，雕刻精緻，墓道

譚院長墓道之石牌

之左，有北平宮殿式之祭堂一座，亦以水坭鋼骨建築，屋頂均蓋琉璃瓦，爲

譚院長墓前之石碑

北平鍛製，異常美觀，墓道之廣塲，立有在北平購得之石牌，石碑等，形式莊嚴，設計此陵墓，係基泰工程公司等，建築費約二十萬元。

　　3. 明孝陵——明孝陵爲明代明太祖朱元璋之墓，位置與總理陵爲鄰，建築亦甚

明　孝　陵

偉大，雖經長久時間，或有殘缺，然偉大之氣像，至今仍存在也○

## 五、　結論：

南京爲國民政府所在地，中外觀瞻所繫，市政之良窳，國體攸關，統觀南京市之各種建設，年來似呈突飛猛進之像，不能謂爲絕無成績，惟就個人觀察，似缺點仍多，概括有三：

1. 有消費建設而缺乏生產建設——南京市一切建設，皆側重於消費方面，生產建設絕無僅有，縱南京非工商業區域，而地居長江下游，商買雲集，下關一地，尤爲外人經濟侵署之大本營，似不能過事忽署○全市公營事業，固未舉辦，卽民營實業，日益衰落，未知有若何計劃，維持補救○

2. 有物質建設而缺乏精神建設——南京教育衰落狀況，旣如上述，則平民智識之蔽塞，當無可諱言，作者到南京時，見所有民衆運動，參加者人數寥寥，自「九一八」後，市民抗日組織，僅如曇花一現，雖或因政治關係，然民氣銷沉，於此可見○

3. 有首都計劃而未能實行——南京以政治言，以交通言，以經濟言，以歷史言，皆爲世界一重要都市，縱不能庇美倫敦，巴黎，柏林及紐約亦當南邁廣州，北凌北平，中儷上海，乃必之事實，則市精神，市形式，皆欠缺完整，若民生之凋敝，街道之湫隘，失學兒童之衆多，人民知識之低下，皆足使人慨嘆！（大抵市政建設各自爲謀，無統籌兼顧，大部分市政支出，偏重於一方面，不能使各局爲平均的支配，故雖欲救濟，而事實上有所不能也）○查政府曾費鉅金聘請中外市政工程專家爲整個之首都計劃，若能按步實施，則首都建設，當有可觀，大抵因財政問題，未能進行，誠可惜也○

# 廣 州 市 之 美 化 問 題

吳 民 康

## 內 容

## 一·引 言

　　廣州歷年以還，關於市政之設施，突飛猛進；崇樓坦道，如入畫圖；外地人士之來市觀光者，莫不稱許備至，譽為國內都市之模範，噫！盛譽難期，我廣州市民其將何以永保嘉名，使億萬斯年而弗墜？

　　雖然，都市建設，經緯萬端，今日之廣州，尚非吾人理想中之廣州也。作

14179

者今夏曾從諸校友遊，數歷名都大邑，作國內市政之攷察，足跡所至，印象全新，從乃知廣州模範市之稱，尚多未備，建設雖好，未敢謂此於至善也。爰草斯篇，試就商於同好。

## 二。　規定建築物之高度及形式

建築物為構成都市之主要成分，建築物之形式，足以表現一時代之精神，建築物之美觀，尤足以顯示其都市之文化程度，往者各國大都以廳天高廈來相競美，建築物愈高，

Sun Yat-sen Monument 中山紀念碑

愈益顯示其工商業之偉大，建築物愈美，愈益反映其文化程度之超越。近年以還，經精密之觀測比較，始知高層建築為有損於都市美，於是對於各種建築物之高度，無不酌加限制。我國工商業之發達，尚未臻於極限，廣州雖為南方大都，高層建築物則未多見，有之，惟長堤正在建築中之愛羣保險公司而已，然較之海上租界內之「四行儲蓄會」「百老滙大廈」「哥多士雲拿大廈」等尤有遜色；惟是未來之廣州，誰敢限量，將來內外港完成後，則其發展何止千百倍於今日之上海；爾時連雲大廈，又誰敢決其必無。故為限制將

來計，對於今後之建築物，似宜加以限制，規定劃一之標準，俾建築者知所適從也。玆美國波士頓市因有人欲在有科普勒斯廣塲上建築超越其他之崇樓一事發生糾紛，遂設對於建築物高度之限制；其要點爲：凡在商業區域內，所有建築物不得超過百二十英尺（約卅六公尺）；在住宅區域內不得過八十英尺（約廿四公尺），我廣州市工務局亦有取締建築物高度之規定，查民國廿一年八月修正之取締建築章程第二十七條內所載各節，均屬普通性質，在八公尺以下之街道適用之，對於八公尺以上之限制似懍過泛。根據多數市政學者之研究，樓房之高度似應有如下之規定：在四十至六十英尺寬之街道，建築物之高相等；六十至八十英尺者高一又八分之一倍；八十至一百英尺者高一又四分之一倍。

建築物高度之規定，旣如上述，關於樣式方面亦應按其不同區域而分別規定之，規定樣式之方法有多種：有根據地方性質而分者，有根據面積而定者，有根據建築物高度而定者，又有根據人口密度而定者；總之務須整齊而

美觀與適合衛生爲主旨。

## 三・　清潔街道與掃除障碍物

The Water Tank on Yueh Shiu Hill 越秀山水塔

廣州市具有良好之街道系統及精美之馬路路面。在全市三十餘萬英尺之現成路線中，除三分一爲花砂碎石之市郊公路外，餘皆爲完好之市內馬路，路面多爲花砂掃膠青，間有一部爲三合土或純膠青，故以路政菁，無論爲質爲量，廣州均爲全國冠。惟最可惜者，其於清潔方面，仍未能澈底辦到，雖每日不斷洒掃，然以地區遼濶，交通頻繁，每有車過塵飛，風起沙揚，撲被半空，經久不散之弊，其爲害

Kongshan Water Work 廣山水塔

固不祇有損都市之美觀，對於市民衛生，實有莫大之危險在；雖市衛生當局每年必有一二次大掃除之清潔運動，然一曝十寒，於事究無大補，苟能於逐日勤加洒掃外，復每星期或隔若干日用自來水沖洗街道一次（此舉在港澳均已久行）俾蚊蟲汙穢之物。一掃而空，斯不獨有益於市容，卽市民衛生，亦多利賴。然恐水量或有不足，街道間有不良，則此舉或未能輕於實現耳！

街道清潔之不能盡如人意，姑不

Central Park 中央公園

具論，至如街旁之障碍物如：渠筒，壞車，危墻，坭堆，廢物與乎一切破舊之蓬帳等物，均應嚴加取締與處理，一些不許存在，其或因築路期中，有不得不暫行停放各物與施行破壞工作者，亦應隨時檢拾，刻刻整理，免碍交通，而增醜態，此爲研究都市美者所宜注意也。

## 四· 取締招牌及廣告

招牌爲近代商業都市之特徵，招牌裝飾之是否美術與配置之是否得宜，於營業上之關係，甚爲密切。廣州萬商雲集，商店招牌，觸目皆是，大街小巷，爲所充塞，加以五光十色，目爲之眩，其雜亂醜陋，殊難言喻，更有以旗幟札作代用招牌，益減煞街道之風景。竊以爲招牌雖屬營業上之主要物，然過份數張，嬹妍雜陳，不特於商店本身有失調和，抑且妨害一地方之景色，根據廣州市人行路取締規則第四條：「凡商鋪懸掛各種招牌，如伸出人行路或馬路上，其外邊均不准距離本店鋪墻邊六英尺以外，其底邊並須距離路面十英尺以上」，尤宜切實執行隨時注意，用增都市之美化。至如各種廣告與張，貼

亦應根據規則，嚴加辦理，並於各公共地方多設特定之揭示場，路旁橋邊，增設美潔之揭示板；此外並宜製成各種招牌模型，曉諭商民，關於招牌標示文字之大小，字句之使用，亦應一一加以規定與曉示，電桿牆壁上之招貼，一盡掃除與洗刷，使招牌與廣告之作用，不僅在於商店貨品之宣傳，應視之為建築物之一部份而求增加都市之風景。

## 五‧　　限制色彩及音响

繁盛之都市，其天空往往為煤烟所充塞，屋壁薰黑，流水污染，無一不使人感覺不快，廣州工廠雖多數在河南西村一隅，然連年之電力廠刻仍盤據市心，致令煤烟四溢，附近居民舖戶，久受其害；雖市府屢欲將之遷出郊外，然因環境關係，久久未付實現，殊可惜也。夫色彩為建築物外面之裝飾，吸引之能力至大，近代都市建築，無不力求美化，追踪巴往巴比倫之美麗與光彩，試看今日之廣州市郊外建築，如東之梅花村，竹絲崗，貓兒崗；西之荔枝灣；南之基立村，鳳凰崗；北之粵秀山等處，無不美輪美奐，奪目光彩，遊其地者，眼界為之一新，心神之為一廣，於此乃知色彩之不得不講求，而限制之不容稍緩者矣。建築物而外，他如街道之附設物，如

The Ancient Light Tower 光塔

The Municipal Museum 五層樓

電桿，郵箱，電話箱，垃圾箱，廁所，救火機，洒水機，停車場，候車室，大鐘樓，路旁欄柵，街名標示等物，皆宜有相當修飾；又溝渠宜加改良，電線宜埋地下，荒廢建築物宜加修理，卽通行車體之色彩，亦宜加以改善。

都市最討厭與最煩惱之物，首推音响，音响一日不防止，則市民一日不安寧，都市一日不足與言整個的美化，如欲從根本解決，莫如舖裝完美之道路（如橡皮路，木塊路，純膠青路等）或埋設一切車道於地下，然此一時殊難辦到，爲減少與緩和音响計，對於搬運重物通行之路面，宜改良其舖裝，汽車之响笛，宜禁止其亂鳴，買賣之小販，宜限制其呼號，如此切實執行，方爲有効。

## 六·　多設廣塲與添植園樹

廣州爲舊城市改造之都市，在昔馬路未闢時街道與建築物均異常稠狹，今日雖大改舊觀，然美化之廣塲尚付缺如，未免美中不足，須知廣塲之作用，匪特增加美觀與調劑交通，兼可使其地之空氣與光線益形充足。致廣塲之種類有四：曰市塲，曰交通塲，曰休息塲，曰飾景塲，

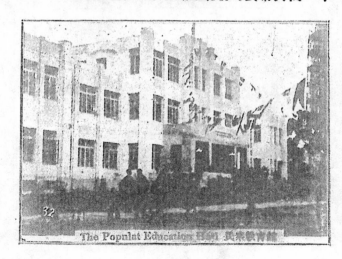

The Popular Education Hall 民衆敎育館

（一）市塲為市民設幕出售物品，或露天集會之所，市議會以及其他之行政機關，恆建築於其四週，塲之面積定大，而其位置尤須適當○（二）交通塲之用，在使車輛有停息機會，例如戲院，公共演講廳，音樂院，火車站等之前，於一定時期內，交通異常

Yellow Flower Monument 黃花崗

擁擠，當設廣塲以調劑之○（三）休息塲為市民閒暇時休息之所，面積不必過大，而數目宜多，須分散於市內各區，但不可直接與交通路毗連，附近居民，均可來遊，塲內樹木花草之布置，須疏密合度，引人入勝○（四）飾景塲為表現建築美術之廣塲○其位置多在公共建築之前，不宜直接與繁盛交通之路鄰近，而以安靜為佳○其功用有二：（1）公共建築為全市人民觀瞻所繫，非開闢廣塲，不足以顯示全部建築之莊嚴宏偉○（2）廣塲之上，可供布置花草，紀念碑及噴水池等之用○

園林之設置、乃都市美化之主要設計，不僅為市民休養遊息之唯一塲所，其關係於市民之健康，德性之陶冶，至重且大，都市之膨脹愈甚，則園林之需要愈顯，近年各國倡議之田園都市者，蓋有鑒於大都市居民與自然之隔

離，精神生活之受苦，乃不得不然之趨勢也。在昔豪華貴族構邸宅於都會之中央，高墻厚壁圍繞廣大之庭園，所謂都市中之田園者，惟貴族能有之（京滬蘇杭等地，此類私人庭園最多，如蘇之留園獅子林等，廻廊曲折，景物清幽，樓閣亭台，書房客廳之屬，不可勝數，夏日臨之，真乃如入世外之桃源，人間之仙境），今則田園普遍於都市，到處公園林木，任人流覽，雖個人所有之庭園，亦漸次開放爲公衆之用矣。我廣州自舉辦市政以來，公園之設置，不爲不多，然以市區之闊，居民之衆，則僧多粥少，實有未能普惠之感。故園林之添設與擴充，實今後市政建設所當注意者也。查廣州原有公園之設置，各有特色，如中央則奇花廣植，香播嶺南；淨慧則景自天然，美懷賓館；永漢則綠蔭席地，異產眾畜；越秀則巍樓峻嶺，博物燦陳；石牌則樹木蔚森，可稱林圃；白雲則層巒高峻，巖壑幽奇；海幢公園則作佛寺式，仿制東洋．仲凱公園則爲植物苑，留芳南國；各因特殊風景，建設適當園林。最近聞將着手建築者，尚有荔灣公園，七星崗公園等多處；查荔灣爲南漢昌華宮舊址，一河兩岸，風景天然，每當春夏之秋，月上燈明之夜，則紅男綠

女，紛至沓來，一葉輕舟，隨波上下，此景當不亞於玄武湖中，秦淮河畔也，至七星崗公園則在河南黃埔涌南岸，新村前之七星崗附近一帶，是處崗巒叠翠，映帶溪流，夾岸柳陰，風景秀麗，亦一不可多得之園地也。此外關於

路樹之增植，林塲與苗圃之推廣，亦應一並顧及。

## 七・　清理渠涌與取締船艇

在渠溝失治或缺乏渠道設備之都市，吾人但見穢水四溢，泥濘載道，雨季交通，褏涉尤苦，其弊害不僅毀壞路基，卽全市交通與衞生，亦必永蒙其累，（此次考察所見，乃知厦門市為一缺乏渠道設備之城市，當時適在雨後，馬路沙泥淤塞，尤以中山公園前為甚）。廣州渠道向以六脈渠為主，統計六渠共長三萬五千五百呎，其排佈方法多採用垂直式，除脈渠外，尚有街渠七十三萬

七千呎，濠涌五萬六千呎，以之宣洩積水，在理不為不敷，無如各主渠之建造，均屬異常窳陋，渠身旣無一定之斜坡，復無渠管之設置，不過各於地下畧闢一暗溝，上蓋石塊，以通渠水而巳，循至日久失修

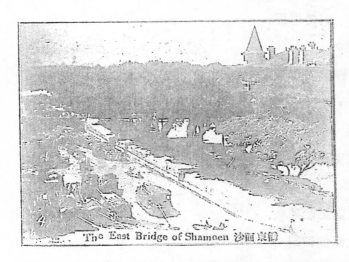

The East Bridge of Shamoen 沙面東橋

，填成實地者，比比皆是，偶遇天雨，小北一帶悉成澤國，（去年發生一次，災情極為殷重）雖經歷任主事者稍事清理，然而事倍功半，耗費不少，終因缺乏通盤籌算，不能澈底清理。苟難苟安，可慨也乎，

茲將前任市長程天固氏擬定之整理全市渠道及濠涌計劃， 採列如后，以資參攷：

（甲）工程辦法

1. 將內街渠道割分枝幹等渠數種，並配以適合斜度，務使各渠能容納各該街之水量。

2. 以原有之濠涌及六脈渠為幹渠，俱用暗渠式，使原有濠涌不致為垃圾等穢物淤塞，及洩出穢氣，以重衛生。

3. 將內街街面砌平，俾東洋車及救火機均能駛入內街，以利交通，防火患，而增車捐之收入。

4. 街渠及大渠之形式，以適合該處實用為標準：但仍以建築費廉，物質耐久為主。

5. 如舊渠查有適合者，及馬路已建

June 23 Road 六二三路

有適合之渠道者，則仍用舊
渠，或加以修改。

6.　全市劃分區域，擇其重要者
先行試辦，俟有成効，然
後繼續進行別區，并預算三
年內將全市渠道完全改造妥
當。

7.　凡濠涌及六脈渠渠道改建後
，於必要時，上面須留回小
路一條，以便清渠之用，
各路之寬度，視渠之大小而
定。

19th Route Army Memorial　抗日紀念碑

8.　所有濠涌及六脈渠，如前建有上蓋者，應一律拆卸，並留回小路，以
便清渠之用；如因上蓋工程浩大，而於該渠計劃無妨碍者，得酌量
辦理。

9.　凡日前由人民繳地價領用之
濠沥，除盡定之小路不准建
有建築物外，其餘如於渠道
無碍者，准予建築，以增收
入。

10　辦理此項工程事務，擬設技
士一人，月薪二百一十元，
技佐一人，月薪一百零五元
，助理員一人，月薪七十五
元、監工若干人，視工程多
寡而定；（現擬設四人，月

Canton Water work Factory 廣州水廠

薪共一百八十元），另設課員一人，月薪七十五元，事務員一人，月薪四十五元，雜項每月一百元、特務警察四人，共月費一百元；以上每月經費共銀八百九十元；又由總商會僱用收費員三人，共月薪一百五十元。以上均由預算意外費項下撥支。

(乙)徵費辦法

1. 徵收渠費，以華井爲單位，幷定每華井徵費二元，由工務局會同商會徵收；每日所收之欵，存貯總商會，專爲辦理修渠工費，無論如何，不得挪作別用。

2. 凡屬住戶，而該住戶之屋宇面積不及全段面積之半者，照全段面積之一半徵收，（卽伸合全段計每華井一元）。

3. 凡屬住戶，而該戶之屋宇面積佔全段面積之半者，照全段面積徵收，卽每華井二元。

4. 凡屬住戶，而該戶之樓上面積佔該屋面積及半者

The Canton Electric Factory 廣州電力廠

，照全座屋面積加五徵收，即每華井三元；如係三層，而樓之面積及半者，照加倍徵收，即每華井四元；四層樓之面積及半者，照加倍半徵收，即每華井五元；餘類推。

5. 凡屬舖戶，而該段面積不及全段面積之半者，照全段面積徵收，即每華井二元。

6. 凡屬舖戶，而該段面積佔全段面積之半者，照全段面積加倍徵收，即每華井四元。

7. 凡屬舖戶，而該戶之樓上面積佔全屋之面積及半者，照全段面積加三倍徵收，即每華井六元；如係三層，而樓之面積及半者，照四倍徵收，即每華井八元；如係四層，而樓之面積及半者，照五倍徵收，即每華井十元；餘類推。

8. 住戶舖戶各門前之寬度，每呎征費八毫。

9. 所徵之渠費，如係無舖底頂手之舖戶，主客各半，由舖客代繳；如有舖底頂手之舖戶，業主佔四份之一，舖客佔四份之三，准在租項內扣除；如係住戶，業主佔四份之三，住客佔四份之一，由住客代繳，准在租項內扣回。

10 凡屬政府機關及團體機關，均照住戶定額徵收。

11 計算征費面積之零數，均以半井為單位；凡超過三十平方華尺者，均以半井計，不足三十平方華尺不計。

12 凡征費面積不足一華井者，均作一華井征費。

13 凡因市政府闢馬路而曾繳過馬路費者，准予免繳渠費。

14 凡已承領之濠涌，除劃出作道路用外，其餘白地每華井繳銀二元，有房屋一層者加倍，二層者加二倍半，餘類推。

15 凡濠涌渠道日前建有上蓋者，如於計劃尚無妨碍，並得工務局准予免拆者，應特別征費；該費之多寡，視該屋之妨碍而增加之工程費用為標準。

16 凡濠涌除劃定之路外，其餘濠涌畸岭地撥歸工務局變賣，所得之欵，撥為建濠涌渠道之用。

17　原有濠涌公所之產業，除三成撥歸辦學之用外，其餘七成，陸續投變，所得之欵，撥歸築渠之用。

廣州市民之在水上生活，據民廿一年調查所得，船戶有二萬零一百餘家，人口有九萬二千餘口；此類船戶包含(一)紫洞艇，(二)樓船，(三)厨艇，(四)營業艇，(五)沙艇，(六)孖舺艇，(七)大廳艇，(八)妓艇，(九)挖沙艇，(十)貨艇(十一)洋舢版，(十二)電船，(十三)橫水渡，(十四)火輪船，(十五)田料船，(十六)渡船，(十七)水寮，(十八)杉竹排，(十九)漁船，(二十)其他(如顧音船，焚死畜船，紅船，畫船，乞兒船等)，　此等巨量之船艇分佈於水上，其中大都陳設簡陋，裝飾醜劣，日久失修，往往不堪寓目，致令大好珠江玷汚不少，此種景色，且常為外人之好事者收入鏡頭，寄返祖國，作不良之宣傳，願謀市政之改革者其注意及之。

## 八· 改建廢橋與美化路燈

廣州自年前完成一價值百餘萬兩之海珠鐵橋後，全市面目，頓增光彩，其利便交通固無論巳，而轉移一市之風景，尤為中外人士所注目。其具有偉大性之橋樑除巳完成之海珠鐵橋外，尚有建築中之西南大鐵橋，及規劃中之西濠口鐵橋等，查西南鐵橋築成後，在鐵路方面，可以將我國南北鐵路幹線之平粵粵漢兩鐵路循廣三線以伸長於桂黔各省，即其他如韶贛京粵等幹線及中佛與南路等支線，亦可藉該橋而互相接通，廣三廣韶兩鐵路之總車站將必合而為一，在公路方面，則全省東西南北各路線，亦可藉此取得密切之聯絡，是此橋之設，實完成我國西南鐵路及全省公路系統之一大關鍵也，此不過單就交通利益上而言耳，若從都市美容觀之，則尤為一般市民所共見，然而此類規模宏大之橋樑，欲使普遍與多量設置，財力上實有所不能，無巳，惟有將舊有之橋樑加以改建或美化之，(如東濠與各處之木橋)似屬輕而易舉，萬不能因陋就簡，得過且過，以貽危險而玷市容也。

路燈在都市內屬於公用事業之範圍，路燈之設備，其主要功用一為謀市民夜間行路之安全，二可以防止宵小之活動，故路燈實為都市中不可或缺乏設置，路燈之設備，除上述之功用外，與都市之美觀，其關係亦甚密切，都會夜間之街道，爲終日勤勞市民之散步塲，街道上之燈光，務須予人以快慰，燈柱爲一種裝飾，其設計宜工美，太笨拙與細長，皆不可取，廣州之路燈，除六二三路與永漢路一帶者爲較美觀外；餘皆借用電桿，裝架電燈，配置與裝飾，均不講求，實足以減煞街道之風景，玆路燈裝置之方式，不外下列幾種：

（1）對稱式　即於街道兩旁相對設置燈桿，上架路燈。

（2）綜錯對稱式　即於街道兩旁，相對的綜錯放置燈桿，上架路燈。

（3）單旁式　即路燈燈桿設置街道之一旁，安設路燈。

（4）路中式　即於街道中心直綫內設沿路燈，或用電綫將電燈縣掛於街道之中心。

以上四種方式，各有相當價值，總以設置路燈時，觀察街道之寬度，繁盛之程度，及每小時通過街道之行人，及車輛之統計，以決定其放置之方式及光源之呎度，就通常情形言之，路燈之設置，在繁盛區域內，大都使用弧光燈（arc lamp）近則多代以鎢綫白光燈（Nitrogen-filled Tunqsten Filament Incondescent）此外則用電燈。玆將美國都市路燈委員會所規定人口十萬以上之都市路燈一覽表，探列如下：（表見 American City, vol.34, No.4）

## （人口十萬以上之都市路燈一覽表）

| 街道之種類 | 每柱路燈之燭數 | 光源之高度 | 柱間之距離 | 安置方式 |
|---|---|---|---|---|
| 主要商業街道 | 15,000—50,000 | 5.5—7.5 | 30—45 | 對　　稱 |
| 普通商店街道 | 10,000—25,000 | 4.5—5.5 | 25—38 | 對　　稱 |
| 主要交通街道 | 10,000—15,000 | 4.5—6.0 | 30—45 | 對稱兼綜錯 |
| 遊園街道及公園 | 4,000—10,000 | 4.5—6.0 | 30—45 | 對稱兼綜錯 |
| 普通道路 | 4,000—10,000 | 4.5—6.0 | 30—45 | 綜錯式 |
| 住宅街 | 2,500—4,000 | 4.5—6.0 | 38—60 | 綜錯式 |
| 商業地域內小路 | 2,500—4,000 | 5.0—6.0 | 38—60 | 單　旁 |
| 郊外道路 | 1,000—2,500 | 5.0—6.0 | 60—90 | 單　旁 |

## 九· 厲行清潔運動

清潔為吾人生存之必備條件，不清潔無以講衛生，不衛生無以求個人之健全，個人不健全無以表現一民族之精神，其關係之重要有如是者，然攷諸我國國民，大都好懶性成，習慣污穢，個人衛生旣不講求，公共衛生又不注意，大小二便，隨時隨地，（北方人多優為之），口涎痰涕，順意所之，烟頭紙屑，更為地面之點綴品，即有美麗之地氈，潔滑之樓板，亦皆無所顧惜，因此常啓外人輕視賤惡之心，每以我華人與狗作同樣之看待（外國公園有華人與狗不得入內之禁，聞近年外人此種心理已逐漸消除），興言及此，眞不知面目之何存也，故為國體計，為觀瞻計，清潔運動實應有大聲疾呼，一致提倡，作普遍宣傳之必要。

## 十· 結 論

美化之講求，僅為都市計劃之一部。市政設施之良窳原非單從一市之外觀而得之，無形之建設，尤為重要，（如金融之救濟，教育之推進，道德之訓練，風俗之改良等），美化問題，僅其一斑耳！

廣州市政之整個計劃，自有市政當局與專家負之，本文所述，不過就一般市民之觀感；作單方面之立論而下筆，內容並無高深之論理與設計，雜亂而成章，撫拾以成句，讀者以市政論文視之固可，以游戲文章觀之亦無不可！

# 總理陵園之建築工程

## 廖安德

　　總理陵園是我國宏偉建築品的一部，全部工程需費約五百餘萬元我校考察團晉京，得當地主任馬湘先生詳細指導，茲錄之於刊，讀者諸君，諒不以隔日黃花視之也。全園的建築物除陵墓外，還有圖書館，博物館，植物園，紫金山天文台，陣亡將士公墓，中央體育場，新村，哥爾夫球場，遺族學校，政治學校，果園，苗圃，魚塘，及最近完成的譚延闓墓等。

　　總理陵墓工程自民國十四年四月起籌備建築，依照總理遺囑擇地於鍾山南部，當時徵求圖案結果選定已故呂彥直建築師的圖案護擇十五年總理逝世紀念日來奠基。工程分為三部進行，陵墓則佔第一第二兩部的工程，祭堂，平台，石階，圍墻，石坡，墓道等，也歸入第一和第二兩部工程。上述工程已於民十八年奉安時全部完竣了。第三部工程是碑亭，陵門，牌坊，墓道，衛士室等，也在民二十年十月告成了。自籌備至陵墓完成時，費了六年的時候，最初主理這匠工程事務是孫中山先生葬事籌備委員會。民十八七月改由總理陵園管理委員會接辦。

　　第一部陵墓工程是瀘江姚新記建築公司承辦，在民十五年一月十五日開始工作。建築費為 44,3000 兩。第二部工程由新金記康號營造廠承建，在民十六年十一月二十四日開工，建築費為 268,084 兩。第三部工程由上海馥記建築廠承造，也在民十八年八月底開工，建築費為 419,706 兩，除此以外，還有新金記康號承建的墓道工程，建築費爲 76,870 兩，和馥記承造的墓道造價爲 66000 兩。自民十五年至二十年陵園的工程費已達二百二十餘萬元。

# 陵墓的建築物

1) 墓室　形像覆釜一般，直徑 16.5 公尺，高 10 公尺，外部鋪以香港花崗石，中部爲鋼筋三合土所建，分兩層建築。由室內觀察，頂圓作穹窿形。用磁片把黨徽砌出，四壁則配以妃色的人造石，復用大理石舖地階，墓室正中部則爲大理石壙。直徑四公尺，圍以石欄，壙的中部設長方形的墓穴，總理的靈櫬，則葬此地九尺下，墓穴上覆以總理大理石臥像。墓室裝門二重，內設機關。外門是銅製的，門外以黑大理石砌成外框，由此直達祭堂。

2) 祭堂　堂的長度約 27.4 公尺，濶 22.6 公尺，自堂基至脊頂高 26.2 公尺，堂的外部全用香港花崗石砌成，堂頂採用琉璃瓦，堂有二門，各配鏤空花格的紫銅門二扇。堂的四隅，各建保壘式的方屋。堂的中部，供以總理的石像。堂的中間和左右前後各方支以 0.76 公尺，直徑的青島黑石柱十二根，各柱的脚均構大理石盤承之，美麗絕倫，堂頂的形狀很像一斗，它的上部則施以雕刻鑲花砌磁的裝飾，地則鋪以名貴的大理石，堂內四壁的上半部全用假石配飾，下半部則鑲以黑色的大理石，它的上部則開紫銅窗八度，以通空氣和日光。

3) 平台　在祭堂的外面，濶約 30.5 公尺，長 187 公尺，左右兩方和北部左右，均配以花崗石，以作護壁，台前爲石欄，步道則鋪以蘇石。台的旁地築以立華表兩座，採用的石爲福建產。表高 11.5 公尺；上部直徑爲 0.92 公尺，下部則爲 1.83 公尺。

4) 石階　自平台下至碑亭，石階分爲八段，共三百四十餘級，均採用蘇石。遠望之，儼然天梯。上三段石階，旁均裝石欄，中部則添置護欄。由上至下，全部石階兩旁築成斜坡，鋪以大草砰，東西各約15畝，青草如茵，令人流連忘返，嘆爲絕境！

5) 碑亭　設在墓門之內，石階之下。彷彿和祭堂相像。亭高 17.3 公尺，

濶12.2公尺，全亭均採用石材，亭頂配以琉璃瓦，中部則樹以壯麗的黨碑，碑
連座高 8.25 公尺，濶 4.88 公尺，最可貴的，為全塊鑿成的福建石所製。

6）陵門　門高 15.1 公尺，濶 24.4 公尺，深 8.1 公尺，形式為三拱門。全
部建以石材，門頂採用琉璃瓦，陵門左右有串環的擁壁，和陵墓的圍牆相連，
門的兩旁各建衛士室一所。

7）甬道　自陵門石階，拾級而下則為甬道，道長 442 公尺，濶 39.6 公尺
分闢三道，中道闊 12.2 公尺，為鋼筋三合土築成。左右兩旁道各濶 4.5 公尺，
為柏油石碎所造，墓道的南部建三門大理石牌樓一座，高 11 公尺，闊 17.4 公
尺。全部為福州石所製。上述是陵墓的建築物，陵墓以外，還有很多建築物。

# 陵墓以外的建築物

陵園共佔地 45000 餘畝，環陵四十餘里，將紫金山全區劃出。最大的建築
物，首推中央體育場，其餘尚可述的，再分錄於下：

中央體育場　晚近體育的風氣，滿佈全國，當局為鼓勵體育起見，屢欲建廣
大的體育場，以鍛鍊國民之體魄，迄民十九年，浙江省政府舉辦全國運動大會於
杭州，英壯咸集，盛極一時，黨國要人，鑒於提倡體育不容稍懈，翌年改在首都舉
行，并擇適當地點，建築永久會場，蒙政府特許，并撥欵五十萬元為建築費，
派林森等九人為民二十全運大會籌委，嗣後以擴充規模，建築費增至一百六十
萬元，委員也增至十一人，關於場址的選擇，意見頗多，總理陵園本有建築一
大運動場的計劃，草圖早已繪竣，它的地址已規定在陵墓東部，孝陵衛北，靈
谷寺南的一帶地段，當時卽携圖樣呈會，請建會場在那地段，立邀准請，當時
有一部分的人員主張建場於五台山及勵志社附近，幸均遭否決，他們的意思皆
以不若在總理陵寢前的深遠，可惜距市太遠，以致市民咸感不便，這是一大缺
點吧！

場址既然選定，遂由陵管委會會同參謀本部陸地測量局，將全段地形，用
五星期的時間，測量完竣，并繪完千分之一縮尺詳圖一幅給與設計人員參考，

設計工作由會聘基泰工程公司担任一切，於三個月內將全部設計工作繪製完畢，復經會詳細審定，全部工程於民二十年二月開始投標，後由利源建築公司以最低價格 849,311 元的包價得標承建，以七月的時間，日夜開工，始將會場全部工程完竣。場的情形，想讀者也願得悉，茲謹擇要點記述，以資參考。

全場概況　　全場各部依據地勢的高下，和事實上的適合和便利安爲分配，建築品物大概分爲：（1）田徑賽場，（2）游泳池，（3）棒球場，（4）藍球場，（5）排球場，（6）國術場，（7）網球場，（8）跑馬場等部，全場面積約 1.200畝，各場皆築有看台，以便來觀者坐立，全場座位共 60,000 餘，田徑賽場位於各場的西部，場內除設有田徑類的賽場外，另設有各項球類賽場，以爲將來各項運動的決賽的地點，田徑賽場的西北部，爲游泳池，池的長度爲 50 公尺，濶 20 公尺，池內一切的設備，極爲壯麗。

棒球場在池的北首，場形利用山坡作看台，成扇形式，而微向內收，藍球場爲長方形，國術場爲八角形，皆設池的南部，各場依據地勢掘成盆形，周圍砌成級狀的斜坡，坡上築以鋼筋三合士看台，關於建築的式樣，儘量採用中國式，以發揚我國固有的文化，建築材料，一切以鋼筋三合士爲主，此外各種水電五金的設備，凡國貨可以替代的，無不錄用，以提起國民愛用國貨的思想，各場之間及四週，以廣寬的石片路通之，石材的採用，爲本山的沙石，質甚堅固和耐用。

田徑賽場　　田徑賽場佔地最廣，面積約 77 畝，四週俱爲看台，長 2750 呎，可容觀衆六萬餘人，場爲橢圓形，爲全場最主要的部份，全部建築爲鋼筋三合士的結構，在東西南三面的看台下，建有運動員宿舍和浴室厠所等，可容 2700 餘人居住，北面看台，因地勢關係，將原士壓實後，直接安置坐階於上，場內計有。

| | | | |
|---|---|---|---|
| 500 咪跑圈 | 1 | 排高踢 | 5 |
| 持竿跳高場 | 2 | 足球場 | 1 |
| 跳遠場 | 1 | 網球場 | 3 |

| 三級跳遠塲 | 1 | 擲鉄球塲 | 2 | |
| 跳高踢 | 2 | 藍球塲 | 3 | 等 |

　　這塲之所以採用 500 咪跑線而不取 400 咪者，以其能容一標準尺度的足球塲，當比賽時，罰踢角球， 又可不必走入跑道， 更因世界運運會，最近規定跑程，500 咪以上者， 多從 500 咪遞加，這樣造作，則路程易於計算， 將來遠東或世界運動會也可以在這裡舉行， 200 咪直跑道， 寬度爲 13 咪，12 人可以同時並跑， 這數在預賽淘汰時，分配最易， 各塲的尺寸和造法，茲述如下：

　　跑圈　　跑圈包含 500 公尺的跑圈一和 200 公尺的直跑道二， 500 公尺跑圈的寬度爲 10 公尺；200 公尺跑道的寬度爲 13 公尺， 跑圈南北兩面的彎道作半圓形，內圈的半徑長 47，24 公尺，跑圈建築的法子：一在平地上掘下 0.61 公尺濶度則如圖所示，將素土打實○上分五層鋪築：第一層鋪 10.16 或 12，70 公分徑的大石子，厚 2.54 公分，內安埋有眼 25.40 公分的鉛鉄管兩排(10 in Armco perforated pipes 16 Gauge )；第二層鋪 2.54 或 5.08 公分徑的小石子，厚 10.16 公分， 用大地滾壓實， 第三層鋪粗煤渣，厚 7.62 公分，用大地滾壓實，第四層鋪過篩的細煤渣，厚 7.62 公分， 用小地滾壓實， 第五層鋪細砂煤灰，厚 2.54 公分， 然後用大地滾壓數遍，使其札實，先乾壓， 再洒水濕壓（以上的尺寸，均爲壓實後的尺寸），跑道的邊子，用 1：3：5 鋼筋三合土的道牙，寬 6.35 公分，高 0.30 公尺，每 1，52 公尺留流水眼一個 （如圖下所示）

　　足球塲　　塲長 121.92 公尺，濶 76.20 公尺，球門偬於南北兩端，塲地向四面反水，以塲中心爲標準，四面均低 0.30 公尺以便去水。

　　撐竿跳高塲和跳高塲　　持竿跳高塲的跑道長 45.72 公尺，濶 1.83 公尺，做法和跑圈一般，前端的沙池爲 4.57 公尺見方，深 0 61 公尺 15.24 公分，四周圍以 2.54 公分的厚松板，底面墊 10.16 公分的厚松板，池裡儲細砂和鋸末的混合物，跳高塲的砂池和上述的一樣，惟跑道的形狀，有如碗形一般。

　　跳遠塲，三級跳遠塲， 兩塲的欵式和做法相同，跑道的長度各爲 45.72 公

尺，砂池的尺寸爲3.05公尺濶，4.57公尺長，塲地做法和持竿高跳塲一般，

排球塲，網球塲，籃球塲，擲鐵球塲，　　　這四塲的建築，差不多一樣，

惜尺寸則不同，計排球塲共五座，每座長15.24公尺，濶7.62公尺。網球塲位國

術塲的南首，佔地23畝共16座

，每座長23.77公尺，寬10.97公

尺，塲的週圍均以4.57公尺高和

2.54公分圓眼鐵絲網，塲間各留

隙地，以便交通，籃球塲共3

座，每座長27.43公尺，寬15.24

公尺，位於田徑賽塲前的北首，

形如長方一般，就原有地勢挖成

盆形，盆底闢作球塲，四週順坡

築成看台能容五千觀衆，正門向

南，入口處築地下室，作爲男女

運動員的更衣室和厠所等，位和

國術塲相對，樣式也相稱，球塲

爲木地板，圍塲也設鐵絲網牆，

以利管理，擲鐵球塲共2座，形

像扇半徑長17.07公尺，各塲塲

地築法：先將坭土刨深約0.3公

尺，打實後，再打砂子碎石，厚

約15.24公分，然後鋪二份白灰

，三份黃土，五份砂子的三合土

一層，壓平後，再鋪上稻艸，用

大地滾碾壓至平實爲止。

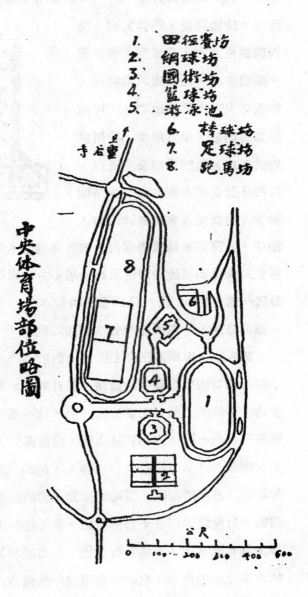

中央体育塲部位略圖

1. 田徑賽塲
2. 網球塲
3. 國術塲
4. 籃球塲
5. 游泳池
6. 棒球塲
7. 足球塲
8. 跑馬塲

游泳池　　游泳池的構造，比其他各場較爲複雜，它的設備也比較精美得多，池長 50 公尺，寬 20 公尺，可容九人同時比賽東西兩邊爲看台，利用原土的斜坡砌成階級上砌鋼筋三合土坐階，南面爲特別看台，置銅扶手欄杆及拱形坐圈，池的北面爲大屋一所，外面全用中國式，屋頂蓋瓦筒，四面外牆砌泰山面磚，棟樑彩畫，極爲美麗，屋內關爲更衣室，洗盥室，機器室，鍋爐室等，更衣室爲廡殿式，即五脊大獸作法簷橡額坊，均施以彩畫貼金，平台踏步，均用宮殿式欄杆，進門爲辦公室櫃台，入內分男女更衣室，各設沐浴廁所，入池者先入室更衣沐浴方入

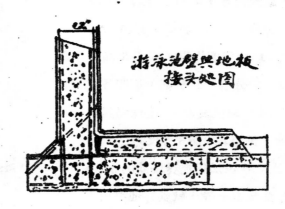

游泳池壁與地板接头处图

池中，並設濯足池於後廊內，爲浴室過游泳池必經之地，池放藥水，泳者濯之可免足疾傳染，池的四壁及底俱用小方磁磚鑲砌，壁間裝有水內電燈每距 3.05 公尺一盞，共 32 盞，晚間燈光映射水中，別饒景趣，池壁的外面築夾層擋牆，做成略過道，以便修理各水管和電燈。

　　游泳池全用鋼筋三合土做成，對於不透水和氣候漲縮的影響，特加注意，下圖所示爲池底和池壁的做法，在打好 1:2:4 鋼筋三合土後，用松香油青鋪德士古上等油紙二層，正號油毡一層，抹松香油膠四次，共七層，又再打 1:2:4 鋼筋三合土一層，內和以避水漿，而後再打 7.62 公分厚的鋼筋三合土一層，而上鋪國產 3 寸見方帶釉子白色磁瓦，池的最深處，2.13 公尺 25.40 公分深處做伸縮節二道以防混凝土漲縮的影響，節的距離爲 5.08 公分，中嵌銅版，此等伸縮節，田徑塲等三合土部俱有之，伸縮節的做法請參觀上圖，四週池邊在水淺以上置有流水溝，水溝共有二道：上方的水溝爲洩過道上濺激流水之用，下方的水溝在水池內面，它的主要用處在洩池水浮面上的油膩和漂浮的污物，池的南端較淺，此端較深縱斷面的形狀請參下圖。

關於池裡水的供給，均用自流井，因陵園地處山間，無河流仰給自來水則不經濟，水由自流井水管直接輸入池裡應用，更設濾水機將池中的水抽濾一過，仍復囘池中，這樣循環抽送，以保池水的永遠清潔，自流井均由上海中華鑿井公司承辦，訂立合同，已先後開鑿四井，第一井在陵園苗圃內，第二井在陵墓的西隅，第三和第四兩井也在陵墓的西首，水質爲南京最佳的，列表如下：

**游泳池伸縮接口圖**

第一號井是在十七年九月廿一日開鑿，十八年元月十八日完工，包價爲3000兩，深度 150 公尺，井中鐵管直徑爲 10 公分，開始試驗時每小時可給5700公升，設有 6 馬力 2 具的引擎，壓氣機一具，和抽水機一具。最下層爲硬子母石地質。

第二號井是在十八年三月二十日開工，同年五月二十八日竣工，建造費爲5800 兩，深度爲 64 公尺，井中鐵管直徑爲 20 公分；每小時給水22,700公升，設有 10 馬力 引擎 2 具，壓氣機一具，和抽水機一具，地質爲砂石。

第三號井的開鑿時期爲十九年九月二日，於二十年一月十一日完工，包價爲 5800 兩，深度爲 98 公尺，水管直徑爲 20 公分，每小時給水28,800公升，設有 10 匹馬力 引擎一副和壓氣機一具，最下地層爲砂石質。

第四號井的開鑿時期爲二十年一月十二日，在同年三月二日完工，包價爲10,000 兩，深度爲 78 公尺，井中水管的直徑爲25公分，每小時給水 9,500 公升，設有 7,5 馬力 引擎一具和壓氣機一具，最下地層爲砂石質。

關於化學檢驗，（100,000 分中含量）第一號井水含有的礦物質并不多，氯化物的含量頗不低，它的硬度較普通深井的爲高，第二號井水對於已溶解的固體物質，和鈣鎂等，其含量極少，這種水和普通深井的水不同，實際上和江水相似，雖含有少量的鐵，但此井久用後，它的鐵量或可減少，第三號井和第四號井含有已溶解的固體物質，和氯氣等極少，這種水和普通的深井不同，久用後，適合飲料之用。

跑馬塲　跑馬塲位於各塲的西首，係一片平曠之地，跑道長1,609公里，橫9,14公尺四週圍以木欄，欄高0,91公尺，塲地中部闢足球塲二和木看台一排。

環塲道路　全塲造路總長約 5000 公尺，路幅寬度視交通的繁簡而異，進塲大路濶18公尺，內分行人路兩條各寬 5 公尺，車馬道寬 6 公尺，兩邊行人路各留地方一公尺，以植樹木之用，塲間各路15公尺，路面用本山石砌成，價廉而耐用，每平

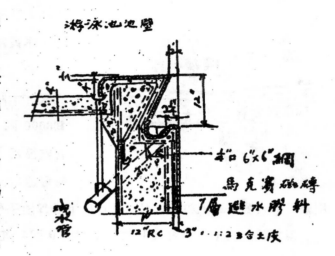

方公尺約值六角，進塲大路之彎另闢汽車停車塲一所，面積計 13,000平方公尺，能容汽車千輛，兩塲也另闢慢車停車塲一，面積約 8,000 平方公尺，環塲路邊，俱植行道樹花架等，以增風景。

國術塲　塲形像八卦，北面爲正面，入口處有牌門一座，門內爲刀劍陳列台，廣 18.29 公尺，寬13,41公尺，台周圍以假石欄杆，其餘七面俱爲看台，安置鋼筋三合土坐階 16 級，塲地圍於看台之中，看台能容 5450 人，距塲最遠處僅爲40尺，考拳術也有太極八卦之稱，而卦形也可使四周視線，遠近平均，周圍均有進塲台階，使出入觀衆可免擠擁。

棒球塲　塲形如扇，半徑長85,34公尺，頂角成 90 度，兩直邊的外面爲看台，做法和籃球塲一樣，塲地係壓實的原土，惟中部27,43公尺見方的地段，則將原土掘深30公尺，上分三層鋪做；第一層鋪 3.05 公尺厚的10,16 或12.70公分徑石子；第二層鋪10.16公分厚的2.54徑石子；第三層鋪 10,10公分

厚的 1：3：5 白灰，黄土和砂子的三合土，做法和田徑賽場內的籃球場一般，看台前面有遮護網一排，高6,10公尺，長73,15公尺，橫直柱架均用圓鉄管立牢後，再繫以 2,54 公分孔鋄錫鉄絲網，球場作弧形，面前安有刺針鉄絲擋一排，高 1,22公尺。

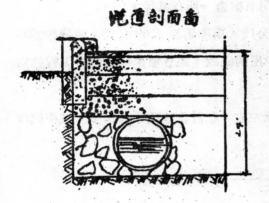

**隧道剖面圖**

以上所述，不過場內的大概，聞此場全部建場費，約需大洋八十五萬元。

2. **永慕廬**　在茅山頂萬福寺旁，爲總理家屬守陵之用：爲陳均沛建築師設計，內有客廳一所，臥室四間，建築尚古撲，兼以左右蒼翠樹木，風景清幽可愛。

3. **奉安紀念館**　舊址爲小茅山的萬福寺，施以修葺而成，用以陳列總理奉安紀念品物。

4. **溫室**　全座由漢口總商會損資建築的，由朱葆初建築師繪圖，申新康記金號承建，全部建築費爲 25,325 元，計全部鉄骨溫室 7間，面積 32 平方公尺，內加溫設備保熱水管式，由東華公司承辦。

5. **華僑捐建紀念石亭**　亭在陵墓東首的小東山頂；全部是東方建築，設計者爲劉士能建築師，福州著名石廠蔣源號成包辦。

6. **音樂亭**　地點在墓道前面東側，爲美國三藩市華僑捐資建築的，圖樣設計者爲基泰工程公司。

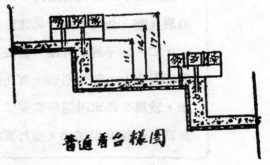

**普通看台樣圖**

7. **廣州市政府紀念亭**　亭為廣州市政府所建以資紀念的，地點在陵墓大道和通明孝陵馬路的交點處，設計者為滬上有名建築師趙深，由王銳記營造廠承建。

8. **委員會辦公房屋**　地點在小茅山南山坡，由李錦沛建築師繪製圖樣，裕信營造廠承辦，全部需費 63,017 兩，另有宿舍一所在其後。

9. **道路工程**　陵園大道長約 3475 公尺，環陵馬路 4700 公尺，明陵和靈谷寺路等，採用碎石路面，因其經濟和耐用的緣故，連各項橋樑涵洞等工程約需三十萬元。

總計陵園建設費，迄今共五百萬元左右，在計劃建築中者尚多，誠中國建築史上一著名之品物也。

## 粤漢鐵路中止建築黄埔支綫

### 改建公路直達黄埔港

粤漢鐵路擬將路軌延至黄埔一事，係前三段路局在武漢聯席會之議決，交南段局及請廣東省政府執行，以為繁榮黄埔將來開闢商埠之準備，昨據路局消息，關於此事路局大費躊躇，因一‧路軌如延長，必經過廣九路，如此，不管與該路接軌，影响廣州商業甚大，二‧如不經廣九路，必經某某山，鑿遂路旁過，則工程浩大，收效困難，有此兩因，現時決議停止建築，玫與公路車聯運較為妥當，因本省已有公路直達魚珠，一俟商定辦法，即可實行云。

# 上海市中心區之道路概畧及
# 冷拌柏油石子路面鋪築方法

## 吳　絜　平

（一）上海市中心區之道路概況　　考上海爲我國最大之城市，位於江蘇省之東南隅，地瀕黃浦江下游，當沿海之中樞，扼長江之門戶，在宋熙甯時，已成重要市鎮，今更爲東西洋交通之總滙，商舶雲集，百貨輻輳，工廠商店林立，其形勢之優厚，不言而喻，然細察其所謂交通便利工商集中之區，均屬江甯和約強迫下所開闢之租界，至我國治理下之閘北南市等，以建設落後，寂寞異常，年來我國當局知廣田之自荒，實爲非計，故一方面於政治上努力改善，同時更有市中心區之計劃，將市內各重要行政機關移置於是，以握全市之中樞，關於該區之道路，均努力規劃，以冀都市之繁榮，計其道路系統如下：

（1）幹路——由該區向四方伸展，以聯絡商港碼頭鐵道及各市區，此項道路，用途至大，故寬度甚鉅，中有達六十公尺者，其系統爲星射式。

（2）次要道路——此項道路，純爲利便區內交通及供給建築物以充分之空氣及光線，其寬度較小，其形式大致爲棋盤式與蛛網式并用。

上述之兩種道路，有經已完成者有尚在建築中者，如中山南路，中山北路，黃興路，其美路，浦東路，桃浦西路，三民路，五權路等，均先後完成，然以前路面之鋪築，多採用砂石，灌柏油，澆柏油，柏油砂等之路面，應用之後常常不能令人滿意，故該市工務局特設立化驗室一所，以研求新法，同時更聘英籍工程師 Vella 爲顧問，乃有冷拌柏油石子路面之發明，同人等今夏適有工業考察團之組織，於過滬參觀工務局時，蒙該局諸長官給以上海近年來建設概況之詳細說明外，更獲該局周工程師引導參觀市內各已完成或尚在建築中之道路，幷將最近所應用之舖築路面新法，詳予見告，茲畧述如下。

（二）冷拌柏油石子路面舖築法　　（1）原起　冷拌柏油路面在歐美各國均有採用，惟方法各有不同，且屬專利，故其成份多保守秘密，如 "Amiesite Colprovia Types 等，此項方法已於南非洲及印度孟買等處用之成效顯著，至中國之採用，則由英人 Vella 君之介紹而研究，結果堪稱滿意，故現且上海市中心區之道路，均用此法建築，卽南市最繁盛之和平路及方斜路，亦用此法造成者也。

（2）材料　冷拌柏油石子路面分底層與面層二種，其所用之材料及成份，須視交通之繁簡及舖築之厚度而定，普通之方法如下：

（甲）底層　石子—$3/4''$石子91%

　　　　　　*冷溶油70%合柏油粉30%之混合物5%

　　　　　　石粉4%　（杉石屑內篩出經過$1/16''$網眼）

*（冷溶油之成份爲士瀝青90%，輕柏油10%配製而成，其配製方法，乃先將瀝青熱至華氏表$300°$—$375°$之間，則溶解變成流質，俟冷至 $200°$ 以下（約經五小時後，）乃將輕柏油加入，卽成爲冷溶油），

（乙）面層　石子—$1/2''$86%

　　　　　　冷溶油70%合柏油粉30%之混合物8%

　　　　　　石粉（粗度如底層）6%

（丙）價值　（二十三年度上海市價大洋計）

　　　　六分子（$3/4''$石子）每立方公尺＝$3.80

　　　　四分子（$1/2''$石子）每立方公尺＝$3.80

　　　　石　屑　　　　每立方公尺＝$1.98

　　　　士瀝青　　　　每英噸＝$68.00

　　　　輕柏油　　　　每英噸＝$272.00

　　　　柏油粉　　　　每英噸＝$158.00

（3）拌合　拌合時應用之機械爲一冷拌機器，此機之構造，可分三部（一）石子升降器（二）冷溶油盛載器及柏油箱（三）拌合器，其拌合之方法，則先較正拌合器之拌槳（拌合器有鋼製之拌槳八塊，合裝於一鐵製之拌槳臂上，均成45°角，藉以減少拌合時之阻力），旋轉速度每分鐘約四十轉，乃將乾燥之石子傾入拌合器內，再加冷溶油拌和，使該油黏佈於各個石子之間，後加柏油粉，再加石粉，卽開拌合器之門放下，裝於卡車，運至工作地點應用，（雖放置數日

，仍可使用，）至拌合每次所需之時間，在夏季約三分鐘，若在冬季，則時間略長，約四分鐘至五分鐘。

（4）鋪築　此項路面分二層鋪築，卽底層與面層，鋪築之厚度，亦視交通之繁簡而定，普 $\frac{1}{4}$ 通面層爲一吋，底層2吋，未鋪冷拌柏油石子之前，必先將路基掃刷乾淨（至於路基之選擇，則任何堅實路基均可，如砂石路基，彈石路基，大石塊路基等，）

修補平整，最好先塗稀薄冷溶油一層，後將已拌好之冷柏油石子運至工作地點，用十齒耙以人工拉開鋪平至所需厚度爲止，底層平後，乃用一七噸滾路機緩緩滾壓全路一遍，再用一十噸滾路機滾壓後，復用前機壓平，乃鋪面層，仍用人工耙平，至所需厚度爲止，乃用七噸及十噸滾路機依次滾壓如前，至路面完全結

實後，乃洒以石粉一層，每立方公尺約鋪三百平方尺公，用掃掃匀，卽可開放通車。

（5）與他種路面之比較

（甲）價值　冷柏油路（Coldmix）　　　　　　　2.10元

　　　　　　（每平方公尺面積5公分厚）

　　　　　灌柏油路（Penetration）　　　　　2.50元

　　　　　澆柏油路（Suvface dressing）　　　0.80元

　　　　　柏油砂路（Sheet Asplelt）　　　　4.50元

（乙）鋪築　冷柏油路面較他種路面容易而利便，雖在微雨後亦可鋪築，且築妥後卽可通車。

（丙）應用　（一）優點—雨後無傾滑之弊，雖在烈日之下，亦不輕易溶化，且修補容易，故養路費極廉。

　　　　　　（二）劣點—開放初期時，路面常有車輪痕跡，或爲汽車滲漏之汽油所損壞。

（三）結論　道路鋪築方法，在我國實爲重要問題，緣我國各地交通，向不利便，在帝制時期，常局者多不注意及此，自鼎革後，政府始着力於是，故自民元後各省城市馬路及鄉村之公路，均續漸興築，降至今日，則道路之完成者已有多綫，然在吾國今日情形觀之，一方面固須建設，而他方面又限於經濟，單就道路一端而言，吾人已知其爲用之大而不容忽視，同時又知財力之不濟，及以前所築成道路之劣點，故爲亡羊補牢計，則較耐用而價值較廉之鋪築方法，實倍堪吾人之注意而需加以努力之研究也，冷拌柏油石子路面之發明，雖未能給吾人以極度之滿意，然倘能加以改良而應用之，或從而研求其他更優良之方法，則我國建設前途，庶其有豸乎。

（附識）本文所述之冷拌柏油石子路面鋪築方法未能記憶其詳差誤之處亦在所難免倘讀者肯加以指正或補充之則爲幸多矣

14210

# 堤 礮 工 程 概 論

## 莫 朝 豪

### ——目　次——

## (一)　設計之根據

堤礮之設計，根據所處的環境。經費之多少，河床之深淺，土質之情狀，潮水之高下，船隻食水之深淺，…………等等而定。

## (二)　籌欵的方法

建築堤岸當然要有相當的建築費然後能够興工。所以說到堤岸建設，第一就是經費了。但是這一欵經費應如何籌劃呢？——這是最先應解決的問題。

最好政府能够在稅收之下，劃撥全部或一部的工程費來與築堤岸。但是這個辦法不能够實現時。我們就不能不另設其他的方法了。普通可以施行下列幾事：——

（1）預投所填之地

（2）投變碼頭

（3）發行建築堤岸公債

（4）徵稅： $\begin{cases} 全市捐 \\ 特別捐 \end{cases}$

大凡建築新堤或修改堤岸，必另定一堤岸線，建築後，新填之地，除為公共建築物如馬路，貨倉…………等等之用外，以所餘之地，定一相當之底價，令市民預先承領。或將新築之碼頭招人投承，這樣可以得一筆欵子為建築全部或一部堤岸之用了。如果（1）（2）兩種情形所得的欵項仍不敷支配的時候，政府可以和人民合作的組織一築堤委員會，負責籌劃一切，由政府或委員會發行堤岸公債，勸導市民購買，許以相當利息，以政府稅收保証償還之！徵稅也是籌欵的方法之一，這種徵稅可以分為全市的和特別的，全市的是全市的住戶人民共同担負的，如抽樓屋租捐等等是。特別的是只限于某地或某種業務的，如抽收附近堤岸的店戶的築堤費，或灣泊及經過此地的輪船等等是。因為堤岸的完成于他們是增加不少的利益的，徵稅也是很公尤的事。徵稅是一次過或分期繳納也無不可。

建築堤岸經費之分發，也看經費的來源而定其支配。

## （三）　普通堤礅之分類

今將現在所用之堤礅的類別略述如次：——

如所用之材料而分類，大約有下列各種：

堤礎（從材料分類）
1. 木樁堤礎
2. 坭土堤礎
3. 石質結構堤礎
　　a, 碎石的。
　　b, 石塊結砌的。
4. 混凝土與坭或石聯合營造的堤礎。
5. 純混凝土堤礎
6. 鋼筋混凝土堤礎
7. 鋼板樁堤礎

然而從堤礎設計所定的形式而分類，略如下面所示：——

堤礎（從形式分類）
= (1) 斜坡式堤礎
= (2) 禦牆式堤礎 =
　　(a) 票式禦牆堤礎
　　(b) 扶壁式禦牆堤礎
= (3) 樑柱式堤礎
= (4) 板樁式堤礎 =
　　(a) 木板樁
　　(b) 三合土板樁
　　(c) 鋼板樁

堤礎普通之形式和所用之材料，經如上述。現在且把各種堤礎分別言之：——

## （四）　木樁堤礎

木樁堤礎。這種材料很古的時代巳經應用了，如築園基先在岸邊打下一些木樁，加上木板，以免坭土之傾落，或在坭基中加插木樁，然而，此種木樁礎只限于，潮水不甚湍急或經濟不足之地方，不甚堅固，只在村落中發現之。

## （五）　坭土堤礎

坭土堤礎，所用的土質爲該地較實且含有粘性的質料爲主，間或藏以磚碎石頭瓦礫之類。

建造的方法，甚爲簡單，只將坭土先行填落河床底塊，繼則依次填至規定適宜之高度爲止，但塡之坭質切勿雜以垃圾廢物，並須將坭土樁實使不爲水流冲壞。

建造的形式， 多採用梯形， 堤岸之濶度通常要視該地情形而定， 堤礅的兩邊，傾斜度如下圖所示。

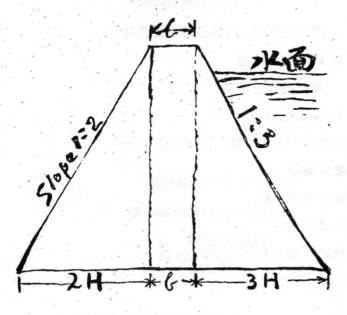

士礅的利益爲易于工作，且所需的工料費低廉，若在水流和緩，河床低淺，經費不敷等情形之中，是頗爲經濟的。反之，它有幾種缺點，就是堤礅所需之寬度及容積甚大，船隻的灣泊不便，未能直接接近堤面，且不能抵禦强烈的波濤之冲壑， 故堤礅的保固不久， 必需時加修理。

〔圖壹〕 坭土堤礅之式形

因此坭土堤礅只見于往昔的鄕村或不繁盛的市鎮，現在巳成過去的典型。故我們除在不得巳時，能以不採用這種形式爲好。

## （六） 石質結構堤礅

石質結構堤礅之體積雖比坭土堤礅爲小，所用的材料可分作兩種：一爲石碎堆砌和以石灰等物，別的是用石塊砌結而成的，砌結的材料多用 1：3 土敏沙漿或石灰沙漿，此種堤礅之利點，在於能抵禦風浪波濤，同時可以保存久遠，頗適合于產石的地方。然而它的建築費太鉅，且不利于輪船灣泊，這就是它的缺點。

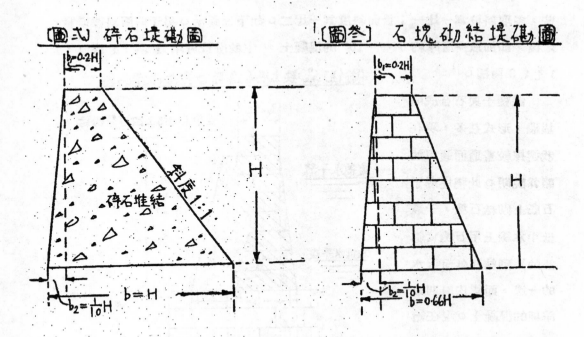

〔圖貳〕碎石堤礅圖　　〔圖叁〕石塊砌結堤礅圖

## （七）　混凝土與坭或石碎聯合營造的堤礅

　　現在先說混凝土與坭聯合營造的堤礅，它是鑑于坭土堤礅易于損壞或體積

太鉅之故，建築的形式和坭土堤礅大致相似，不過近水的那面斜度可以企直一

〔圖肆〕混凝土與坭或石碎聯合營造堤礅圖

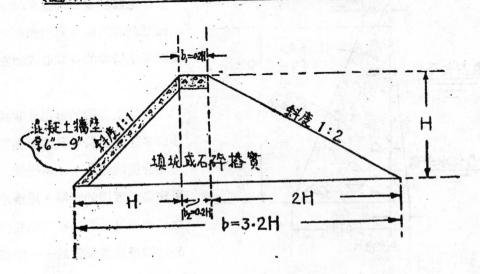

些，多取斜坡爲一比一；後面斜度爲一比二。如下面圖示。另于前面斜坡填實之後，卽加以一層厚約 6"——10" 的混凝土，它的份量可用 1：2：4 或 1：1½：3 兩種。

混凝土與石合成的堤礎，形式甚多，現在我選擇較普通而適用的略爲說明。此種堤礎于石底上砌結石塊，于最低平水線上用石塊（够小的）砌結在外面近水的一邊，而堤內層則築淨純的混凝土。現在繪圖如右：——

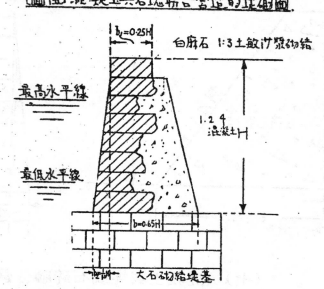

〔圖伍〕混凝土與石塊聯合營造的堤礎圖

白麻石 1：3 土敏汀漿砌結

$b_1 = 0.25H$

最高水平線

最低水平線

1.2.4 混凝土 H

$b = 0.65H$

大石砌結堤基

## （八）　純淨混凝土堤礎

混凝土的堤礎，多採用企牆形式，此種堤礎已比上列各種形式較爲進步許多了。它的剖面多是一個梯形，卽是上面和底面都是平的，前面是企直的或微向內傾斜，後面多是斜坡的。其形式如左圖。

混凝土堤礎的好處是能減少許多建築材料，且容易施工，堤身堅固耐久，不易損壞，可建築于近岸的距離，堤邊水之深度充足，對於航行和貨物的起卸都是很便當的——因爲

〔圖陸〕純混凝土堤礎圖

$b_1 = 0.04H$

最高水平線

1：2：4 式 1：3.5 石碎混凝土

8" 立方石角 H

最低水平線

$b = 0.615H$

$b_2 = \frac{1}{10}H$

很大的貨船或客船可以時常直接灣泊于堤岸碼頭旁邊，不但于運輸時間可以減少，並且直接影响于貨物的價格和國民生計的。所以在商業繁榮的都市或浪濤巨大的港灣都是很適宜的。　它的缺點，就是初次的建築費難于籌劃吧！　在外國的都市堤岸採取混凝土建築甚為普遍，國內如廣州海珠新堤之乙種堤河南新堤丙種堤及香港堤岸都是用此種建築的形式。

建築的材料份量多是用 1：3：5 石碎混凝土或中間夾壞 6"——8" 丁方的石塊，其石塊的距離邊至邊最少要多過 6" 吋。石碎用黑，白，兩種，但以白麻石者為最佳，含粉質者次之，水成岩的石以不用為妙，石碎最好不可大過二英吋。沙當然要尖銳潔淨無坭質為主。

混凝土堤礎最好用于二十呎以下的高度。因為太高則需用材料太多，反為不經濟了。

## （九）　鋼筋混凝土堤礎

上面經已說過，鋼筋混凝土堤礎，因該建築的坭質，河床深淺，水力速緩等等而異。普通有下列數種。

（a）飄式禦牆式的堤礎　其設計的方法與普通禦牆之計算無大差異，因為坭土的力比水大，所以多祇計坭土的壓力，其填坭角度恆計其與堤面相平，即填坭角度 $\phi = 0$，另假定禦牆之頂上受平均之活重每呎三百磅，或作同等重量之坭土來計算。填土之息角 (Angle of repose) 恆視所填之物料而異。如普通坭土之息角為 33°—42'填沙為 45° 等是。

飄式禦牆式的堤礎，其形式有（1）兩面垂直的

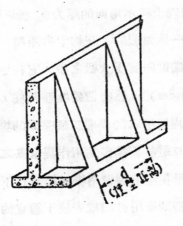

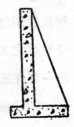

［圖案］扶壁式堤礎圖

（2）前斜後直，（3）前直後斜（4）前後均斜的幾種。

此種堤礎，若應用于堤身高度在十呎至二十呎之間者，則甚為經濟，因它能減少堤身所佔之位置和免多費材料之故。

（b）若堤身超過二十呎高　則採用飄式禦牆又嫌其牆身及底塊厚度太鉅而不經濟，因此，多改用扶壁式的禦牆（Counterfort Wall）來建築了。它在相當的距離，間以適宜的斜塊扶壁，一則可以減輕牆身的載重，二則少用許多材料。

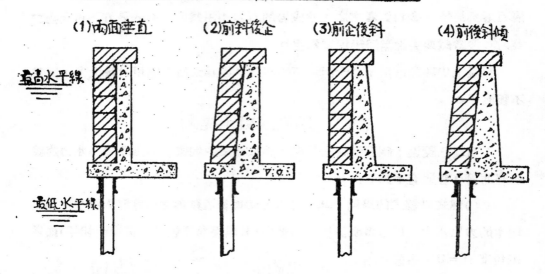

〔圖拾一〕鋼筋混凝土槅式禦牆堤礎之種類

（1）兩面垂直　　（2）前斜後企　　（3）前企後斜　　（4）前後斜傾

最高水平線

最低水平線

（c）樑柱式建築的堤礎　如廣州市內港堤岸所採的形式便是此中的一個例子。它常一塊牆，受着坭土與水兩面的壓力，所以牆身的前斜後直的，兩面都放鑀鋼條，牆身當作一塊面似的，在約十呎距離，即建企直設柱兩條，以載受塊面之力，此柱之兩端則固實于大樑之中，它在堤底打下鋼板椿之後，即建築一條在底的大樑（Girder），然後造安塊面及柱，最後築好上面的大樑。

（d）板椿式堤礎　堤板椿式的堤礎為最堅固的堤礎形式，板椿分木椿，三合土板椿，鋼板椿三種。這些板椿多為用作堤底基之中，木椿以實堅耐久為主，三合土板椿有些是預早在陸上製造用機械椿鎚打下堤底的，有的是用抽水法在水中分段施工。鋼板椿則全用打椿機安放于適宜的平水。此種堤礎多是下部採用板樁式上部堤身採用以上所說各種情形式。

（e）堤底基之營造　以上幾種堤礅；如在石底河床上面的，當然用不着打樁因為它的堤基已經十分堅固了。如果遇着坭土較浮的可打鋼筋混泥土的樁，或木與混凝土聯合結構的樁（Composite　Piles）但在河床甚深，或新填地段（如廣州河南海珠等堤岸是），用鋼板樁做堤基就是再好沒有了。它一則可以減少堤身的高度，二則可以經長久的時日，三則不易受潮水冲擊…………。

飄式或扶璧式的禦牆之底塊中部下面，常另再打木樁數條于一定的距離，以增加堤基底下之土耐力。使堤之全部常在于安全的狀況。鋼樁和其他杉木，混凝土等樁之長度等等，當視該地土質和河床而定，普通樁之長度以打至不能再下為止。

其餘有許多附屬的建築物，如橫牽鋼樁的鋼拉條，三合土座等等，也無非想固定鋼樁的位置，使其不至于傾斜而影响于整個堤岸的安全而已！

（f）堤岸結石　在飄式禦牆，扶璧式，或混凝土石塊合建的堤礅，倘若于它的近水外面砌結一層潔白美觀而堅實的石塊，不但可以抵禦潮水之冲擊，亦可以增加堤身厚度，並且保護混凝土牆身之安全。

堤面的蓋石，也是以上面同一的道理，它的體積最好長過三尺濶二呎高一呎六时以外。石質要堅實無雜色者為合。砌結的材料最好用士敏沙漿，通常份量一比二。堤面石和堤身石多按裝以鐵碼，也不過使堤身混凝土與石塊連結為不可分的物體，以增加其堤岸之安全吧！

14219

# 街道穢物之清理方法

## 馮　錦　心

## 第一章　汚穢原因

都市街道汚穢之清理，實爲衛生工程中最應注意之問題，故掃除之方法適宜與否，影响市民之健康甚大，舉凡傳染病之發生，時疫之流行，與及其他各種危害市民生命之病症，莫不與汚穢有極大之關係，今特將街道汚穢之主要原因，累述如下。

1　塵埃：街道及人行路，不論爲泥土路面或石碎路面，苟經車馬踐踏，便發生汚穢之塵埃。

2　垃圾：由居民抛棄，或市民房屋中掃除得來之垃圾，堆積於街道，包括有機物質及無機物質者。

3　碎屑：碎屑亦爲廢物之一種，此種廢物，包括各種破碎物，如舊紙，箱子，生果皮，罐頭包盒，羅爛等件。

4　排泄物：如遇馬車經過其街道排出之糞溺，及其他畜類糞溺等等。

5　灰爐：從工廠，汽爐，火爐中排出之穢物，大都以煤屑爲最多。

6　混雜物：房屋廢物材料，樹葉，及其他腐壞品，從上述各節觀察，可以知到路面之汚穢與廢物遍地，實爲街道之一重大障碍，不獨有損美觀，且遺害市民匪鮮，故主持市政衛生工程者不可不設法將其排除，及潔淨路面，以免發生時疫傳染等等之危險事件也。

# 第二章　潔淨處理方法

街道潔淨之處理方法有兩種，即（1）機械潔淨方法，（2）人力潔淨方法。

1 機械潔淨方法：機械方法，包括用機械清掃，及機械冲洗法。

機械清掃法：有用汽車駕駛，及馬車駕駛者，汽車式者，其設備極為適當及利便，車頭設一灑水橫管，以為先作灑地之用，車後又設一機掃，及抽收機，中部設一大收藏箱，當車發動時，能將街道廢物，逐一掃妥收藏于車中，此種機掃法，于城市中收效極大，故外國各市多採用之，因其方法簡便，穢物與路面，皆同時潔淨，寔一舉而兩得也，但此法中，亦有不設自動抽收者，祇用聯隊人力打掃後，然後將街道穢物搬上車中，此種機掃，亦甚適宜于不甚平整之街道，其清掃法與馬車清掃法，却甚形相似，不過馬車較緩，非如汽車之迅速耳，故兩者比較，前者為簡捷，若用後者方法，則須購置多數車輛，然後能達到敏捷清掃之完善目的也。

機械冲洗法：機械冲洗法者，其機車能盛載重大水量，為冲洗街道之用，此種汽車，其機身設備較別者為大其冲洗壓力（Flushing Pressure）為每平方吋三十至六十磅最大冲洗機，平常於每邊車旁安置兩個灑水喉管，一個設置在近車旁邊，其他一個安放在車機之前頭，當在街道中冲洗時，將前後灑水喉管開放，以冲洗污穢而清潔之。

2 人力潔淨方法；——人力方法，包括用巡邏清掃法，聯隊打掃法，及人力篩車冲洗法。

巡邏清掃法：補助機掃法之不足，多用人力巡邏打掃法，巡邏打掃法者，應先設置多種器具以供巡邏打掃而用，如磨擦帚，硬擦帚，短柄帶陶洗擦，輕便挖，鏟，及移動車，各種器具完備，然後指定地方位置派委巡邏工人依據面積清掃，每人工作，約能清掃 2000 至 2500 平方碼之面積。

聯隊打掃法：聯隊打掃法工作，與用馬車清掃工作，畧有相同，亦以人力打掃，此種打掃方法普通用于未經舖平之路面，及泥土路面，earth road. 鵝卵石路，Gravel Road 碎石路，Watar bound macadam road 各種小路，最爲適宜。

人力篩車冲洗法：用人力篩車冲洗法，設備最爲簡單，但其效力，亦能澈底冲洗街道汚穢，此種冲洗法比諸機械冲洗法，當無機械法之利便，然其載水量亦甚大，亦能冲洗廣濶之地方也。

潔淨街道之方法既如上述，則吾人應視該城市之路面種類，穢物資料及分量之多少，而決定採用何種方法而處理之，然不能拘于成見，限用一法，數法並行，亦無不可。

潔淨道路之時間，各國的城市習慣，多于晨早或晚間舉行，因日中行人如鯽，車水馬龍，若于斯時，潔淨街道，非但工作不便，且塵土飛揚，反爲不美也。 但常見我國各大都市，多有于午後一刻，猶見淸道伕工作于亂雜的行人中，此種阻碍交通，有損衛生之事件，甚欲司職當局者，加以糾正之，則市政幸甚矣。

## 西北區規劃

# 開闢雲霧山

### ◀ 預算開闢費約十萬元 ▶
### ◀ 擬定計劃分三期進行 ▶

西北區爲肅淸屬內各地散匪，以雲浮縣內雲霧山爲土匪逃遁之藪，特呈請總部核示，當經奉准開闢雲霧山，以淸匪患，頃據西北區綏靖署駐省辦事處消息，李委員漢魂奉令，經飭雲浮縣警隊編練副主任劉伯齊查明該山面積，閒先從水坑高嶺兩處着手，已擬定開闢計劃，將無用什樹完全斬伐，燒爲堅炭，沙梨桃等菓樹，則槪行保留，開闢預算費爲十萬元，分三期進行，現第一期測勘工程，卽將開始，交由雲浮縣長辦理云。

# 軟 水 法 畧 譚

吳 民 康

## 內 容

### (一)

人類之知識，與時俱進，人類之需求，亦與時俱增。衣，食，住，行，育，樂，何一而非刻刻在追求着，刻刻在改良着。

水，爲人類唯一之飲料，水之清潔與否，於人類衞生上實有莫大關係。都市中人對於日常飲料甚爲講究，雖享受有清潔之自來水，然仍未嘗滿足，進一步更將水內之硬性，雜質，等提練而打輭之，如是入口自然更加美味矣，對於衞生上更覺安全矣。

輭水法爲清潔飲料之一種好方法，因爲將水打輭可以增加清濾之效能，而且水內之鐵，釩，微菌與色味等亦可因之而愈加減少。

14223

## （二）

水內常含有鈣鎂鉛類，溶化甚難，故成為硬性之水，如所含者為炭酸鹽類有分解可能，則名之為暫時硬性(temperate hardness)，若為硫酸鹽類而不能分解者，則名之為永久硬性(permenent hardness)，其性質既然不同，則打輭所用之藥料自當有別。現代通用之打輭藥料為石灰(lime)，，鹼灰(Soda acid 即蘇打)與沸泡石(Zeolite 含水矽酸鹽類)等多種。沸泡石之作用，可以令膠質之硫酸鹽化合成固質之矽酸鹽，沈澱而出，對於小規模之水廠尤為合用。

## （三）

遠在二十五年以前，已有人注意將水打輭作為工業上用，然當時規模甚小，且不適於一般家庭或飲料之用。其所用之藥料祇為石灰與蘇打二物，仍未知有所謂沸泡石。及近十年間，輭水法經已顯著極大之進步，建設輭水廠者有一百以上多起，單就美國 Ohio 一省言之，輭水廠已有五十三所，其中三十四所使用之藥料為石灰或石灰與蘇打，七所為沸泡石，近四年來，美國又有三十二所石灰蘇打輭水廠及六所沸泡石輭水廠，就三十二所石灰蘇打輭水廠中，九所用井水，五所用井水兼地面水，又十所單用地面水。時至今日，輭水廠益加普遍矣，辦法愈為進步矣，結果更加精密矣！

## （四）

輭水廠之設置應具有兩要件；一曰廉價之設備，二曰簡單之工作，在此兩條件之下，最低限度亦應有如下之要求：

（1）　最少數量的工人。

（2）　實用之禦塵上盖。

（3）　準確而混和之藥料，依次加入水內，以保持水之一定成份。

（4）　將水之硬性減少至最低限度。

（5）　打軟之後，水要極端清潔，所有污濁成份如：色素，炭酸氣，鐵，錳，酸化二氫，有害之微菌，討厭之嗅覺與味覺等均應消除淨盡。

## （五）

　　普通一所完備之軟水廠，應有混和機，混和池，沈澱池，炭化池，及濾水池等。至於打軟之步驟宜先將礬加入，再加石灰及蘇打（如一百萬份之清水中有一份為永久硬性者，宜加入石灰五磅），將水導入快混池（Rapid Mix. tank），五分鐘後再流入慢混池（Slow Mix. tank），經二十至三十分鐘，再入沈澱池沈澱兩點鐘，在該處用機械使渣滓沈下，再將渣滓抽回原來之快混池去幫助混和工作。如是循環不已，所得之清水再加礬，然後經過濾水池便可。茲將軟水廠之佈置，繪圖說明如下：

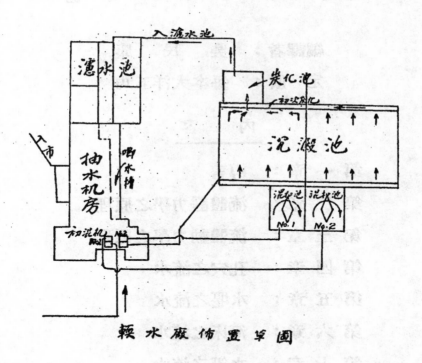

軟水廠佈置草圖

本會編印之工學叢書

# 第　壹　種

# 『實用水力學』

編譯者：　吳　民　康

定　價：　每本大洋五角

## 內　容

# 橋 樑 計 劃 靜 力 學

### 英國 G. DUNN, M. A., B. Sc. (Eng) 著

### 胡 鼎 勳 譯

(譯自 Concrete and Constructional Engineering. Feb. 1934)

## 第 一 章——塊 面 橋 （續）

純集中重單距塊面橋設計例。

圖 22 （例一)示一塊面，並無腰樑，祇兩邊支持於橋臺。

(a) 沙氏 (Slater's) 方法——先假定 6 女 噸重之單輪，在於支距之中央計之。

$l = 10$ 呎，$l' = 20$ 呎；$t = 3$ 吋；$b_0 = 4$ 呎 6 吋；

$c = 3$ 吋 $+ (2 \times 3$ 吋$) = 9$ 吋；由表五，$k = 0.75$.

於是

$w = 4$ 呎 6 吋 $+ (2 \times 3$ 吋$) + 0.75 \times 10$ 呎 $= 5$ 呎 $+ 7$ 呎 6 吋 $= 12$ 呎 6 吋

$$\text{輪重} = 6 \frac{1}{4} \text{噸} = 14{,}000 \text{ 磅}$$

$$50\% \text{ 震動力} = \underline{\phantom{xx}7{,}000 \text{ ,,}}$$
$$21{,}000 \text{ 磅}$$

每呎寬塊面灣率為

$$M = \frac{21,000}{4 \times 12.5}\left(10 - \frac{0.75}{2}\right)12 = 48,500 \text{ 吋磅}。$$

再假定軸重 $10\frac{3}{8}$ 噸之雙輪在於支距之中央計之：

$$w_1 = 5 \text{ 呎 } 8 \text{ 吋}; \quad b_0 = 1 \text{ 呎 } 8 \text{ 吋}; \quad t = 3 \text{ 吋}; \quad k = 0.75。$$

於是

$$w = \frac{1}{2}[5 \text{ 呎 } 8 \text{ 吋} + 1 \text{ 呎 } 8 \text{ 吋} + (2 \times 3 \text{ 吋}) + (0.75 \times 10 \text{ 呎})] = 7 \text{ 呎 } 8 \text{ 吋}。$$

每一輪重 $W = \frac{1}{2} \times 10.375 \times 2240 = 11,600$ 磅

$$\begin{array}{r} 50\% \text{ 震動力} = \underline{\quad 5,800 \quad ,,} \\ 17,400 \text{ 磅} \end{array}$$

每呎寬塊面之灣率爲

$$M = \frac{17,400}{4 \times 7.67}\left(10 - \frac{0.75}{2}\right)12 = 65,500 \text{ 吋磅}。$$此灣率較前者大，故設計以此

爲準。

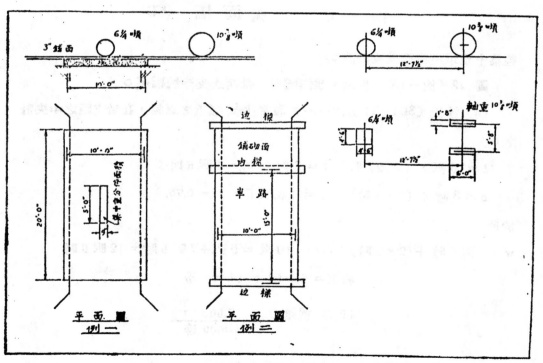

第 二 十 二 圖

14228

(b) 必佐氏 (Pigeaud's) 方法——先假定 6$\frac{1}{4}$ 噸之單輪計之：

u = 3 吋 + 2×3 吋 = 9 吋； v = 4 呎 6 吋 + 2×3 吋 = 5 呎。

w = 21,000 磅

於是　　$\frac{u}{a} = \frac{0.75}{10} = 0.075$，及 $\frac{v}{a} = \frac{5}{10} = 0.5$

用 $\rho = 0$ 之曲線圖（第十六，十七圖）

$$M_1 = 21.5 \times 10^{-2} \text{ 及 } M_2 = 7.8 \times 10^{-2}$$

支距 $a = 10$ 呎之縱向灣率

$$M = (21.5 + 0.15 \times 7.8) \, 10^{-2} \times 21,000 \times 12 = 75,100 \text{ 吋磅。}$$

20 呎濶之橫向灣率

$$M' = (0.15 \times 21.5 + 7.8) \, 10^{-2} \times 21,000 \times 12 = 27,800 \text{ 吋磅。}$$

再假定軸重 12$\frac{1}{4}$ 噸之雙輪計之：

w = 9 吋； v = 5 呎 8 吋 + 1 呎 8 吋 + 6 吋 = 7 呎 10 吋。

2 W = 軸重 = 34,800 磅

於是　　$\frac{u}{a} = 0.075$ 及 $\frac{v}{a} = \frac{7.83}{10} = 0.783$

用 $\rho = 0$ 之曲線圖

$$M_1 = 18.6 \times 10^{-2} \text{ 及 } M_2 = 5 \times 10^{2} \text{。}$$

縱向灣率

$$M = (18.6 + 0.15 \times 5) \, 10^{-2} \times 34,800 \times 12 = 80,800 \text{ 吋磅。}$$

橫向灣率

$$M' = (0.15 \times 18.6 + 5) \, 10^{-2} \times 34,800 \times 12 = 32,500 \text{ 吋磅。}$$

是則由後輪軸重所得之灣率較大，故設計應以此爲準。

假設用 9 吋厚塊面，則

塊面重量 12 × 9 = 108 磅每平方呎

3 吋鋪面　　　　=　$\underline{\quad 30 \text{ 磅每平方呎}}$

138 磅每平方呎

死重灣率爲

$$M_d = 10^2 \times 138 \times 1.5 = 20,700 \text{ 吋磅}$$

$$M = \dfrac{80,800}{101,500} \text{ 由必佐氏法計得。}$$

若許可應力 C ＝750 磅每平方吋，S＝16,000 磅每平方吋則抵抗灣率爲

R. M. ＝ 1,600 × 8² ＝ 102,400 吋磅（參觀前節表二及表三）。

$$日 = \dfrac{101,500}{13,800 \times 8} = 0.92 \text{平方吋}; \quad 日' = \dfrac{32,500}{13,800 \times 7.4} = 0.32 \text{平方吋}$$

故用 9 吋厚塊面，支距縱向用⅞吋徑鋼筋距離 5 吋中至中，橫向用⅝吋徑鋼筋距離 10 吋中至中便合。

## 雙 距 連 續 塊 面 橋

以　　　　$I_1 = $ 支距 $l_1$ 惰性率

$I_2 = $ 支距 $l_2$ 惰性率

及　　　　$\dfrac{I_1}{I_2} = r$

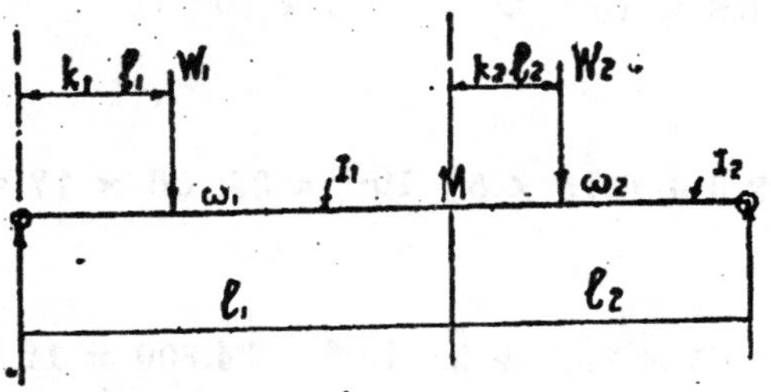

第 二 十 三 圖

圖 23 爲一普通式，其內部支持上便之負灣率如下

對於均佈重

$$M = -\dfrac{(w_1 l^3_1 + r\, w_2 l^3_2)}{8\,(l_1 + l_2)} \quad \dots\dots\dots\dots\dots\dots\dots\dots (60)$$

$w_1$ 及 $w_2$ 為兩支距上之均佈重若祗得一邊有載重，此式亦適用，但令 $w_1$ 或 $w_2$ 為零。

對於支距 $l_1$ 之集中重

$$M = -\frac{W_1 l_1{}^2 (k_1 - k_1{}')}{2 (l_1 + \gamma l_2)} \quad\cdots\cdots\cdots\cdots\cdots\cdots\cdots\cdots\cdots (61)$$

對於支距 $l_2$ 之集中重

$$M = -\frac{\gamma W_2 l_2 (2k_2 - 3k_2{}^2 + {}_2k^3)}{2 (l_1 + \gamma l_2)} \quad\cdots\cdots\cdots\cdots\cdots\cdots (62)$$

由上各值，則兩支距間灣率分佈之形勢，可用圖解法表明之：

在橋樑設計中，普通多用 $l_1 = l_2 = l$, $l_1 = I_2 = I$ 及 r = I。照章可用下列各式

內部支持上便灣率——

死重的　　　　$M_d = -0.125\ w_1\ l^2$ $\cdots\cdots\cdots\cdots\cdots\cdots\cdots\cdots\cdots (63)$

均佈活重的　　$M_l{}' = -0.125\ w_2\ l^2$ $\cdots\cdots\cdots\cdots\cdots\cdots\cdots\cdots (64)$

刀口形活重的　$M_l{}'' = -0.096\ W_l$ $\cdots\cdots\cdots\cdots\cdots\cdots\cdots\cdots\cdots (65)$

$$M = M_d + M_l{}' + M_l{}'' \quad\cdots\cdots\cdots\cdots\cdots\cdots\cdots\cdots (66)$$

死重 $w_2$ 之值與上節簡單塊面表列者同，W 為不變之常數即每呎寬塊面2,700磅。

支距間最大正灣率——

死重的　　　　$M_d = 0.07\ w_1\ l_2$ $\cdots\cdots\cdots\cdots\cdots\cdots\cdots\cdots\cdots\cdots (67)$

均佈活重的　　$M_l{}' = 0.095\ w_2\ l^2$ $\cdots\cdots\cdots\cdots\cdots\cdots\cdots\cdots (68)$

刀口形活重的　$M_l{}'' = 0.207\ W_l$ $\cdots\cdots\cdots\cdots\cdots\cdots\cdots\cdots (69)$

$$+ M = M_d + M_l' + M_l'' \quad \cdots\cdots\cdots\cdots\cdots\cdots\cdots (70)$$

計劃此種欵式橋，記得灣率反灣點（即零點）約離內部支持四份一支距之間，故祇計算其最大灣率巳足。

剪力——

內部支持邊最大剪力為

$$S = \tfrac{5}{8}(w_1 + w_2) l + W \quad \cdots\cdots\cdots\cdots\cdots (71)$$

兩端支持邊之剪力為

$$S' = \tfrac{3}{8}(w_1 + w_2) l + W \quad \cdots\cdots\cdots\cdots\cdots (72)$$

內部支持處之結合力可以無需計算，蓋其間因灣率關係，鋼筋獨多也。其餘兩端則照前節結合力公式計算，惟計死重時以 $\tfrac{7}{8} l$ 代替 $l$，計算活重時照用整個 $l$。

至若需要計算純集中載重（即車輪重），得用上節沙氏實驗公式，惟 k 之值則較低如表五。

第　五　表

| $\frac{l'}{l}$ | k | $\frac{l'}{l}$ | k | $\frac{l'}{l}$ | k | $\frac{l'}{l}$ | k |
|------|------|------|------|------|------|------|------|
| 0.1 | 0.1 | 0.6 | 0.46 | 1.1 | 0.57 | 1.6 | 0.63 |
| 0.2 | 0.2 | 0.7 | 0.49 | 1.2 | 0.59 | 1.7 | 0.64 |
| 0.3 | 0.29 | 0.8 | 0.52 | 1.3 | 0.60 | 1.8 | 0.65 |
| 0.4 | 0.36 | 0.9 | 0.54 | 1.4 | 0.62 | 1.9 | 0.65 |
| 0.5 | 0.42 | 1.0 | 0.56 | 1.5 | 0.62 | 2.0 | 0.65 |

必佐氏（Pigeaud's）論理法，對於連續橋未有正確辦法，約可用者為下列兩式：

支距間正灣率

$$M_+ = 0.83\ M \quad\cdots\cdots\cdots\cdots\cdots\cdots\cdots\cdots\cdots\cdots\cdots\cdots\cdots (73)$$

內部支持上便負灣率

$$M_- = -\ 0.39\ M \quad\cdots\cdots\cdots\cdots\cdots\cdots\cdots\cdots\cdots\cdots\cdots\cdots\cdots (74)$$

此處之M係由上節所述必佐氏法所計得者。

## 三 距 連 續 塊 面 橋

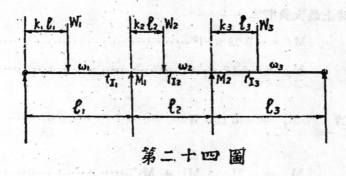

### 第 二 十 四 圖

　　在普通式如第二十四圖，以 $\dfrac{I_1}{I_2} = \gamma$ 及 $\dfrac{I_2}{I_3} = s$，對於均佈重之灣率如下：

$$M_1 = -\ \frac{(ce - bf)}{(ae - bd)} \quad\cdots\cdots\cdots\cdots\cdots\cdots\cdots\cdots\cdots\cdots\cdots (75)$$

$$M_2 = -\ \frac{(af - cd)}{(ae - bd)} \quad\cdots\cdots\cdots\cdots\cdots\cdots\cdots\cdots\cdots\cdots\cdots (76)$$

此處 $\quad a = 2\ (l_1 + \gamma\ l_2) \qquad\qquad\qquad d = l_2$

$\qquad\quad b = \gamma\ l_2 \qquad\qquad\qquad\qquad e = 2\ (l_2 + s\ l_3)$

$\qquad\quad c = \frac{1}{4}\ (w_1\ l_1{}^3 + \gamma\ w_2\ l_2{}^3) \qquad f = \frac{1}{4}\ (w_2\ l_2{}^3 + S\ w_3\ l_3{}^3)$

對於點重（即當作重力施於塊面成一點者），$M_1$ 及 $M_2$ 亦用上兩式計算，而其

$$a = 2\ (l_1 + \gamma\ l_2)$$

$$b = \gamma\ _2$$

$$c = w_1\ l_1{}^2\ (k_1 - k_1{}^3) + \gamma\ w_2'\ l_2{}^2\ (2 k_2 - 3 k_2{}^2 + k_2{}^3)$$

14233

$$d = l_2$$

$$e = 2 (l_2 + S\, l_3)$$

$$f = W_2\, l_2^2\, (k_2 - k_2^3) + s\, W_3\, l_3^2\, (2\, k_3 - 3\, k_3^2 + k_3^3) \circ$$

由此等方程式，則灣率分佈之情形，可用圖解法表出之。

然橋樑工程中·常見支距及惰性率均相等者，而集中重復可易爲單一值 W = 2700 磅每呎寬塊面，則適用下列諸式。

內部支持上最大負灣率——

死重的　　　　　　$M_d = -0.08\, w_d\, l^2$ ..................................(77)

均布活重的　　　　$M_t = -0.12\, w_l\, l^2$ ...................................(78)

刀口形活重的　　　$M_l' = -0.103\, W l$ .....................................(79)

　　　　　　　　　$M = -M_d + M_l + M_l'$ ...............................(80)

兩旁支距間最大正灣率——

死重的　　　　　　$M_d = 0.08\, w_d\, l^2$ ...................................(81)

均佈活重的　　　　$M_l = 0.10\, w_l\, l^2$ ...................................(82)

刀口形活重的　　　$M_l = 0.20\, W l$ .......................................(83)

　　　　　　　　　$M = M_d + M + M_l'$ .................................(84)

中部支距中央最大正灣率——

死重的　　　　　　$M_d = 0.025\, w_d\, l^2$ .................................(85)

均佈活重的　　　　$M_l = 0.075\, W l^2$ ...................................(86)

刀口形活重的　　　$M_l' = 0.175\, W l$ .....................................(87)

$$M = M_d + M_l + M_l' \cdots\cdots\cdots\cdots\cdots\cdots\cdots (88)$$

有時須核算各支距中央有無負灣率，因若活重大而死重小，則不能互相抵消而支距之中央亦發生負灣率矣。

核算之法可用下列各式。

伸向兩旁支距中央之最小灣率——

死重的 
$$M_d = + 0.075 \, w_d \, l^2 \cdots\cdots\cdots\cdots\cdots\cdots (89)$$

均佈活重的 
$$M_l = - 0.025 \, w_l \, l^2 \cdots\cdots\cdots\cdots\cdots\cdots (90)$$

刀口形活重的 
$$M_l' = - 0.04 \, W \, l \cdots\cdots\cdots\cdots\cdots\cdots\cdots\cdots (91)$$

$$M = - M_d + M_l + M_l' \cdots\cdots\cdots\cdots\cdots\cdots (92)$$

伸向中部支距中央之最小灣率——

死重的 
$$M_d = + 0.025 \, w_d \, l^2 \cdots\cdots\cdots\cdots\cdots\cdots (93)$$

均佈活重的 
$$M_l = - 0.05 \, w_l \, l^2 \cdots\cdots\cdots\cdots\cdots\cdots (94)$$

刀口形活重的 
$$M_l' = - 0.04 \, W \, l \cdots\cdots\cdots\cdots\cdots\cdots (95)$$

$$M = M_d + M_l + M_l' \cdots\cdots\cdots\cdots\cdots\cdots (66)$$

若此處所計得之M為負，則須按其大小，於塊面之上方放置鋼筋以承之。凡遇此種情形，於死重灣率反灣點處亦常用下式計算之。

兩旁支距死重反灣點處之負灣率——

反灣點在離支持 $0.2 \, l$ 處

均佈活重的 
$$M_l = - 0.04 \, w_l \, l^2 \cdots\cdots\cdots\cdots\cdots\cdots (97)$$

刀口形活重的 
$$M_l' = - 0.064 \, W \, l \cdots\cdots\cdots\cdots\cdots\cdots (98)$$

中部支距死重反灣點處之負灣率——

反灣點在離支持 $0.28\,l$ 處。

均佈活重的　　　$M_l = 0.05\,w_l\,l^2$ $\cdots\cdots\cdots\cdots\cdots\cdots\cdots\cdots\cdots\cdots\cdots\cdots$(9?)

刀口形活重的　　　$M_l' = 0.067\,Wl$ $\cdots\cdots\cdots\cdots\cdots\cdots\cdots\cdots\cdots\cdots\cdots$(100)

　　　負方鋼筋所需之面積，可由支距中央及反灣點處諸值計得之，至支持上便所需之面積亦已知之，鋼筋之位置可以判定，無須描畫抵抗灣率圖矣。

　　剪力計算如下。

　　兩端支持處之剪力——

死重　　　$S_d = 0.4\,w_d\,l$ $\cdots\cdots\cdots\cdots\cdots\cdots\cdots\cdots\cdots\cdots\cdots$(101)

均佈活重　　　$S_l = 0.45\,w_l\,l$ $\cdots\cdots\cdots\cdots\cdots\cdots\cdots\cdots\cdots\cdots$(102)

刀口形活重　　　$S_l' = W$ $\cdots\cdots\cdots\cdots\cdots\cdots\cdots\cdots\cdots\cdots\cdots$(103)

　　兩旁支距在內部支持處之剪力——

死重　　　$S_d = 0.6\,w_d\,l$ $\cdots\cdots\cdots\cdots\cdots\cdots\cdots\cdots\cdots\cdots$(104)

均佈活重　　　$S_l = 0.62\,w_l\,l$ $\cdots\cdots\cdots\cdots\cdots\cdots\cdots\cdots\cdots$(105)

刀口形活重　　　$S_l' = W$ $\cdots\cdots\cdots\cdots\cdots\cdots\cdots\cdots\cdots\cdots\cdots$(106)

　　中間支距剪力——

死重　　　$S_d = 0.5\,w_d\,l$ $\cdots\cdots\cdots\cdots\cdots\cdots\cdots\cdots\cdots\cdots$(107)

均佈活重　　　$S_l = 0.58\,w_l\,l$ $\cdots\cdots\cdots\cdots\cdots\cdots\cdots\cdots\cdots$(108)

刀口形活重　　　$S_l' = W$ $\cdots\cdots\cdots\cdots\cdots\cdots\cdots\cdots\cdots\cdots\cdots$(109)

　　給合力可應用前節結合力公式計算，惟計算死重時以 $\frac{2}{3}l$ 代替 $l$，計算活

重時照用整個 $l$ 。

若需要計算純集中載重（卽車輪重），得用上節實驗公式，惟 k 之值則較低如表六

第 六 表

| $\frac{l'}{l}$ | k | $\frac{l'}{l}$ | k | $\frac{l'}{l}$ | k | $\frac{l'}{l}$ | k |
|---|---|---|---|---|---|---|---|
| 0.1 | 0.1 | 0.6 | 0.43 | 1.1 | 0.51 | 1.6 | 0.55 |
| 0.2 | 0.2 | 0.7 | 0.45 | 1.2 | 0.52 | 1.7 | 0.55 |
| 0.3 | 0.29 | 0.8 | 0.47 | 1.3 | 0.53 | 1.8 | 0.55 |
| 0.4 | 0.35 | 0.9 | 0.49 | 1.4 | 0.54 | 1.9 | 0.55 |
| 0.5 | 0.40 | 1.0 | 0.50 | 1.5 | 0.55 | 2.0 | 0.56 |

用必佐氏法，則用下列各值，亦頗準確：

兩旁支距　　　　$+ M = 0.82 M$ ……………………………………(110)

中間支距　　　　$+ M = 0.70 M$ ……………………………………(111)

支持上便　　　　$- M = - 0.40M$ ……………………………………(112)

此處 M 等於由上節必佐氏法所計得者。

## 四 距 連 續 塊 面 橋 。

關於四距塊面，若其支距相等及惰性率均等者可應用下列各值。

第二及第四支持上便最大負灣率——

死重的　　　　$M_d = - 0.107\, w_d\, l_2$ ………………………………(113)

均佈活重的　　$M_l = - 0.121\, w_l\, l^2$ ………………………………(114)

刀口形活重的　$M_l' = - 0.103\, W\, l$ ………………………………(115)

第三支持上便最大負彎率——

死重的 $\qquad M_d = - 0.071\, w_d\, l^2$ ·················································· (116)

均佈活重的 $\qquad M_l = - 0.107\, w_l\, l^2$ ·········································· (117)

刀口形活重的 $\qquad M_l' = - 0.085\, W\, l$ ·········································· (118)

第一及第四支距最大正彎率——

死重的 $\qquad M_d = + 0.077\, w_d\, l^2$ ·············································· (119)

均佈活重的 $\qquad M_l = + 0.099\, w_l\, l^2$ ········································ (120)

刀口形活重的 $\qquad M_l' = + 0.205\, W\, l$ ·········································· (121)

第二及第三支距最大正彎率——

死重的 $\qquad M_d = + 0.036\, w_d\, l^2$ ·············································· (122)

均佈活重的 $\qquad M_l = + 0.080\, w_l\, l^2$ ········································ (123)

刀口形活重的 $\qquad M_l' = + 0.173\, W\, l$ ·········································· (124)

第一及第四支距中央最小彎率——

死重的 $\qquad M_d = + 0.071\, w_d\, l^2$ ·············································· (125)

均佈活重的 $\qquad M_l = - 0.027\, w_l\, l^2$ ········································ (126)

刀口形活重的 $\qquad M_l' = - 0.040\, W\, l$ ·········································· (127)

第二及第三支距中央最小彎率——

死重的 $\qquad M_d = + 0.036\, w_d\, l^2$ ·············································· (128)

均佈活重的　　$M_l = - 0.045 w_l l^2$ ……………………………(129)

刀口形活重的　　$M_l' = - 0.038 Wl$ ……………………………(130)

　　對於四個等距以上者，其頭尾兩距可依照上列第一及第四支距諸值計算，其餘內便諸距照第二及第三支距計算，至於第三，四支持上便之負灣率，則依照第三支持計算法。

　　若非等距者，則須用許多不同之圖表，其計算應用三灣率公式，甚爲繁複，且僅合樑橋設計之用耳。

—（待　續）—

# 第二卷第壹期目錄

## 挿　圖

河南新堤八幅　　　　廣州內港四幅

## 堤　礎　論　文

河南新堤之設計及建築實施工程

海珠新堤的工程規劃

## 港　灣　計　劃

港　灣　計　劃　　　　廣州內港計劃

## 工　程　設　計

水　塢　計　劃

## 工　程　常　識

十字路路角之面積計算法

# 圜形張力蓄水池的設計法

## By　Marion L. Crist

## 吳　民　康

譯　自

Journal

of The

Ameircan Water Works Association

Vol. 26　　January, 1934　No. 1

　　普通一個細小的圓形蓄水池，一個祇能容載一百萬或二百萬加侖的圓形蓄水池，最好是用環形張力 (Ring Tension) 來設計，那比較其他優美的設計爲經濟。　這種設計法對於有防護性的建築物尤爲合用。　因爲牠在經濟上有那麼好利益，所以圜形張力設計原理的全盤知識便成爲水池設計者最先要解決的問題了。

　　這種原理猶如水池本身一樣簡單。　一塊圍住水的三合土牆。　有一把鋼筋打平放在牆內，緊緊把三合土結實來抵禦因水壓向牆內面而生的張力。　無論任何深度，每尺牆高的總張力是·

　　　　張力 = 62.5 × 深度 × 水池的直徑

　　這些總張力在牆的任何兩相對點 (any two diametrically opposite points) 間都發生着。　所以每呎深度的鋼筋總數，牠的單位應力一定要能够負起這些張力的半數。　爲着要保持一等量的鋼筋應力起見，鋼筋的總數也就要隨着深度而增加了。

　　因爲水池滿了，應力就跟着產生，環形張力的鋼筋受着那些應力的作用，牠的直徑就會變長起來，這是設計上一個要點。　猶如氣球充滿了汽體後一樣膨脹伸張，不過牠膨脹的程度較小而難見，沒有像氣球那麼利害罷了。　我們知道，三合土的伸張力遠不及鋼筋，很容易就會破裂，所以爲保持牠的承載力和減低破裂的程度計，圓形張力鋼筋的應力就要用一個細小的數目，比較尋常還要細小的數目，總要在每方吋 16000 磅或 18000 磅之下才好。

　　現在比較通用一點的就是 Hewitt 式的圓形張力蓄水池了。　這個設計法包含上述的同樣原理，分別的地方很少。　我們試將水池漸漸加滿起來就可以知到鋼筋的整個工作應力，因爲水池在未滿前，鋼筋不會抵受應力的作用，那時祇好讓三合土來單獨應付應力，後來水池逐漸滿了，那鋼筋的工作應力也就可以因之而試驗出來，這樣做法，對於直徑的變長還可以大大減少。

　　有時在一個環形張力的設計裡面，我們也可以發覺有直徑少少變長的弊端，原因是在牆底方面多少受着地基的影响。　所以最好是把牆底和地基兩者的接合處加上一個關節 (Joint) 而且在那個關節上塗上一層瀝青油用來減少牠底摩擦作用。　照這樣設計，牆底的阻力 (Restraint) 就大大消除，以至於極少極少。但是在一個適當深度的蓄水池，如果有一部份牆給一些重量的瓦面蓋上，那又會生出一種每周吋(Circumferential foot) 4,000 至 5,000 磅的摩擦阻力 (frictional restraint)。

　　有些設計是把牆塊不動的藏在地基裡面，那末在牆脚處所發生的阻力將會完全變爲輻形的移動 (radial movement) 或者必要時可以使牆塊和地基一同移動。

　　在這些情狀之下，想把阻力加以估計，實在是一件非常困難的事。　我們知到，假如地基是直接埋藏在石子堆裡的話，除非是設計失敗，那阻力總是整個的而牆底也將不致完全成爲輻形的移動，很多時地基是藏在一條溝子裡的，而那條溝子又是築在輕鬆的泥土內，那麼阻力就要由三個要素組合而成：第一，地基本身的圓形張力的強度(因為地基是圓形的)。　第二，地基和泥土間的摩擦力。　第三，地基向泥一面的垂直外面的土耐力。

三個要素裡的第一個，大部份係根據地基圓形的設計。　假如地基係藏着一些鋼筋或者完全沒有和因為那些常常向橫膨脹的關節而崩壞時，那末這個要素就可以不必理會。　但是，無論如何，倘若地基係一個沒有膨脹關節的連體圓狀形 (monolithic ring) 那三合土一定在地基未發生輻形移動前因張力而破碎了。　關於後一點，那三合土環形張力在地基內時的最大可能性的阻力 (Max. possible restraint)係；

$$R_c = \frac{A \times S_c}{R}$$

式中　$R_c$＝當環形張力在地基三合土內時的輻形移動底地基阻力，以每呎若干磅計。

　　　$A$＝地基的橫剖面以方吋計。

　　　$S_c$＝地基三合土的張力強度，以每方吋若干磅計。

　　　$R$＝水池的半徑以呎計。

同樣，在地基內任何鋼筋所生的阻力亦可以武斷地計算出來作為一個直徑變長數。

第二要素──摩擦力自然完全根據地基的重量和下便泥土的性質而定，該地基的重量包含加於其上的牆塊和瓦面在內。　這樣摩擦力的估計是很有把握的。

第三要素 ──地基垂直外面的土耐力係根據結搆的方法和泥土的性質而定的。　如果地基係沒有板模隨便築作一條原有泥土的溝子裡時，那末這個要素差不多和泥土的耐力一樣，尤其是對於大件而有移動可能的建築物。假如所掘的溝子係比較地基還濶些而地基外面的周圍又是填塞些輕鬆物料時，這個第三要素變為不關緊要而可以忽畧了。

老實說，這三個要素是不能够直接計算出來的。　因為在第三要素活動以前總會有一些移動的現象發生，同時免却不了一些地基三合土張力的損失，這些張力（屬於第一要素的）至少輪流地消失了去一部份。

所以由於三個要素而生的阻力，每周吠總有一千磅以至好幾千磅；可是在特別情形下那又很難估計牠的眞確數值了。

無論任何性質的環形張力建築物，墻底一有阻力，墻內就生出一種垂直飄應力（vertical cantilever stresses）這些應力的大小，要看阻力的多寡而定，在特別情形之下，墻的高度祇係根據牠本身的物理性質和所有阻力是沒有關係的。

現在把這些應力的位置和強度理論的分解出來。

圖1係一個圓形張力蓄水池墻塊和地基的剖面，ＡＢＣＤ線係一條水池墻塊曲了的放大線，這是假設水池滿了水而墻底又完全有了阻力時的情形。因爲半徑的變長係根據工作應力（working stress）而採用圈圓應力（hoop stress）計算

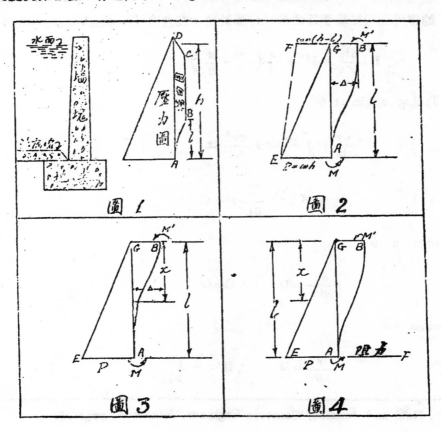

的，所以那曲線由 C 至 B 一部份係一條豎直線，由 D 至 C 可以成直線也可以不必成直線，祇係環圓鋼筋應力在那地方逐漸增加而撓曲，一直到充滿了工作應力爲止，在 B 點的曲線係成垂直的同時在 A 點因爲貼近完全堅硬的地基所以也是垂直的。　在這兩點間那墻好象和 A B 同一個樣式。　在 A 點所有載重係由垂直飄懸的活動 (vertical cantilever action) 來支持，在 B 點就由圓圓張力 (ring tension) 來担負。

　　如圖 2. 在墙底處作一垂直條塊 (a vcatical element) 長度可以包括 A B 在內。照 Hool 和 Johnson[1.] 兩氏的意思以爲在這個垂直條塊上的載重會令到那飄應力的變異由底部 p 到零點 B 止，差不多成爲一條直線，其餘 E F G 載重就用作支持那環形張應力。　因此，A E G 差不多就是代表那垂直飄塊的壓力圖，l 仍然係一個未知數，有了這些載重，那垂直條塊就要受那 M 和 M' 兩灣率 (Moment) 的作用在兩尾端平行的來保持那斜度，在含有這些載重的同性質的樑

$$E I \frac{d^2 y}{d x^2} = M' + \frac{x}{3}\left(\frac{px}{l} \cdot \frac{x}{2}\right)$$

Taking origin at M'

$$E I \frac{dy}{dx} = \int M' \, dx + \frac{px^3}{6 l} \, dx$$

$$= M'x + \frac{p}{24 \, l} x^4 + C$$

when x = o

$$\frac{dy}{dx} = 0 \qquad \therefore C = O$$

when x = l

$$\frac{dy}{dx} = 0 \qquad \therefore M' = -\frac{pl^2}{24} \qquad\qquad (1)$$

1. Hool and Johnson, Concrete Engineers Handfoek, page 766

and

$$M = \frac{pl^2}{8} \qquad\qquad (2)$$

彎點(Point of inflection) = 由 M' 向下 0.63 $l$ 或由底部向上 0.37 $l$.

$$EI\,y = \int -\frac{pl^2}{24} x\,dx + \frac{p}{24\,l} x^4 dx$$

$$= -\frac{pl^2 x^2}{48} + \frac{p\,x^5}{120\,l} + K$$

when y = o

$$X = 0 \qquad \therefore \; K = 0$$

$$EI\,y = \frac{p}{120\,l} x^5 - \frac{p^2 l x^2}{48}$$

or when x = $l$

$$y_{max.} = \triangle = -\frac{pl^4}{80\,EI} \qquad\qquad (3)$$

根據 Turneaure 和 Maurer[2] 兩氏的鋼筋三合土樑的撓曲公式

$$\triangle = -\frac{1}{40\,Es} \cdot \frac{pl^4}{2bd^3} \cdot \frac{n}{\alpha} \qquad\qquad (4)$$

式中　　　$\triangle$ = 總撓曲以吋計，

Es = 鋼筋的彈性率，

P = 在垂直條塊底部的壓力以每方吋若干磅計，

$l$ = 墻底部向上的高度以吋計(該處正受着飄應力的作用)

b = 沿着水池圓周的垂直條塊伸縮度以吋計

d = 垂直條塊的深度 = 墻的有效厚度

2. Turneaure and Maurer, Principles of Reinforce Concrete Construction, 2nd edition, page 116.

$\dfrac{n}{\alpha}$＝根據 p 和 n 而變的數目系數

由（4）式作 b 等於 12 吋

$$\triangle = \frac{1}{40\,E_3} \cdot \frac{62 \cdot 5\,h\,l^4}{144 \times 2 \times 12\,d^3} \cdot \frac{n}{\alpha}$$

$$= \frac{1}{2212\,E_3} \cdot \frac{h\,l^4}{d^3} \cdot \frac{n}{\alpha}$$

當地基係堅硬地固定受着環圓張力時，那 $\triangle$ 也卽是半徑變長，卽

$$\triangle = \frac{f_S}{E_S}\,r$$

式中　　$\triangle$＝當受着環圓形張力時的半徑變長總數

$f_S$＝環圓鋼筋內的工作應力

$E_S$＝鋼筋的彈性率

$r$＝水池的半徑吋數計

$$l = 6.86\,\sqrt[4]{\frac{f_S\,r\,d^3}{h\dfrac{n}{\alpha}}}\tag{5}$$

將 V 代表墙塊底部的總剪力（total shear）

$$V = \frac{p\,l}{2}\tag{6}$$

在上面的討論裡，對於已經定實了 b,d, 和 $\dfrac{n}{\alpha}$ 各值的墙塊，假如地基是發生了移動還超過 $\triangle$ 一點時，祇有兩個因數是變異着，那就是 $\triangle$ 和 p. 在一個堅硬而固定的墙塊 p 就完全是一種流體靜壓力；但如果墙底移動了超過一些距離，卽是當阻力祇是局部的時候，那時 p 祇有變成流體靜壓力之一部，這些靜壓力和環圓應力是沒有關係的。

那墙塊受着飄應力的地方，$l$, 並不因爲阻力而變更牠的高度。 如果墙塊和地基是給一個有漲大性的關節漏開，或是那地基阻力有令墙塊和地基 一同 傾

斜的可能時，那末這個位置就大大的變異了。

　　圖 4 係解釋一種新曲線。 p 仍然是底部的流體靜壓力的總數，"F" 等於總阻力，即

$$F = \frac{p\,l}{2} \qquad p = \frac{2\,F}{l}$$

以用在一第類裡的同樣道理，得

$$M' = -\frac{p\,x^3}{6\,l}$$

$$\triangle = 3\bigg/40\,\frac{p\,l^4}{E\,I} = \frac{3}{20\,Es} \cdot \frac{p\,l^4}{2\,bd^3} \cdot \frac{n}{\alpha}$$

$$l = 4.38\sqrt[4]{\frac{f_s\,r d^3}{h\,\dfrac{n}{\alpha}}} \tag{7}$$

$$V = \frac{p\,l}{2}$$

or in terms of F

$$M' = \frac{F}{3} \tag{8}$$

$$V = F \tag{9}$$

這裡的 l 仍然不受阻力的限制

　　現在有一個特別的型例，足以証明地基離開墻塊得到了驚人的收護，意外的安全。

　　設有一 30 呎滿水的圓形張力蓄水池。　水池的直徑係 100 呎。　墻塊的厚度在頂部係 8 吋底部係 18 吋，乃是根據環形張力而設計的。　又設圍圓鋼筋的工作應力每方吋 12000 磅，墻塊所承受的上蓋載重和墻身重量每周呎 1000 磅。

　　就上述各式中，d 係指墻塊的有效厚度。　這裡所用墻塊的厚度並不是齊

一的，在安全一方面來說，所用的 d 有時比較平均厚度還要大些。

第一類　　假設那墻塊係藏在地基裡面而那地基又是很堅固地築在石塊堆上的。

由(5)式作一 12 吋濶的條塊

$$l = 6 \cdot 86 \sqrt[4]{\frac{12,000 \times 50 \times 12 \times 15^3}{30 \times 12 \times 100}} = 197 \text{吋}$$

$$p = \frac{62.5 \times 30}{12} = 156 \text{磅}$$

$$M = \frac{156 \times 197^2}{8} = 757,000 \text{ 吋磅}$$

$$M' = 252,000 \text{ 吋磅}$$

$$V = 15,400 \text{ 磅}$$

變點 $= 0.37\, l =$ 底部向上 73 吋

這裡很顯明地 M 是太大，對於一條 16 吋有效深度的普通鋼筋樑是不大適合。　雖然增高三呎墻塊，但 d 還是要加大，那墻塊的韌性也就增加，l 也延長，M 也跟着變大，而且，在墻塊的底部還要加上一條粗大的斜張力的鋼筋。這麼樣一個水池，如果墻塊是和地基相連，地基又是固定在一定的位置，那麼就要發生很大很大的飄應力了。

所以這一類設計根本就不是一個良好的設計！

第二類　　假設上面所述的水池在墻塊和地基中間有一個伸縮性的關節，同時那阻力又祇係廢擦阻力。　設 0.65 係廢擦系數，則在底部的總阻力等於

$$\left[\left(\frac{13}{12} \times 31 \times 15\right) + 1000\right] 0.65 = 3620 \text{磅} \Big/ \text{每周呎}$$

$$l = 4.38 \sqrt[4]{\frac{12000 \times 50 \times 12 \times 15^3}{30 \times 12 \times 100}} = 126 \text{ 吋}$$

$$M' = \frac{3920 \times 126}{3} = 165,000 \text{ 吋磅}$$

發生 M' 地方的有效深度 d＝12.5 時

設 J＝0.885

$$A_s = \frac{165,000}{12.5 \times 0.885 \times 16,000} = 0.933 \text{ 方吋}$$

p ＝0.0062　　　眞 J＝0.884

$f_s$＝16,000　　　$f_c$＝570

在墻塊外面內用 $\frac{5}{8}$ 吋方形鋼筋，排列距爲 5-吋。

　　因爲 M' 是常常達到墻底的，所以這些鋼筋一定要由底向上竪直的排列，直超過 126 吋才算安全，還要將三分一鋼筋伸向墻頂用來作粲鉄哩。

　　一二兩類相比較，自然第二類勝過第一類，第一類祇可看作一種普通假設的特例。　眞的，如果墻塊是活藏在地基內的話，什麽時候也可以發生移動現象的，無論輻形移動也好，或者是傾斜也好，結果總是將飄應力減少。

　　顯明地，一個良好環形張力的設計，在墻塊和地基兩者間，必有一個關節，用來將阻力減少到極小數同時令這些極小數阻力所產生的應力，得到一個合理的解決。　　　　　　——（完）——

# 各種椿條計算方法及實施工程

## 莫　朝　豪

（1）引言

（2）椿條之種類及價值

（3）打椿人工及工人生活

（4）計算公式

（5）計算之實例

（6）椿條之佈置及實施工作。

## （一）　引　言

　　建築物之安全，須賴堅固之地基，倘無堅硬而能抵受多量壓力之土層，則須將椿條打落于坭土層中，以增加地層載重之能力。同時可以減少牆脚及柱蘆之面積與材料。惟各地坭質，其浮實不同，故用椿多寡，須實地試驗而後定；試驗之後，猶有賴于計算，本文所述卽介紹計算椿條受力之簡捷方法也。

## （二）　椿條之種類及價值

　　椿條之種類甚多，如木椿，三合土椿，鋼筋三合土椿，鋼椿，木與三合土連續椿（先打木椿後落三合土）等，因地質及建築不同而採用之椿條種類亦異。普通低層之建築物只多用木椿，高層樓宇及深水之堤岸等地或用三合土椿或用鋼椿，不一而定。

椿條之長度，當視土質而定，例如木椿，在廣州市普通地方，牆脚木椿長度約 8'--12'，柱基下之椿約在 12'--0" 以上。

打椿之價目，常以每條計算，價銀之多少視長度及數量多少及地質而定。

## （三） 打木椿人工及工人生活

現在且將普通木椿工料價值列表如下：

椿條之直徑多以椿尾之尺吋計算，普通用之杉椿，尾徑約由四英吋至五英吋。

### 木椿工料價值表

| 椿 尾 直 徑 | 長　　度 | 打 椿 人 工 | 人工連料每條計算 |
|---|---|---|---|
| 4" | 7'--0" | $ 0·45 | $ 0·80 （廣東毫洋計） |
| 4" | 10'—0" | $ 0·70 | $ 1·10 |
| 4" | 12'—0" | $ 0·80 | $ 1·40 |
| 4" | 14'—0" | 0·85 | $ 1·60 |
| 4" | 16'—0" | $ 0·95 | $ 2·20 |
| 4" | 18'—0" | $ 1·10 | $ 2·60 |
| 4" | 20'—0" | $ 1·40 | $ 3·00 |

近年來打椿之人工，平均價值約如上述，無甚變化。惟椿料之價值隨時價而定。打椿工人，在廣州有一個打椿職業工會，此會為打椿工頭與工人之團體，組織尚稱團結完密，會中常備人工及機器的打椿機為賃與各工頭之用，每日

每樁機收租金一元至三元，故打樁工人只憑些少工食便可投承工程。會中定例，若某甲接成之打樁工程因發生勞資或其他糾紛而罷工時，其他工頭不得接手辦理，故常有工程因打樁之糾紛而停頓者。打樁工人常因貪得人工，將樁錘提起太高，或插樁支持不正，以至樁條折斷碍於工程。此種弊端為監工所應注意之事。此種苟且惡習，吾人只可事前詳加解釋勸導，不可強加干涉至發生糾紛。查打樁工人多為散工，每日雖可得工金一元至一元五角，惟月中開工之日子有限，故其生活亦甚清苦也。

## （四） 計 算 公 式

$P$ ＝樁之本身所能受之力，以磅計。

$S$ ＝最後五次平均每次樁錘錘下樁身所低落之距離，（以吋計）

$W$ ＝樁錘本身重量，以磅計

$h$ ＝樁錘底至樁頭面之距離，以吋計。

樁條載重能力，可依下列公式求之：——

$$P = \frac{2Wh}{S+1} \quad \text{……………………… (A)}$$

（A）式只用於人力打樁或間斷的錘落式底方法，若用單式蒸氣錘，應用下式：——

$$P = \frac{2Wh}{S+0 \cdot 1} \quad \text{……………………… (B)}$$

若為複式之蒸氣錘，則應用下列公式：——

$$P = \frac{2h(W+Ap)}{S+0 \cdot 1} \quad \text{…………………… (C)}$$

於（C）式中， $A$ ＝蒸氣錘活塞之有效面積（以平方英吋計算）

$p$ ＝空氣或蒸氣之有效壓力（以平方吋磅計算）

## （五） 計 算 之 實 例

設有一用普通之間斷打椿錘，其重量爲二千四百磅。經統計其椿，受最後五錘之辨共低落八英吋，錘底至椿頭面之平均距離爲二十英呎，計算此椿能受之力爲多少？

解答與計算。

此題所給之 8" 爲五錘共低落之數值，故 S 應 ＝ 8" ÷ 5 ＝ 1•6" 吋

同時因 W ＝ 2,400 磅

$$h ＝ 20'-0''$$

應用（A）式，代以所預知之數值，應如下列所得之結果：——

$$P = \frac{2 \times 2,400 \times 20}{1.6 + 1} = 36,800 磅$$

即此椿每條能受 36,800 磅之力。（答）

## （六） 椿 條 之 佈 置 及 打 椿 工 作

以上公式乃應用於實地試椿之後。故營造地基時必須先試椿而後定用椿數目之多少也。

椿條數目經已定妥，至如何分配，不可不注意也，普通打椿應用于房屋者如下列各圖：——

（1）梅花式（用於小柱基之下）

（2）九星式（用於一般普通之柱基下）

（3）雙梅花式（用於長方形柱基之下）

（4）繁星式（用於大柱甕或其他之用）

（5）之字式（多用於牆脚坑打椿之用）

## 椿條分佈圖形

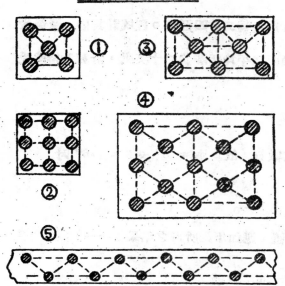

椿條佈置妥當之後，則以椿條揷落打椿之位置（或先塗以柏油，然後揀落）用支撐扶持椿身然後開始工作，打椿之次序應須着打下，如第一圖之梅花式，應先打挨邊第一二條，次打中心一條，最後打另一邊之兩條。

打椿應打至不能再落爲止，普通最後五鎚平均小過 2 英吋則其椿身巳下至實土層矣，可再打別條，若勉強打去椿必折斷或椿頭破爛矣。

椿頭離坭面不可多過四吋。猶須用鋸鋸平。打椿時鎚椿下落須正，否則打斷，此最應注意者也。

民廿三年冬于山東

# 鋼筋三合土樑及塊面之簡易設計法

擇譯 "Civil Engineering"

## 溫 炳 文 譯

在設計鋼筋三合土之結構物中，其捷法頗多。如單簡公式及圖表等是也。茲篇所用之公式，其中三合土牽力罟而不算與夫三合土壓力之變形係作直線。

茲將普通課本之公式列下以資比較。

$$fs = \frac{M_1}{Asjd} \cdots\cdots\cdots\cdots\cdots [1] \qquad fc = \frac{2M_1}{jkbd^2} \cdots\cdots\cdots\cdots [2]$$

$$k = \frac{n\,fc}{n\,fc + fs} = \frac{1}{1+m} \cdots [3] \qquad j = 1 - \frac{k}{3} = \frac{3m+2}{3(1+m)} \cdots [4]$$

As = 鋼筋剖面積（平方吋）

b ＝樑之寬度（吋）

d ＝樑之深度（吋）

Ec ＝三合土之彈率

Es ＝鋼筋之彈率

fc ＝三合土單位應力

fs ＝鋼筋單位應力

j ＝抵抗偶力臂與樑深度 d 之比

k ＝ 中立軸距離樑面與樑深度 d 之比

$$m = \frac{fs}{nfc}$$

M ＝ 屈曲轉率（呎磅）

$M_1$ ＝ 屈曲灣率（吋磅）

$$n = \frac{Es}{Ec}$$

如將式 [2] 之屈曲灣率 $M_1$ 之吋磅轉為呎磅數則式 [2] 可以寫作

$$d^2 = \frac{24M}{fc\ jkb}$$

又式 [3]，[4] 可寫出 $jk = \frac{2+3m}{3(1+m)^2}$ 及 $d^2 = \frac{72M(1+m)^2}{fc(2+3m)b}$ 因普通計算樑之

深度公式為

$$d = K_1 \sqrt{\frac{M}{b}} \quad \cdots\cdots\cdots\cdots\cdots [5]$$

則式 [1] 可以變為

$$As = \frac{M}{K_2 d} \quad \cdots\cdots\cdots\cdots\cdots [6]$$

$$K_1 = (1+m) \sqrt{\frac{72}{fc(2+3m)}} , \quad 及 \quad K_2 = \frac{jfc}{12}$$

$K_1$ 與 $K_2$ 之值，各種鋼筋及三合土之應力，可由表甲檢出。凡用此表者，

須先決定鋼筋之應力，次定三合土之應力，然後 $K_1$，$K_2$，$K_3$ 方能求出。

表甲。$K_1$，$K_2$， 及 $K_3$ 之值 （n＝15）

| 三合土單位應力 | fs＝16,000 | | | fs＝18,000 | | |
|---|---|---|---|---|---|---|
| | $K_1$ | $K_2$ | $K_3$ | $K_1$ | $K_2$ | $K_3$ |
| 600 | 0.355 | 1,173 | 0.103 | 0.367 | 1,334 | 0.106 |
| 650 | 0.334 | 1,165 | 0.096 | 0.345 | 1,325 | 0.099 |
| 700 | 0.315 | 1,157 | 0.091 | 0.326 | 1,317 | 0.094 |
| 750 | 0.300 | 1,150 | 0.086 | 0.309 | 1,309 | 0.089 |
| 800 | 0.286 | 1,143 | 0.083 | 0.294 | 1,302 | 0.085 |
| 850 | 0.273 | 1,136 | 0.079 | 0.281 | 1,295 | 0.081 |

表　甲

## 用公式求法

例甲　設有一樑其寬度爲 16 吋，屈曲灣率 140,000 吹磅則用公式 [5] [6] 可求其最小深度 d 及鋼筋面積　[規定] n=15，　fs=18,000  fc=750

公式 [5]　$d = K_1 \sqrt{\dfrac{M}{b}} = 0.309 \sqrt{\dfrac{140,000}{19}} = 28.9''$

（$K_1 = 0.309$　$K_2 = 1,309$ 乃由表甲 n=15，fs=18,000，fc=750 檢出）公

公式 [5]　$As = \dfrac{M}{K_2 d} = \dfrac{140,000}{1,309 \times 28.9} = 3.70$ 平方吋

## 用圖求法

如例甲若用圖甲求樑之最小深度 d 則可在圖上直接求出○圖中有箭咀之虛線係表示用圖之方法及檢查之次序○

先由圖之頂部鋼筋單位承力之處檢得 18,000 從該處直下與 n=15 之斜線相交，由該點再向左橫行至 fc=750 之斜線相交，並讀得 $K_1 = .309$○

次由 $K_1$ 之值 .309 處向下行與灣率 140,000 之斜線相交，再向右橫行至樑之寬度 16 吋之斜線相交，復再向下行至圖底部止，則得樑之深度 d=28.9" d 旣求得更可用公式而驗算之○

以上所求係樑之深度至鋼筋剖面積仍須用公式求之○

14257

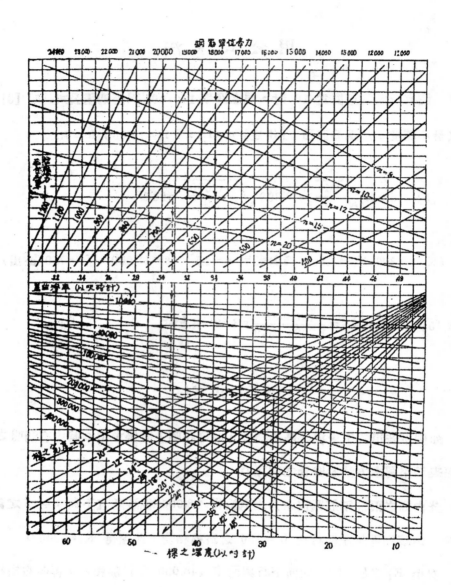

圖甲． 鋼筋三合土直角樑設計圖．

用此圖者應注意下列兩事項：——

（一）此圖祇限於圖中所載各種 n 之數值，及三合土單位應力由 400 至 1200 鋼

筋單位應力由 10,000 至 25,000

(二)此圖可以用作反求應力，灣率 n 之數值及樑之寬度。

### 用圖設計三合土塊面法

欲設計鋼筋三合土塊面。可用公式 [5] [6] 求之。但公式 [5] 之 b 可作 12" 計。所以公式 [5] 變爲

$$d = K_3 \sqrt{M} \quad\dots\dots\dots\dots\dots\dots[7]$$

所需鋼筋面積用公式 [6] $As = \dfrac{M}{K_2 d}$ 求之。但須注意灣率 M 係吋磅數及

$$K_3 = K_2 \sqrt{\frac{1}{12}} K_3, \quad K_2 可由表甲檢出。$$

以上係用公式計算塊面厚度及所需鋼筋面積。圖乙爲設計塊面完備之圖 [規定] $fs = 18,000$，$j = 0.867$ 及 $n = 15$

### 圖乙之實例

一連接塊面之距離等于 10 呎。活載重每平方呎 240 磅。三合土單位應力不能超過 600，鋼筋單位應作力 18,000 算。若靜重每平方呎 90 磅。則總載重每平方呎共 330 磅。

先在圖上左邊檢出總載重 330 之處，沿虛線直上至距離等于 10 呎之斜線相交，並讀得剪力等于 40 磅之最小深度等于 3.9 吋，再向右橫行至灣率係數 $^1/_{12}$ 之斜線處，復再下行至 6 吋（6 吋係塊面帶厚度）之斜線並讀得三合土應力等于 550，灣率等于 2750 呎磅及鋼筋面積等于 0.35，再向左行 $\dfrac{5''}{8}$ $\phi$ 之斜線，繼向下行則得鋼筋排列之距離等于 10$\frac{1''}{2}$

如是六時厚之塊面其所受最大剪力爲每平方吋 $\dfrac{3.9}{6} \times 40 = 26$ 磅。若用公式

覆算之，則最小深度 $d = 0.106 \sqrt{2,750}$ $\left( d = K_3 \sqrt{M} \right) = 5.56$ 吋，$As =$

$$\frac{M}{K_2 d} = \frac{2750}{1,334 \times 6} = 0.393$$

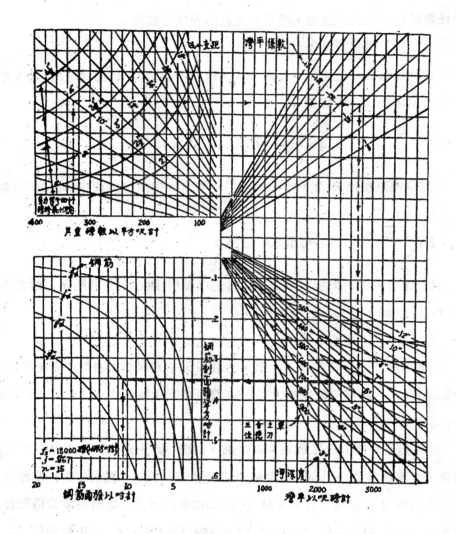

圖乙·　鋼筋三合土塊面設計圖

圖乙所注意者係 j＝0.867，此 j 之值係與三合土定限應力每平方吋 800"磅

相當。若三合土單位應力更小則此圖愈居安全地位。

——（ 完 ）——

# 平 面 測 量 學 問 答

## （續）

### 吳 民 康

### 經 緯 線 測 法
### （導 線 測 法）

問：試舉經緯線測法之大要

答：凡安設多盆經緯點（transit stations）而介各經緯點可以互相測望者，是謂之經緯線測法（Runing transit—lines）。此項作業常包含最度各連續經緯點間之距離，及測望每一經緯線與其他經緯線（或與某標準子午線 Meridian）所成之角度。

問：經緯線之測法有幾？

答：經緯線距離之測量有用鋼尺，有用測鏈，有用視距，其法皆同；惟角度之測法可因其性質之不同而分爲兩類其四法：

I { 第一法　直接角法（By Direct angle 即內角法）
　 第二法　偏倚角法（By Deflection angle 即外角法）

II { 第三法　方位角法（By Azimuth）
　 第四法　方向法（By Bearing）

在第一類中，其所測之角乃由諸經緯線交互而成者。在第二類中，其所測之角乃由諸經緯線與一標準線相平行之線而成者，故此類中兩法均宜安設

14261

一標準線(如南北線)以爲根據。

問：試述直接角測法

答：此法之使用，可由直接後視於前測點而測得其角值；如所測得之角恐或有
　　悞，可用複測法反複多測數次而取其平均值。每邊之長可用鋼尺，測鏈或
　　視距量得之。測得之經緯線有時成一
　　閉塞或非閉塞之多邊形。此法於測角
　　時最好一律順時鐘之方向而行，如欲
　　知所測之結果準確與否，可以下式校
　　對之：

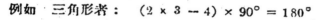

　　　　即　S = (2N—4) × 90°

　　　　式內 S = 內角之和

　　　　　　 N = 邊數

例如　三角形者：　(2 × 3 — 4) × 90° = 180°

　　　四邊形者：　(2 × 4 — 4) × 90° = 360°

　　　五邊形者：　(2 × 5 — 4) × 90° = 540°

　　　六邊形者：　(2 × 6 — 4) × 90° = 720°

又此法之記錄式如下列：

| 角 | 角　值 | 邊 | 邊　長 | |
|---|---|---|---|---|
| A | 88°50' | A B | 415•9' | |
| B | 90°50' | B C | 405•3' | |
| C | 84°56' | C D | 415•5' | |
| D | 95°24' | D A | 374•7' | |

問：試述偏倚角測法

答：由後測線與延長前測線而成之夾角謂之偏倚角。其角量度之方向無一定，
　　或至右，或至左，故每測得一角，務須隨時記載於測量簿中，以資分別而

免混亂。此法專用以測量鐵路或道路之中線而不適於閉塞之多邊形。

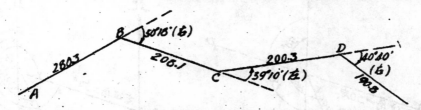

其所測得之角並非直接由後視而得，乃將經緯儀之望遠鏡倒向，然後向左
或向右測望。

如圖，置經緯儀於 B 點，置遊標（Vernier）于零度，正置望遠鏡，後視于
A 點；固定下盤，乃依橫軸旋轉，倒置望遠鏡，鬆開上墊，前視 C 點，則
得一角，即 A B 之延長線與 B C 線所成之夾角是亦右偏倚角也，記錄式
如下：

| 測　站 | 偏　倚　角 | | 測望點 | 長　度 |
|---|---|---|---|---|
| | 左 | 右 | | |
| B | | 50°18′ | C | 208·1′ |
| C | 39°10′ | | D | 200·3′ |

**問：試述方位角測法**

答：方位角法有二：曰第一方位角法（First Azimuth method），曰第二方位角
法（Second Azimuth method），前法於後視時望遠鏡宜倒向，前視則正向
（normal）後法則無論前視及後視其望鏡均正向。又第一法除置儀於第一測
點外，毋須將遊標轉動，第二法則每一測點均改變其遊標，即後視時遊標
所指之數為後視之方位角加 180 度。

第一方位角測法：如圖，置儀於 A，使遊標 0 度，將望遠鏡指向磁針之北
端，固定下盤，放鬆上墊，前視於 B，如遊標示出之數為 50 度，是即 A

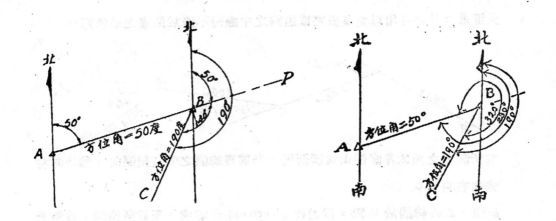

B 綫之方位角也（由磁北起順鐘向而讀得）○再置儀於 B，不將遊標改變，倒向望遠鏡後視於 A，再將鏡倒向（其法卽將鏡放囘正向，遊標仍爲50度）然後前視於 C，此時遊標爲 190 度，是卽 BC 綫之方位角○又置儀於 C，遊標仍爲 190 度，將鏡倒向後視於 B，再將鏡放囘正向前視於次測點，如是照上法繼續進行，直至任何測點之數爲止○

第二方位角測法：此法測 A B 之方位角與第一法同，惟置儀於 B 時須置遊標於 230 度（卽 A B 方位角 50 度加 180 度），後視 A，前視 C，讀得之數爲 190 度，是卽 BC 之方位角○又置儀於 C 時，使遊標於 190 度加 180 度（卽 10 度），後視 B 前視次測站，如是照上法繼續行之○

茲並將記錄式列下：

| 測　綫 | 方　位　角 | 長　度 | 磁　針　方　向 |
|--------|-----------|--------|----------------|
| A　B | 50° | ……… | N 50 °E |
| B　C | 190° | ……… | S 10°·5' W |

問：試述方向法之測法

答：此法以方向代表方位角，由磁針直接讀出，羅盤測量多用之，用於經緯儀則甚少，其所以稍稱便利者以其能用磁針校對測綫而已。記錄式與方位角法者同，惟每綫必以象限分別之。

問：各種經緯線（導線）測法之利弊若何，試綜合而比較之。

答：(一)直接角法　此法適合於各種測量之用，惟以屬於狹小之地段祇有少數經緯線且爲閉塞多邊形之測量者爲佳，其利弊如下列：

利 {
1. 角度可用複測法或連續測法而得精密之數
2. 測量時毋須按測點一定之次序
3. 各角無聯絡之關係
}

弊 {
1. 欲校對磁針須計算各測綫之方向
2. 除各角用同一之方向外(順錨向)，須誌明各角爲向右或向左。
3. 須詳校前後視測點
4. 每一測點須將遊標從新安置
}

(二)偏倚角法　此法多用於鐵路或公路測量並安設曲線之用，其利弊與直接角法同，惟因倒向望遠鏡時常生悞差，且記載方向之左右亦易錯誤。

(三)方位角法　此法常用於視距儀測量與地形測量，其利弊列舉如下：

利 {
1. 每線之方位角易與磁針之方向校對
2. 可免前兩法之弊，即記載亦毋須指明後視之測點與方向之左右，及從新安置遊標等
3. 由方位角便可得其方向，不必書明東西南北。
4. 記載簡單而易於綸盡
}

弊 {
1. 不能用複測法
2. 測點須順序測量
3. 凡一綫之方位角有錯悞時則影响及於其他，必須查出而依次改正之
4. 苟有地方吸力(Local attraction)則磁針校對失其效用。
5. 在第一方位角中如偏倚角之倒向其望遠鏡，每生同樣誤差。
}

（四）方向法 用羅盤儀測量經緯線，惟在不求精密之測量方用之，弊多而利少，茲分別述之如下：

利 {
1. 可以磁針校對經緯線
2. 一線之誤差與他線無關
3. 適用於森林之區
}

弊 {
1. 不能測精確度數
2. 磁針常因地方吸力而生誤差，
3. 每有逆讀或以北 O 度作南 O 度之誤
4. 讀出之角必須以東南西北等字記之
5. 分度盤之分畫宜用特別數目（由 O 度至 90 度）
}

# 面積與周界之研究

陳　華　英

　　吾等試取一繩，持向他人問曰，將此繩任意繞圍平面作種種不相同之形狀，則各形之面積，是否互相等量？及何者最大？則被詢者對此兩問題，如未加以考慮，對於前問，或遽然答謂各形之面積俱相等量○而對於後問，則猶豫未敢肯定置答○蓋此種問題，本極平凡，惟一不經意，則於辨別時，每多錯誤也○面積數量，對於自然科學，關係極大而於土木工程上之應用尤重要焉○茲特以等長之周界，圍作圓形，正方形及等邊三角形，（各形俱為平面）而計算其面積之數量，並互相比較之，，則可辨別其面積因形狀不同而異殊，及何種形狀為最大也○

　　設一繩長 12 尺，圍作（a）圓形，（b）正方形及（c）等邊三角形○則各形之面積如下：——

　　（a）　圓形

$$圓形之面積 = \pi R^2 \qquad (1)$$

$$圓形之周界 = 2\pi R \qquad (2)$$

　　以長 12 尺之繩圍作圓形，則此圓形之周界為 12 尺，先將周界之值代入(2)式，計算 R 之長度○繼將 R 之值代入（1）式，則得圓形面積之數量○

　　　　（2）式　圓形之周界 $= 2\pi R$ 　　　　　$\left(\pi = \dfrac{22}{7} 或 3.1416\right)$

14267

$$12 = 2 \times \frac{22}{7} \times R \quad (R = 圓之半徑)$$

$$故 \quad R = \frac{12 \times 7}{2 \times 22}$$

$$= \frac{21}{11} \ 尺$$

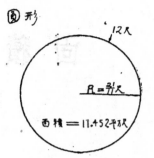

圖形

(1) 式　圓形之面積 $= \pi R^2$

$$= \frac{22}{7} \times \left(\frac{21}{11}\right)^2$$

$$= \frac{22}{7} \times \frac{441}{121}$$

$$= \frac{9702}{847} = 11.452 \ 平方尺$$

**(b) 正方形**

$$正方形之面積 = a^2 \qquad (3)$$

$$( \ a = 正方形之邊長)$$

以長12尺之繩圍作正方形，則此正方形每邊之長度爲繩全長之四分一，$= \frac{12}{4} = 3$ 尺。將此值代入 (3) 式，則得正方形面積之數量。

(3)式　正方形之面積 $= a^2$

$$= 3^2$$

$$= 9 \ 平方尺$$

**(c) 等邊三角形**

$$一般三角形之面積 = \frac{高 \times 底}{2} \qquad (4)$$

設等邊三角形之邊長爲 a，則

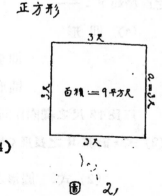

圖 2

$$底 = a$$

$$高 = \sqrt{a^2 - \left(\frac{a}{2}\right)^2}$$

$$= \sqrt{\frac{4a^2 - a^2}{4}}$$

$$= \sqrt{\frac{3a^2}{4}}$$

$$= \frac{a}{2}\sqrt{3}$$

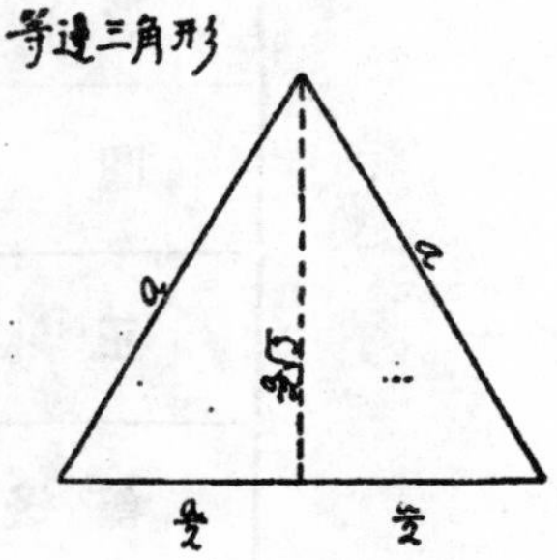

等邊三角形

圖　3

將底及高各值代入（4）式，則

$$等邊三角形之面積 = \frac{高 \times 底}{2}$$

$$= \frac{\frac{a}{2}\sqrt{3} \times a}{2}$$

$$= \frac{a}{4}\sqrt{3} \qquad (5)$$

以長 12 尺之繩圍作等邊三角形，則此等邊三角形每邊之長度為繩全長三分之一，$= \frac{12}{3} = 4$ 尺。將此值代入（5）式，則得等邊三角形面積之數量。

（5）式　等邊三角形之面積 $= \frac{a^2}{4}\sqrt{3}$

$$= \frac{4^2}{4}\sqrt{3}$$

$$= 4 \times 1.732$$

$$= 6.928 \text{ 平方尺}$$

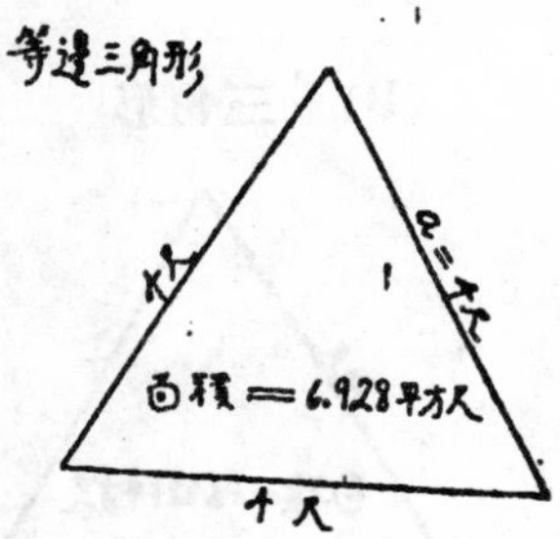

等邊三角形

圖　4

茲將所畫之圓形，正方形及等邊三角之面積數量列表如下：——

| 形　　　　狀 | 面　積　數　量<br>（平　方　尺） |
|---|---|
| 圓　　　　形 | 1 1 . 4 5 2 |
| 正　方　形 | 9 . 0 0 0 |
| 等　邊　三　角　形 | 6 . 9 2 8 |

　　吾等試將上表各形之面積數量比較之，則易知各形之面積數量不是相等，並知圓形之面積爲最大矣。

　　關於面積與周界之關係，兹更詳細說明之如下：——

　　〔第一說明〕　　定量周界之面積，其數量因形狀而變易。

　　設舉出三個方形及三個三角形使各形之周界長度倶爲 12 尺。前各形面積之數量如下列各圖：——

　　(A)　方形

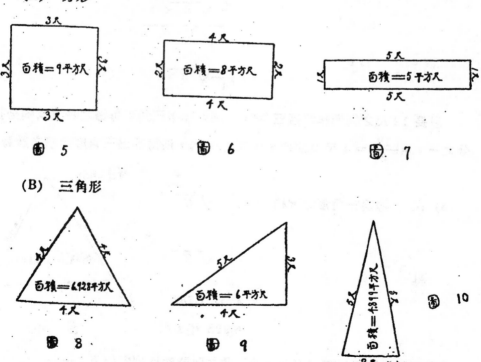

圖 5　　　　　圖 6　　　　　圖 7

　　(B)　三角形

圖 8　　　　　圖 9　　　　　圖 10

　　細說上列各圖形，亦易知面積與周界之關係。因各形之周界長度俱相等，而面積數量俱不相等也

　　〔第二說明〕　　定量面積之周界，其長度因形狀而變易。

　　設舉出四個方形及三角形，使各形之面積數量俱為 12 平方尺。則各形周界之長度如下列各圖：——

　　(C)　方形

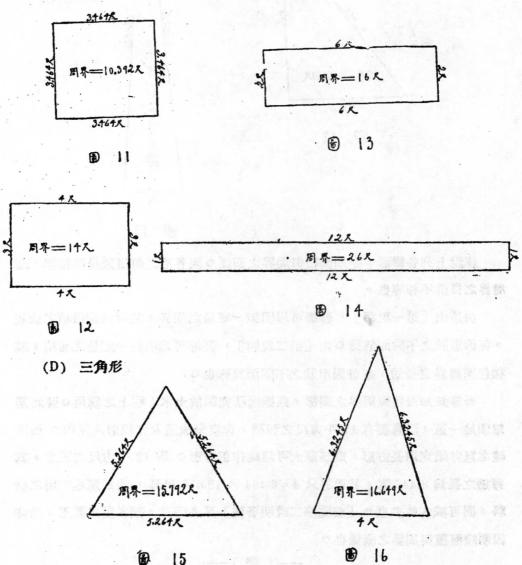

圖　11

圖　13

圖　12

圖　14

　　(D)　三角形

圖　15

圖　16

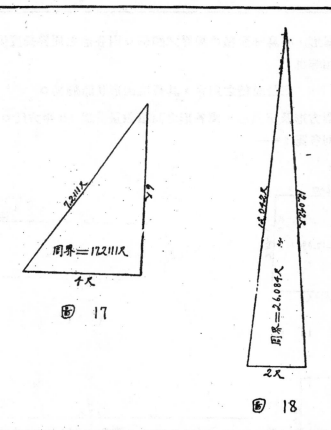

細說上列各圖形，亦知面積與周界之關係。因各形之面積數量俱相等，而周界之長俱不相等也，

由是由〔第一說明〕，吾等可以明瞭一定量之周界，其所包圍面積之廣袤，每因形狀之不同而異殊。由〔第二說明〕，吾等可以明瞭一定量之面積，其被包圍周界之長短，亦每因形狀之不同而異殊也。

吾等既知面積與周界之關係，茲進而研究關於土木工程上之應用。譬如某屋須建一窻，該窻要有 12 平方尺之面積，俾空氣流通及光線射入屋內。如所建之窻非限定用長方形，則該窻大可以建作正方形。因 12 平方尺之正方，其每邊之長為 3.446 呎，其周界只 4 × 3.464 = 13.856 尺耳，對於窻框所用之材料，固可減省許多也。〔參閱第二說明各圖〕又人造井，類多鑿成圓形，殆亦因明瞭面積與周界之關係也。

——（完）——

# 真空中物體體積的研究

## 陳 崇 灝

物體在空氣中的體積，我們可用尺度或其他器具測得，但是在眞空中的體積怎樣，我們無法知道，只知道他較爲增大罷了，現在所要推求的，就是增大若干？和結果如何？

據物理學和材料力學上說，物體在大氣壓力（Amospheric pressure）每方时14.7磅下的體積若爲一立方时，則當各方面增加壓力（或加以扯力）每方时 S 磅時，全體積約縮小（或增大）爲

$$\frac{3S}{E} (1-2K) \text{ 立方时，}$$

式中 E = modulus of elasticity = $\dfrac{\text{單位壓力（或扯力，普通爲每方时若干磅）}}{\text{單位線度縮短（或增長，普通爲每时中變更若干时）}}$

K = Poisson's ratio = $\dfrac{\text{與加力面成直角之任一面的單位增長（或縮短）}}{\text{加力一面的單位縮短（或增長）}}$

若原體積爲 V 立方时，則於加力每方时 S 磅後，其體積的總增大或縮小爲

$$\frac{3VS}{E} (1-2K) \text{ 立方时，}$$

而總體積爲 $V\left[1 \pm \dfrac{3S}{E} (1-2K)\right]$ 立方时。

14273

今大氣壓力爲每方吋 14.7 磅，所以倘若我們能够設法加上每方吋 14.7 磅的扯力，則壓力勢必和扯力相抵消，故其時物體的情形，應該與其在眞空中無壓力時情形相同，試將 S＝14.7 代入公式，得

$$體積增大＝\frac{3 \times 14.7 \, V}{E} (1 - 2K)$$

$$總體積＝V \left[ 1 + \frac{44.1}{E} (1 - 2K) \right]$$

此總體積卽體積爲 V 的物體在眞空中的體積。

例如，從下表可求得鉛 500 立方吋在眞空中的總體積爲

$$500 \left[ 1 + \frac{44.1}{2390000} (1 - 2 \times 0.4252) \right]$$

$$= 500 \times 1.000002752$$

$$= 500.001376 \text{ 立方吋。}$$

| E. H. Amagat 實 驗 | | |
|---|---|---|
| 物　質 | E | K |
| 鋼 | 29890000 | 0.2694 |
| 青　銅 | 17608000 | 0.3288 |
| 黄　銅 | 15700000 | 0.3305 |
| 鉛 | 2390000 | 0.4252 |
| 玻　璃 | 10280000 | 0.2451 |
| etc. | | |

參考書 Strength of Materials, Poorman,

# 鋼筋三合土方形地基簡法

## 溫　爾　厓

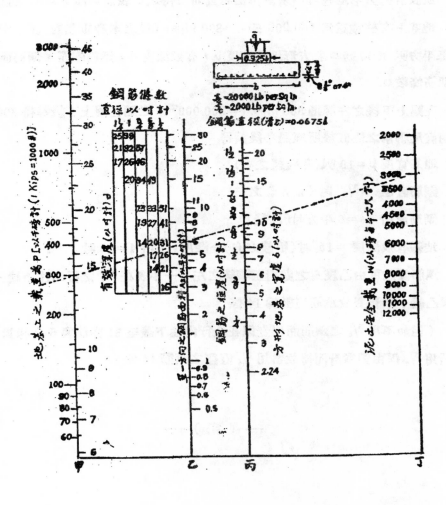

構造此圖所用公式爲

$$d = 0.0264\sqrt{p}$$

$$b = \sqrt{\frac{p}{w}}$$

$$A_s = 0.00109\, b\sqrt{p}$$

欲設計一方形地基可不須計算由右圖而求得之○茲設例如下以明此圖之用法○地基上有柱載重爲 300,000 磅（＝300 kips）（柱之本身重在內）泥土安全載重每平方吹 3000 磅○求方形地基寬度 b，有效深度 d，鋼筋直徑，鋼筋面積○及鋼筋條數○

在圖上甲綫之左尋得 300 kips（＝300,000井）之點在圖上丁綫尋得 3000 之點用直尺聯兩之點直綫所經過各綫讀得

地基寬度 b＝10 吹（在丙綫之右）

鋼筋直徑 ＝³/₄" 时（,, ,, ,, 之左）

鋼筋面積 As＝6 平方时（乙綫）

地基有效深度 ＝15" 时（甲綫之右）全深度 ＝15＋4＝19 时

鋼筋條數可由乙綫 6 之點對正該綫之左有一小表在 ³/₄ 之行內往下讀至 14 即與乙綫 6 字相對故鋼筋條數爲 14 條

（迨如不用 ³/₄ 之鋼筋而用壹則在壹行內往下讀至 31 亦能與 6 字相對但上例所用 ³/₄ 係由圖實計而得故當用 ³/₄ 直徑之鋼筋 14 條）

——（完）——

# 羅浮一個月測量的回憶

陳福齊

## 緣　起

　　暑假前的一天晚上，和我的同學梁慧忠君李炤明君張沛棠君杜至誠君，談及暑期中的實習課程，不覺起了一個很難解決的答案。因爲學校裡規定，在本暑期當中，我們須要出外實習一個月以上的期間。但是實習的目標，應該採用那一科，才有相當的進益呢？所以不得不加以考慮。材料試驗嗎？建築嗎？這都是最重要的科學。可惜沒有宏大的工廠，及試驗場，給我們充分的實習。和試驗同時因時間的關係，材料試驗及建築是不能實行的，就算勉強的找到實習的地方，相信在這很暫的期間，也不能得到良好的結果。測量一科，範圍很廣，找地點却容易一些，而且對於實習尤關重要。平時每星期雖然有二三天的實習，但不很相信自己的實驗，已經充足，同時欲求更多一點的經驗，和溫習舊日所學，本期實習的功課，測量一科是我們最後的決定。其後經過種種的籌備，與及函請建廳恰予我們實習的機會，結果始終不給我們失望，建廳的答允覆函來了，尤其是地點是我們時常懸念着，渴望着的廣東名勝羅浮山，我們的興趣，更增加了不少。

## 途　中

　　經過了幾日的預備，儀器行裝及一切的應用物件，總算齊集了，起程的日子也來臨了。當起程前一晚，我們都把携帶的物件包裹起來，此時忙迫得很；

但在忙迫的當中，好像大家都充着喜悅的神氣，這大概想着將來的興趣，和獲得的經驗罷。翌日——二十三年七月十一日，晨光熹微的時候，我們把行裝查點一囘，見各物都備了，即乘車至廣九站，在火車未開行前，羅浮山公園管理處的主任龍雲德先生也來了。乃會同登車。號聲一响，車即開行，一路風馳電掣，脫離了叫囂的廣州市，向着我們的目的地駛去。緣着兩旁的景，綠水青山，移步換形，斯時好似看影畫一樣，瞬息之間，有無數幅圖畫。入我眼簾裡。王羲之所謂「足以極視聽之娛，甚可樂也」，大約也似這樣了。未幾火車停住了，這就是石龍站的地方，我們很快的把行李搬下車，把石龍鎮一望，鎮上的商業，雖比不上廣州的興盛，但比較其他的地方，總算進步了。後來搭船前往東博，溪流曲折，不辨方向，兩岸一片平疇，農產很盛，羅浮山的遠景，隱隱的，映在我眼簾，真果是雲山連接，古勁清幽，未知抵步時的風景，更如何的動人了。由是眼見着，心想着，都是些美妙的景色，竟忘記了自己的身體還在中途。可惜是日恰值逆風把時刻耽誤了。及到東博時，天色已漸漸入夜，四面昏黑，並無半點月亮，祇有遠近的盞火，疏疏散散，飛上飛下，互相輝映着，更覺旅途寂寂，前路茫茫，雖然有幾個憲兵在保護，但人地生疏，總不免愛戚起來，把在船上的快樂，大半消失了，但為着學問起見，不得不鼓着勇氣，向黑暗泥濘的道路推進。卒之經過了三四小時的辛苦，到了我們的目的地——白鶴觀了。換了泥濘透過的鞋襪，和兩點濕過的衣服，洗澡之後，繼以休息，未幾晚食到了，我們飽餐了一頓，時鐘剛才响了十吓。我們因為時候不早，而且受了一日的勞頓，無異議的各囘寢室安置了床舖，才得幸福地安睡着。

## 實習的地點情形和方法

休息了一天的時間，我們便開始工作了。先後由龍主任指示的地點共有牛欄嶺，南環崗，石磉崗，牛角崗，蝴蝶崗，黃龍觀第二度水坑上崗，靑龍嶺，兩妙崗，大羅殿九處，和測釘白鶴觀至華首臺公路九千三百餘呎。

我們既有了地點，除了落雨的那幾天，每日早晨六時至十一時，和下午四時至六時，便是我們測量的時間。到晚上則將日間測得的記錄，做計算和製圖的工作。因爲在盛暑的時候，清晨和傍晚的日光，不很强烈，對於這樣的工作最適宜。一整月來，都是循着這個時間工作，爬山越嶺，不但不見得辛苦，而且有興趣得很。

以上所指定的地方，因爲多數是避暑區的緣故，所以測量面積和等高線，是最重要的。有了準確的面積和等高線測量，才可以決定地面的大小，和地勢的高下。關於面積的測法，視乎地面的大小來決定。

當時面積較小的地方，是用射線法。將經緯儀放在四面可以望見的地方，持桿者，繞着地形的曲折處，樹立視距桿，和置椿位標記，直接用視距線，求得每點的距離，同時記錄每點的方向和角度，但每角的測得，時常有誤的可能，所以每角測至二次或多次，求一個平均的眞值。在製圖的時候，先用三角方法求得各點的水平距離，然後按步寫在圖紙上，遠圖所求的面積，就是該地段的水平面積了。

但在石樓崗，牛角崗……那幾處面積較大的地方，不能應用上面的方法。所以改用三角測量法。先定一較平坦的基線，基線的長短，用卷尺測度三次或多次，求一個平均的較準確的數目，同時基線的頭尾兩點，以椿位來標記着。其次在基線左方或右方，尋得一個頂點，或兩個頂點，和基線的頭尾兩足，成爲一個或兩個三角形，由這一個或兩個三角形廣張前去，至到指定的地界爲止，成爲多個三角形，以多個三角形，連成一個三角網，三角網裡面的角度，應用連續測角法，測得各角的大小，旣然知道各角的大小，那麼根據基線的長短，便可逐次推算各三角形各邊的長度。因此全部的面積，可以依照各邊的長度計算出來。

關於等高線測量，當時曾用過兩個方法：（一）經緯儀與水平儀法，（二）經緯儀法。

經緯儀與水平儀法：　此法是用水平儀定各點的高度，同時用經緯儀測得各點的方向，和用視距線裁得各點與測位的距離。

經緯儀法：　此法是用視距線定各點與測位的距離，再求各點的方向和高度。

14279

既然求得各點的高度，等高線便可依法繪出來。但各等高線的相差，就全視乎地勢的傾斜度數爲標準。不論是五呎或十呎……的等高線，但求能够把地形詳細的表示出來。

至於測釘的一段公路，我們祇根據舊時中線的方向，每百呎補回原有的樁位，不見得十分爲難，用去兩日的時間便完成了。

## 羅 浮 雜 記

羅浮山——我們最渴望的羅浮山，始終給我們到着了。聞說最興盛的時候，有五寺五觀，一洞一臺，僧道數千，香火很旺，是很有名的大叢林，可惜官兵未暇顧及的時候，做了盜賊的巢穴，那五寺五觀，一洞一臺，和天然生產的大松樹，頹圮的頹圮，採伐的採伐，日久失修，到現在的時候，雖然還留着不少的遺跡，但碩果僅存，所謂名勝的地方，不知消滅了幾多了。

當着工作之餘，和落雨的日子，就是我們領畧名山的時候了。曾經到過的高山古寺，也自不少。回憶起來，還記得給我們印象最深的幾處：

飛雲頂——是最高峯的一個，大約有五六千呎的高度吧。牠的路徑，較爲易上一點的，可有三條路：沖虛觀後便一條，酥醪觀那裡一條，和華首臺一條，我們上飛雲頂的時候，就是由華首臺那裡上，因爲這條路較其他兩路還平坦些。途中山峯重叠，雲霧迷離，經過了三小時的時間，才到了目的地。遊目所至，有說不盡的景色，尤其是敷部份的東江流域，一覽無遺，這就是生平的僅見罷。

老人峯，在羅浮諸峯中最像形的一個，較之麻姑嶺，蝴蝶崗，總算得是名副其實吧。在白鶴觀那邊看來，十足像一個老人坐在山頂上，但是我們上到的時候，照來不過是幾顆石吧了。

沖虛觀，華首臺，黃龍觀，寶積寺我們也曾遊覽過，和我們常住的鶴白觀，幾處比較起來，各有各的風景和古跡。不過以我的見識來觀察觀，宇莊嚴，和粉飾得好看些的，要算沖虛觀了。因爲交通利便的緣故，香火總算盛過其他各寺觀。山深林密，風景幽靜的地方，便算華首臺，是個避暑的好地方。再講到瀑布和泉水的多寡，黃龍觀的龍珠潭，可以代表一切，其次便是白鶴觀的五龍潭了，不過黃龍觀的山勢崎嶇，上落極感痛苦，除了撥雲寺，牠要算最高了。寶積寺，是一個破爛的古寺，也是羅浮山公園管理處，最出名的卓錫泉就在這裡，大約有呎多闊一呎深左右，泉水很甘美，而且源源不絕，可以供給百幾十人的飲料，可算得奇怪吧。白鶴觀的後樓，就是我們的住宿處，地方建築雖不甚精美，然居住頗覺安適，而且有五龍潭，給我們一個天然的游泳塲，故此我們始終沒有搬過別處。食飯問題，我們完全由觀裡代辦，葷的素的，都由我們主張，所以一月來，也不覺得有什麽痛苦。

　　一個月的鄉村生活，不覺的消遣了，我們的經驗，比較從前多一點了，可惜光陰過得太快些，我們的希望，倘有未能達到的，以後倘有機會，還須重遊此地，窮究牠山水的美麗，增廣我們的見識，如此我們的希望，方可達到。

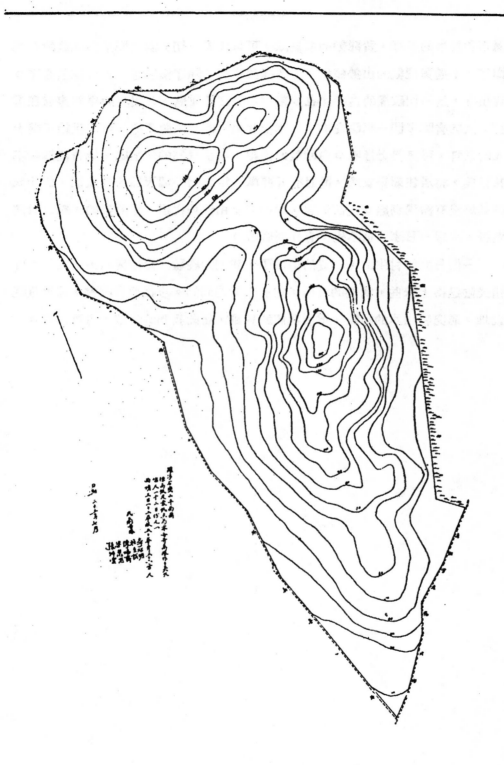

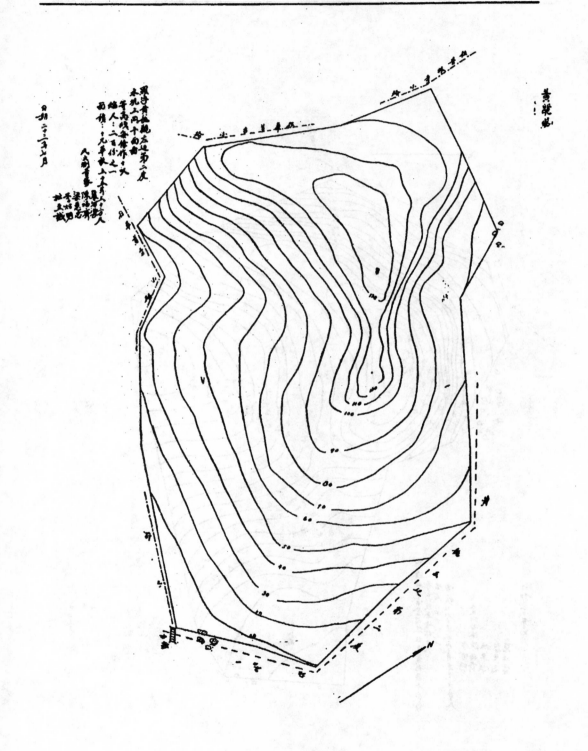

14283

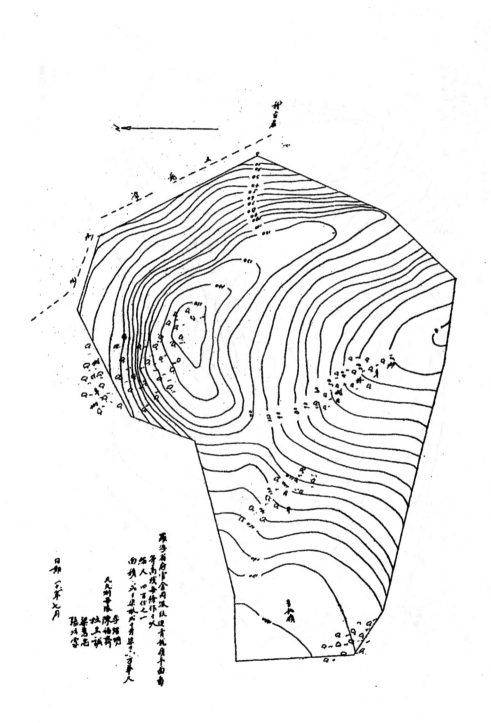

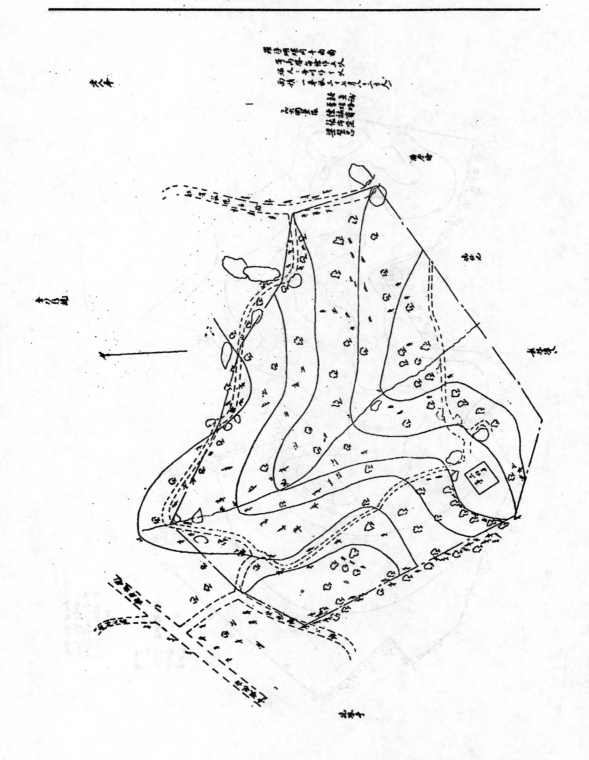

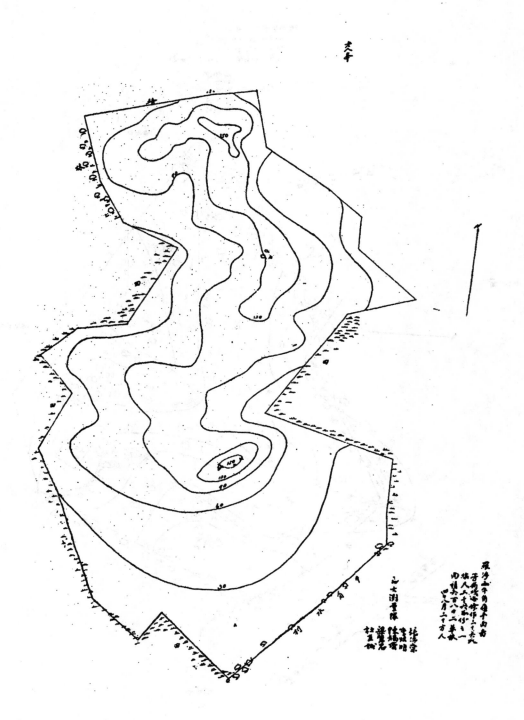

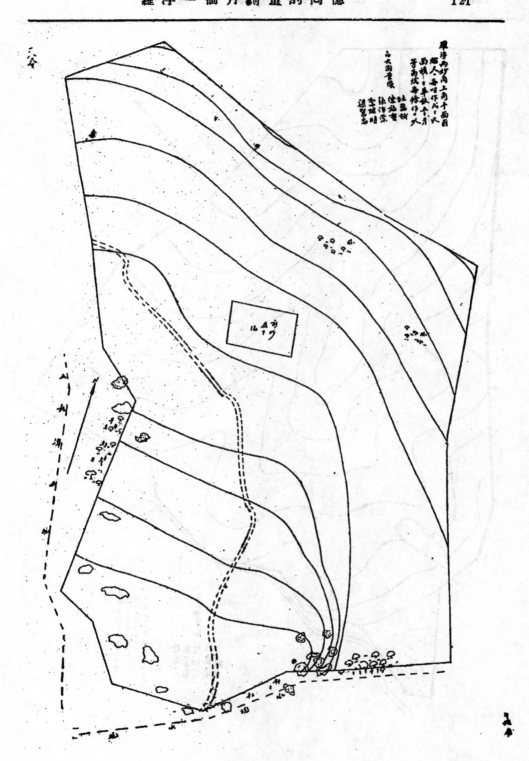

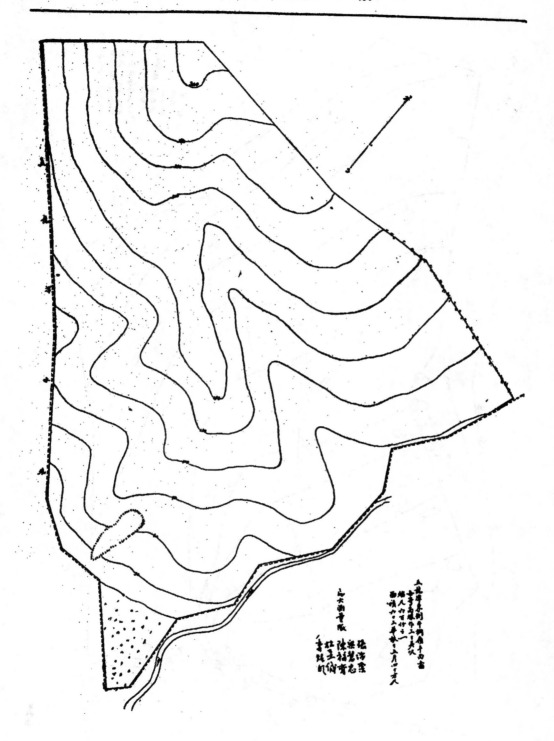

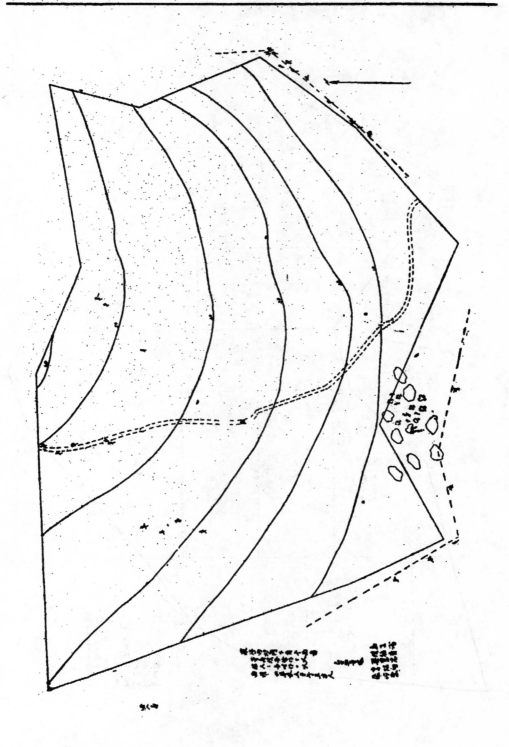

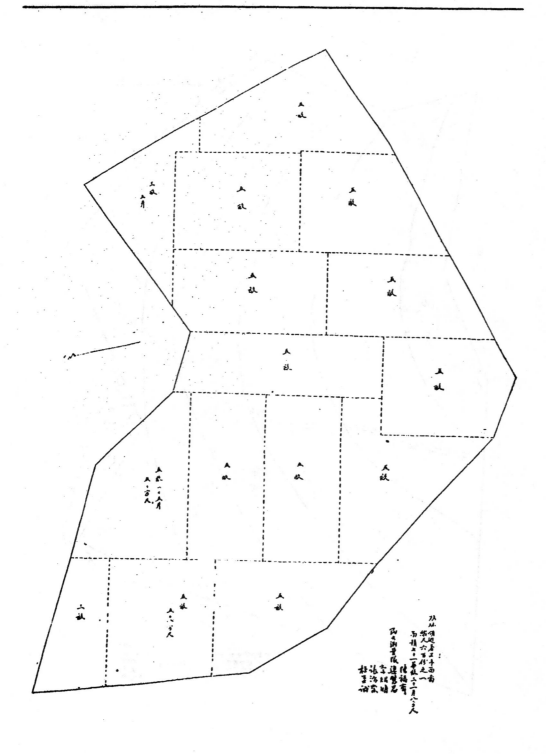

# 工學院土木工程研究會會議彙錄

　　(一)工學院土木工程研究會第三屆各部委員聯席會議錄

日　　期：廿三年十月十八日下午二時。

地　　點：本會會議廳

出　席　者：吳民康　俞鴻勛　馮天驥　陳崇灝　黄恒道　呂敬事　吳魯歊
　　　　　　莫朝豪

主　　席：吳民康

紀　　錄：吳魯歊

行禮如儀。

　　　討論事項：

一、吳民康君提議可否由本屆新委員中公推二人負責接收交代事宜案。

　　議決：公舉吳民康吳魯歊兩君担任。

二、呂敬事君提議新選監察委員崔衍端君幹委會委員陳心如君本學期停學，可
　　　　否由各該部候補委員補上案。

　　議決：監察委員由候補杜至誠君補上。

　　　　　幹事委員由黄恒道君補上。

三、莫朝豪君提議如何決定徵求新會員手續及辦法案。

　　議決：交由幹委會負責辦理。

四、俞鴻勛君提辦本會二週年紀念日舉行慶祝與否請公決案。

　　議決：照例舉行。

五、馬天驥君提議關於本會二週年紀念全體會員大會及新舊會員聯歡應如何進
　　行案。

　　議決：交由幹委會辦理

六、黃恒道君提議關於本會各部委員應如何製定鈐記案。

　　議決：文字之規定如左：

　　　　甲、監察委員會鈐記名冊：「廣東國民大學工學院土木工程研究會監察
　　　　　　委員會印」

　　　　乙、幹事委員會鈐記名稱：「廣東國民大學工學院土木工程研究會幹事
　　　　　　委員會印」。

　　　　丙、出版委員會鈐記名稱：「廣東國民大學工學院土木工程研究會出版
　　　　　　委員會印」。

　　　　　形式之規定：長一吋五分，寛一吋五分。

七、吳民康君提議關於內政部令飭本會呈報工程學報社圖記應如何辦理案。

　　議決：照來文式樣刋製工程學報社圖記一個呈部。

　　　（二）工學院土木工程研究會幹事委員會第一次會議錄

日　　　　期：廿三年十月十八日下午四時。

地　　　　點：本會會議廳。

出　席　者：兪鴻勛　馬天驥　黃恆道　吳魯猷

列　席　者：陳崇灝

臨時主席：黃恆道　　紀錄：吳魯猷

行禮如儀。

　　　討論事項：

一、關於第三屆聯席會議交來下列各件應如何辦理案。

　　（1）本屆新會員應如何徵求案。

　　議決：由文書部通告徵求。於本月月底前截止。

　　（2）本會式週年紀念日應于何日舉行及如何進行案。

議決：式週年紀念暨全體大會新舊會員聯歡會同時舉行。日期定十一月四日
　　　（星期日）

　　（3）本研究會各部委員會鈐記應如何製定案。

議決：交庶務部辦理。

二、各部工作應如何分配案。

　　議決：總務部兪鴻勛　　文書部馬天驤　　研究部黃禧騂　　庶務部盧普天
　　　　　考察部黃恆道　　財政部吳魯歈　　交際部曾炊林

　　（三）工學院土木工程研究會出版委員會第一次會議錄

地　　點：本會會議廳。

時　　間：十月十八日下午四時。

出 席 者：吳民康　呂敬事　莫朝豪　廖安德（張代）　胡鼎勳（假）

臨時主席：呂敬事　　　紀錄：吳民康

行禮如儀。

　　討論事項：

一、廖安德提議除原有叢書及學報繼續刊行外，可否由本期起加出月報一種案。

　　議決：通過。

二、莫朝豪君提議本會工作應如何分配案。

　　議決：分事務，叢書，學報，月報四部工作。事務由胡鼎勳君擔任，辦理各刊
　　　　　物出版事宜；叢書由莫朝豪君擔任，辦理叢書編輯事宜；學報由吳民康
　　　　　君擔任，辦理學報編輯事宜；月報由呂敬事廖安德兩君擔任，辦理月報
　　　　　編輯事宜。

三、吳民康君提議各種出版物標準及內容應如何規定案。

　　議決：甲．叢書編輯標準：

　　　　　1.　工學院畢業同學論文擇尤刊發，

　　　　　2.　專題論文徵求，

　　　　　3.　敎授專著，

14293

4. 會員個人著述經核准者。

乙‧學報編輯內容：

A. 論著，

B. 譯述，

C. 工程界消息，

D. 建築材料市情，

E. 規章，

F. 書評，

G. 插圖。

丙‧月報編輯內容：

A. 短篇論著，

B. 短篇譯述，

C. 工程常識，

D. 材料市情，

E. 會務紀要，

F. 書籍雜誌介紹，

G. 其他。

四、呂敬事君提議各種出版物印刷方法應如何決定案。

　議決：甲‧叢書——斟酌情形辦理。

　　　　乙‧學報——照舊辦理。

　　　　丙‧月刊——仿照「民大校刊」印刷。

五、莫朝豪君提議可否着各部擬就徵稿條例定期公佈案。

　議決：由各部辦理。於一星期內公佈。

六、吳民康君提議各報出版期應如何決定案。

　議決：甲‧叢書出版日期暫不先定。

　　　　乙‧學報每年出版兩次。定五月及十一月為出版期。

丙·月報每月一日出版。

七、吳民康君提議各刊物印刷費應如何規定案。

議決：甲·叢書經費除將學報印刷餘欵請求支撥外，有不足時，臨時籌劃。

乙·學報印刷費每期以五百元爲限。

丙·月報印刷費每期暫定廿五元。

八、廖安德君提議本會月報經費應如何籌劃案。

議決：由本委員會函幹事委員會：在大會經費項下撥交壹百員爲本學期月報印刷費用。

# 本會第三屆職員錄

## （監察委員會委員）

吳絜平　　杜至誠　　陳崇灝

## （幹事委員會委員）

吳魯歝　　俞鴻勛　　馬天驥
（財政）　　（總務）　　（文書）

黃禧騈　　黃恒道　　曾炊林　　盧普天
（研究）　　（考察）　　（交際）　　（庶務）

## （出版委員會委員）

廖安德　　呂敬事
（月報編輯）　（月報編輯）

莫朝豪　　胡鼎勛　　吳民康
（叢書編輯）　（事務委員）　（學報編輯）

# 第一屆畢業會員現狀調查

本校工學院土木工程科（市政及結構工程組）第一屆已於去年結業參與畢業試驗者先後凡七人（其中一人因事延期半年）查各人於畢業後均獲相當職業茲將各人現狀探列於下

| 姓　　名 | 服　務　地　點 |
|---|---|
| 胡　鼎　勳 | 廣　東　治　河　委　員　會 |
| 連　錫　培 | 粵　漢　鐵　路　管　理　局 |
| 莫　朝　豪 | 建設廳羅浮公園管理處 |
| 馮　錦　心 | 黃　浦　港　土　地　登　記　處 |
| 符　兆　美 | 廣　州　市　政　府　土　地　局 |
| 胡　錫　庸 | 勤　勤　大　學　工　學　院 |
| 吳　民　康 | 本　校　工　學　院 |

# 第二屆畢業會員人數調查

查第二屆土木工程科結構組亦已於今夏舉行畢業試驗參與試驗者凡二十人謹列如下

| | | |
|---|---|---|
| 廖　安　德 | 盧　襲　軒 | 李　融　超 |
| 江　超　傑 | 吳　魯　歟 | 陳　祖　翔 |
| 吳　絜　平 | 王　文　郁 | 吳　燦　瓊 |
| 陳　福　齊 | 杜　至　誠 | 梁　慧　忠 |
| 李　炤　明 | 張　沛　棠 | 陳　博　平 |
| 覃　使　榮 | 伍　丙　燊 | 黃　之　常 |
| 梁　漢　英 | 周　慶　相 | ——— |

# 國 民 大 學
# 工 程 學 報 投 稿 簡 章

一、 本報以發表研究及討論學術之作品爲主旨（詩詞文藝不登）校外投稿
　　 亦所歡迎

二、 本報年出兩期於五月十一月出版

三、 本報所載文字文體及內容不拘一格惟文責要由作者自負格式一律橫
　　 行並用新式標點（投稿者可函取本報特製之稿紙）

四、 翻譯文字有學術價值者得譯並採用惟須註明由來原作者姓名及出版
　　 日期

五、 來稿如有插圖須另紙繪妥（白紙黑字）

六、 刊登之稿酌酬本報如有特殊價值經審查認可者得另印單行本

七、 截稿期限在出版前一個月

八、 來稿請寄交廣州惠福西路國民大學工程學報社收

——————◇——————

編輯者：廣東國民大學工程學報社

出版發行者：本校工學院土木工程研究會

經售者：各大書局

印刷者：廣州市惠福東路天成洗記印務局

出版期：民國廿四年五月

報　價：每冊肆角　寄費加一（郵票十足通用）